Power Platform 運用の教科書

吉田大貴／吉田まみな

日経BP

はじめに

本書は、Microsoft Power Platform を初めて使う方から、既にビジネスで活用している方までを対象に、Power Platform を全社的に利用するうえで欠かせないガバナンス・セキュリティ対策のポイントを体系立ててまとめたものです。組織全体で安全かつ効率的にPower Platform を導入する際の設計理念や運用体制、環境構築、セキュリティ強化、監視・通知の仕組み、AI+ローコードへの対応など、幅広いテーマをカバーしています。

組織の規模を問わず、「便利そうだけど、セキュリティや管理が複雑で大変そう」という不安を解消し、導入後も継続的に活用できるよう、米マイクロソフトのPower Platform 製品開発チームで蓄積されたベストプラクティスや運用上のヒントを盛り込みました。単に技術的な解説にとどまらず、「なぜ必要なのか」「何がビジネスにもたらされるのか」が具体的にイメージできるよう、可能な限りわかりやすく翻訳・整理しています。難しい専門用語や設定手順に振り回されることなく、「このテクノロジーと管理の仕組みを導入すると、会社の未来がどう変わるのか」が具体的にわかることが何より大切なことだと考えているためです。

企業のリスクを抑えつつ新しいテクノロジーを導入するための方策をまとめているので、大企業・中堅企業・小規模企業といった企業の規模を問わず、部門単位ではなく企業全体として統制のとれた運用を実現しながら、スピーディーにビジネス成果へとつなげる知識を習得できます。

本書の構成

本書は、全体を8つの章に分け、Power Platform のガバナンスと運用管理の要点を順に解説しています。新しく学ぶ方も、既に使い始めている方も、安心して導入・運用し続けるためのガイドとしてぜひ手に取ってみてください。技術書でありながらビジネス書としても読める、Power Platform ガバナンスの決定版になっています。各章の内容は以下の通りです。

第1章　Power Platform のガバナンス運用設計の理念

組織全体で Power Platform を活用する際に必要なガバナンスの基本方針を示します。ガバナンスの重要性や、Power Platform 特有の管理課題を整理し、セキュリティや運用ルールのバランスを取りながらイノベーションを促進していくための基本思想を解説します。

第2章　Power Platform を全社利用するための運用体制

Power Platform を社内でスムーズに運用するための体制作りを取り上げます。全体管理者・環境管理者・アプリ作成者・ユーザーなどの役割をどのように分担し、何を責任とするかを紹介します。ガバナンス委員会や「CoE (Center of Excellence)」を活用し、全社的な標準化とユーザー教育を支える組織全体を横断する仕組みを考察します。

第3章　環境設計とデータ損失防止ポリシー

Power Platform を活用するために欠かせない「環境」の概念を整理しつつ、開発・検証・本番など用途に応じた環境の構成パターンや、セキュリティやデータ保護を強化するデータ損失防止(DLP)ポリシーの役割を解説し、マネージド環境についても取り上げます。組織規模や業務要件に応じて最適な環境設計を行い、セキュリティと運用負荷のバランスをとる方法を学びます。

第4章　テナントのセキュリティを向上させる

組織レベルのセキュリティ強化に必須となる、テナントレベルでのセキュリティ対策を解説します。テナント分離や共有管理、Azure 仮想ネットワークとの組み合わせなど、高度な設定方法を示します。Power Platform とMicrosoft 365 が連携した堅牢な運用基盤を作り上げるための具体的なアプローチを示します。

第5章　テナントの活動状況を監視する

監査ログやアクティビティログ、Power BI を活用したダッシュボードを活用し、テナント内で発生する多種多様なアクティビティを可視化する方法を紹介します。Microsoft Purview を用いた定期監査や運用タスク管理、監視結果をガバナンス方針に反映するフィードバックループを回すことで、運用ルールの継続的な改善とリスク低減を図る流れを示します。

第6章　活動内容に対して通知・行動する

Power Automate やMicrosoft Sentinel と連携し、重大なイベントが発生した際にすばやく対処するためのアラート通知や自動化された対応策を解説します。ポリシー違反の検知からアプリ停止、誤停止を防ぐ仕組みなど、リスクを抑えつつ運用効率を高めるための実務で役立つポイントをまとめています。

第7章　AI＋ローコードを安全に使う

AI Builder や Copilot などの AI 機能とローコードを組み合わせたアプリやエージェントのガバナンスを扱います。責任あるAIの概念やデータの扱い方、AI モデルの学習・推論の透明性などを考慮しながら、組織でAI を安全に取り入れるためにAI 活用とガバナンスを両立させる方法を紹介します。

第8章　アプリケーション（ボット）ライフサイクルの確立

アプリやエージェントを開発・テスト・本番リリース・運用・最終廃止に至るまで一貫して管理するライフサイクルをビジネスユーザー向けと、プロ開発者向けの2つの方法で解説します。全体的な流れと実践的な手法を学ぶことで、Power Platform で構築されたソリューションを長期的に安定運用しながら、継続的に改善していくための基盤を確立するためのヒントを示します。

本書の狙いは、組織のガバナンスや管理ルールをしっかりと確立しつつ、Power Platform が持つ高い生産性と柔軟性を最大限に生かすことにあります。「便利だがリスクがある」「セキュアだが複雑になる」という二律背反を解消し、全社的に導入・運用を成功させるための実践知識を網羅しています。

　ぜひ本書を通じて、組織全体を巻き込み、さらに大きなビジネス成果を生み出すきっかけをつかんでいただければと思います。本書を通じて、Power Platform の導入・活用に対する理解を深め、社内外での業務効率化や新たな価値創出を実現していただければ幸いです。

2025年2月

吉田 大貴、吉田 まみな

Contents

はじめに ···· 2

第1章 Power Platform のガバナンス運用設計の理念 ···· 9

1-1 AIを活用するために ···· 10
1-2 Power Platform を運用するには ···· 13

第2章 Power Platform を全社利用するための運用体制 ···· 17

2-1 「ガバナンス」の意味 ···· 18
2-2 目標の明確化 ···· 21
2-3 役割の明確化 ···· 26
2-4 タスクの明確化 ···· 30

第3章 環境設計とデータ損失防止ポリシー ···· 35

3-1 Power Platform の設定 ···· 36
3-2 テナントとは ···· 37
3-3 環境について ···· 39
3-4 データ損失防止ポリシー ···· 57

第4章 テナントのセキュリティを向上させる ···· 71

4-1 Power Platform におけるゼロトラストセキュリティ ···· 73
4-2 テナント全体に対するセキュリティ ···· 76
4-3 個々の環境に対するセキュリティ ···· 89
4-4 Dataverse のデータセキュリティ ···· 107
4-5 Microsoft Entra と組み合わせた強固なセキュリティ ···· 130
4-6 自社のファイアウォールの設定 ···· 144

第5章 テナントの活動状況を監視する……147

5-1 CoE スターターキット……149
5-2 資産の一元管理と所有者把握……195
5-3 ライセンスとキャパシティの管理と監視……207
5-4 ログの取り扱いと監査体制……229

第6章 活動内容に対して通知・行動する……233

6-1 アダプションカーブとペルソナ……235
6-2 ハッカソンの運営方法……243
6-3 アクティビティの監視・通知……249
6-4 不正利用検知（プレビュー）……269

第7章 AI+ローコードを安全に使う……277

7-1 エージェントとは……280
7-2 責任あるAI……285
7-3 エージェントの仕組みを理解する……291
7-4 エージェントを利用するためにテナントをセキュアにする……293
7-5 個々のエージェントをセキュアにする……307
7-6 Power Platform サービス内の生成AI機能……317

第8章 アプリケーション（ボット）ライフサイクルの確立……329

8-1 ALM を実装するには……331
8-2 Power Platform でALM を実現するための方法……335
8-3 Security Development Lifecycle（SDL）とは……415
8-4 まとめ……424

おわりに……426
索引……428

・免責事項

・本書に記載している内容によって、いかなる社会的、金銭的な被害が生じた場合でも、著者ならびに本書の発行元である日経BPは一切の責任を負いかねますので、あらかじめご了承ください。ご自身の責任と判断でご利用ください。

・本書の内容は、2025年2月時点の情報を基に作成しており、2024年11月に開催された「Microsoft Ignite」で発表された最新情報や、2025年2月までにリリースされた機能も可能な限り反映しています。ただし、Microsoft Power Platform は製品開発のライフサイクルが製品によっては1週間ごとのマイナーアップデートと非常に短く、新機能の追加やUI 要素の変更が頻繁に行われるため、本書で解説している内容が最新の仕様や機能と異なる場合があります。その場合でも、本書記事の内容を新しい情報に更新するなどのサポートは基本的にいたしません。実際の操作や導入にあたっては、常に公式ドキュメントや最新のリリースノートを併せてご参照ください。

・本書のサポートサイトについて

本書に掲載するソースコードなどは下記のサポートサイトで提供します。訂正・補足情報も掲載しています。

URL https://go.myty.cloud/book/ppgov2025/disclaimer

QRコード

第1章

Power Platform のガバナンス運用設計の理念

» **1-1**　AIを活用するために

» **1-2**　Power Platform を運用するには

1-1 AIを活用するために

生成AIの普及は目覚ましいものがあります。米マイクロソフトが「Microsoft Copilot」を発表した昨今、今後業務ワークフローに組み込まれる生成AIは2023年時点で1%だったものが2026年までには20%に増加すると言われています。しかしながら、そもそもの業務プロセスやシステムとの組み合わせがいまだに手動で行われていたり、あらゆる業務の情報がExcelで管理されていたりする背景があり、企業が生成AIを導入しようとしても、組織全体で活用するに至るまでには非常に時間がかかります。一方で、調査会社である米ガートナーによると、2026年までに世界で開発されるアプリケーションの80%がローコードのプラットフォーム、すなわちプログラミング言語を使ったコーディング作業を最小限に抑える手法によって作成されるとされています。[1]

組織全体で生成AIを活用するには、まずはあらゆるプロセスをローコード化する必要があります。ローコード化することによってあらゆる業務システムが連携でき、そもそも今Excelで管理されているデータは全てクラウド上で集中管理することが可能となり、「Copilot Ready」な組織となるのです。実際に、マイクロソフトが31カ国3万1000人に対して調査を行った「2024 Work Trend Index Annual Report」によると、79%の経営層はAIを活用しなければいけないと考えている中、60%の経営層は同時にどのようにAIを導入すべきかの明確なビジョンや計画を持っていないとも言われています。結果、従業員は個別に使いやすいAIツールを利用する傾向が78%の割合に上り、サイバーセキュリティやデータプライバシーの

1：Gartner Forecasts Worldwide Low-Code Development Technologies Market to Grow 20% in 2023
https://www.gartner.com/en/newsroom/press-releases/2022-12-13-gartner-forecasts-worldwide-low-code-development-technologies-market-to-grow-20-percent-in-2023

リスクにもなっています[2]。「Microsoft Power Platform 」はあらゆる業務プロセスをデジタル化させ、組織でAIを安全に扱うための土台として導入するべきプラットフォームなのです。

従来のようにIT部門による開発だけでは、現在求められているフィジカルトランスフォーメーションの速度に追いつきません。業務部門が自ら開発する「市民開発」を行い、誰でも開発する思想が必要となっています。今後のローコード開発の主体となるのは、プロ開発者はもちろんのこと、「市民開発者」です。

従業員規模が数千から数万人の日本を代表する大企業をはじめ、日本国内の大手企業は、ローコード開発のプラットフォームとしてPower Platform を採用し、全社規模での導入を推進しています。

Power Platform とは最も包括的なデジタル変革推進のためのプラットフォームです。Power Platform は5つの主なサービスで構成されています。具体的には、アプリ開発を行うためのPower Apps 、ワークフローを自動化するためのPower Automate 、外部向けWebサイトを作るためのPower Pages 、独自のエージェントを作るためのCopilot Studio と業務分析を行うためのPower BI です。

2：2024 Work Trend Index Annual Report - https://www.microsoft.com/en-us/worklab/work-trend-index/ai-at-work-is-here-now-comes-the-hard-part

一方で、全社導入を進めるうえでは、セキュリティやガバナンスの適切な設計が求められ、IT部門は事前にそれらを構成したうえで全社へ展開する必要があります。本書は、マイクロソフト米国本社でPower Platform 製品開発チームが導入支援をしてきた筆者が、数々の世界中の顧客のベストプラクティスを元に執筆するものです。

本書の主なターゲットとなるのは、企業内のIT部門でローコードの管理、運用、保守を担当している、もしくは今後その業務を担うことになる人です。ここでは、そうした業務に就く人たちが知っておくべきPower Platform の理念、および社内のガバナンスと運用設計を整える方法の概略を紹介します。

1-2 Power Platformを運用するには

先に述べたように、2026年までに世界で開発されるアプリケーションの80%がローコードのプラットフォームによって作成されると予測されています。従来のようにIT部門での開発にとどまらず、業務部門が自ら開発する「市民開発」を行い、誰もが開発するという思想になってきているためです。今後のローコード開発の主体となるのは、この「市民開発者」となります。こうした動きに対応すべく、マイクロソフトが提供するPower Platform においては、あらゆるテクノロジーレベルの人がより多くのことを達成できるようにすることをビジョンとして掲げ、製品開発を行っています。そして、誰もが開発者になれる世界を目指して、作成しやすい、オープンなエコシステムを用意できるようにすることをミッションだと考えています。

サービスが登場して2年で、Power Platform を活用することが大好きなファン、「Power Addicts 」と呼ばれる人々も増えました。彼らに共通しているのは、自社内の課題を自分の力で解決しようという強い意志を持っていることです。

トヨタ自動車[3]、三井住友銀行をはじめとする、日本国内の大手企業はローコード開発のプラットフォームとしてPower Platform を採用し、全社規模での導入を推進しています。ただし、もちろん各開発者は、それぞれが付与されている権限の範囲内で収まるようにすることも重要です。

3：トヨタ自動車の工場 DX プロジェクト Power Platform と市民開発を武器に自律的デジタル化によるカイゼンを加速
https://customers.microsoft.com/ja-jp/story/1601752021538341567-toyota-automotive-power-platform-ja-japan

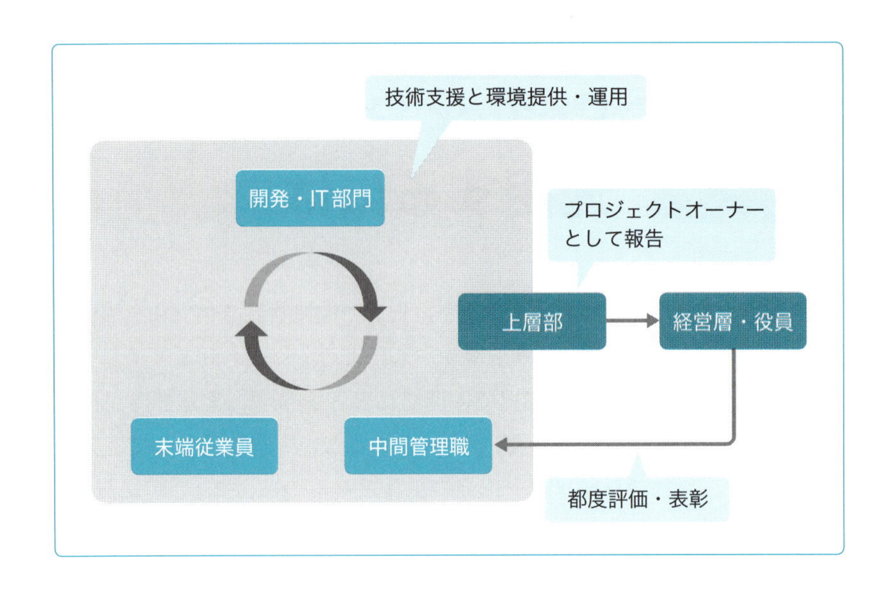

一方で、全社導入を進める上では、セキュリティやガバナンスの適切な設計が求められ、IT部門は事前にそれらを構成した上で全社へ展開する必要があります。繰り返しになりますが、本書は、マイクロソフト米国本社のPower Platform 製品開発チームが導入を支援した世界中の顧客のベストプラクティスを基に、IT部門でローコードの管理、運用、保守を担当している人に向けたPower Platform 運用の教科書として活用いただくことを想定しています。

実際に世界各国のITエグゼクティブやIT管理者の方々へローコードと市民開発の概念をお話しすると、真っ先に恐れられるのは、アプリの作成や運用などが制御不能な状況に陥る、ということです。20年以上前、表計算ソフトのワークシートやPC向けソフトで作ったデータベースが社内で乱用され、その結果、何が何だか訳の分からないデータベースが構築されたり、使途不明な文書であふれかえったり、といった事態が引き起こされました。今後、市民開発が進むと、そういったことにならないのか、という懸念を持つ人がいるかもしれません。

しかしながら、マイクロソフトのPower Platform の理念にはガバナンスも含まれます。管理者は状況を全て把握し可視化できるツールを利用することで、生産性とガバナンスを両立させることが可能になります。

例えば、アメリカ合衆国ルイジアナ州に本社を置く、通信およびネットワークサービスの大手プロバイダーのLumen Technologies（旧CenturyLink）に勤めているアンドリューさん（写真左）は、「Center of Excellence」、つまり、社内のガバナンスと運用体制を整えて、現場からのイノベーションを維持しつつ、統制を取るための方法を確立しました。それにより、現在Lumenでは2000人以上の社員が5000以上のPower Appsアプリを作成し、1万1000以上のPower Automate の自動化を活用しています。この「Center of Excellence」についての詳細は第3章「テナントをセキュアに使う」で紹介します。

ロンドンヒースロー空港のセキュリティチェック担当だったサミットさん（写真右）は、個人的な興味から学び始めたPower Appsを通じて、今ではMicrosoft 365 導入推進スペシャリストという役職に就き、空港内のデジタル変革に貢献しています。彼は、様々な部署に所属する空港職員にトレーニングを提供することで、Power Platform に精通しつつ業務のエキスパートでもある人材を「スーパーユーザー」として育成しました。その結果、全社規模でのデジタル変革が進み、導入初年度で5000万円のコスト削減を実現しました。

Power Platform におけるガバナンスと運用設計は、アプリやフローの乱立やセキュリティリスクなど、統制にまつわる様々な点を考慮する必要があります。コネクタによって様々なサービスとつなぐことができるため、逆説的に言うと社内の情報が外部に流出してしまう可能性があります。また、膨大なアプリやフローが乱立することで、例えば、野良アプリ・野良フローと呼ばれる、使われているかどうか分からないアプリやフローがあると、IT管理者による管理ができず、容量や実行回数制限を圧迫してしまいます。これらの制限を超えてしまうとアプリやフローが使えなくなってしまうため、IT管理者による制御が必要です。さらに、セキュリティのリスクに関しては、データ損失を防ぐ機能などが設定されていないことで企業内のデータが外部に流出する可能性があります。

一方で、IT管理者が制御しすぎると開発者のニーズに応えられないため、結果的に内製化に向けた取組みを阻害してしまうことになります。開発者の利便性と管理の簡便さを両立させることが重要であり、社内からの様々な要望に柔軟に対応することが求められます。

以降の章では、こうした対応のための方針と採るべき対策について見ていきます。

第2章

Power Platform を全社利用するための運用体制

» 2-1　「ガバナンス」の意味
» 2-2　目標の明確化
» 2-3　役割の明確化
» 2-4　タスクの明確化

2-1 「ガバナンス」の意味

企業や組織が「ガバナンス（governance）」という言葉を使うとき、多くの場合は「管理や統制を徹底してリスクを抑える」という文脈で捉えられがちです。これはあながち間違いではありませんが、本来の語源である古フランス語の“governer（舵を取る）”に目を向けると、リスク低減だけではなく、「どこに向かうのか」という方向性をしっかりと示し、その方向に組織を導いていく意味合いが含まれていることがわかります。つまり、ガバナンスの要点は「リスク管理」と「目標（ゴール）への舵取り」という両方の視点をバランスよく組み合わせることにあるのです。

一方、多くの企業や組織では、ガバナンスを「ルールや規則を守る」こととほぼ同義に捉えてしまう傾向があります。そのため、新しいことを始める際にもまずは社内規定やコンプライアンスに目が行きすぎてしまい、「これ以上はリスクを背負いたくないから開発を制限する」という発想に陥りがちです。もちろんリスクをコントロールすることは重要ですが、それだけに注目してしまうと、組織が本来得られるはずの価値やイノベーションが生まれるスピードが遅くなってしまう危険性があります。

そこで重要になるのが「明確なゴールを最初に定め、そこに向かって突き進む」姿勢です。マイクロソフトが世界中の主要顧客と何度も対話を重ねる中で分かったのは、最初から「このプロジェクトで何を成し遂げたいのか」、「どんなビジネス価値を得たいのか」をはっきり言語化し、その到達点に向かって迅速に動く企業ほど、成果を出すまでの時間が圧倒的に短いという事実です。反対に、まずは統制や制御を重視して一歩一歩慎重に進める企業では、取り組みの安全性こそ確保しやすいかもしれませんが、最終的に価値を創出するまでの道のりが数年かかり、長くなる傾向があります。

この点で、ローコード開発というアプローチは非常に有効です。ローコードは、専門的なプログラミングスキルを必ずしも必要とせず、業務部門のユーザーが自らアプリケーションを作り出せる手法を指します。Power Platform は、まさにこのローコードの考え方を体現しており、下の図を見ればわかるように、世界中で月間2500万人以上の人々が幅広い用途で活用しています。[1]

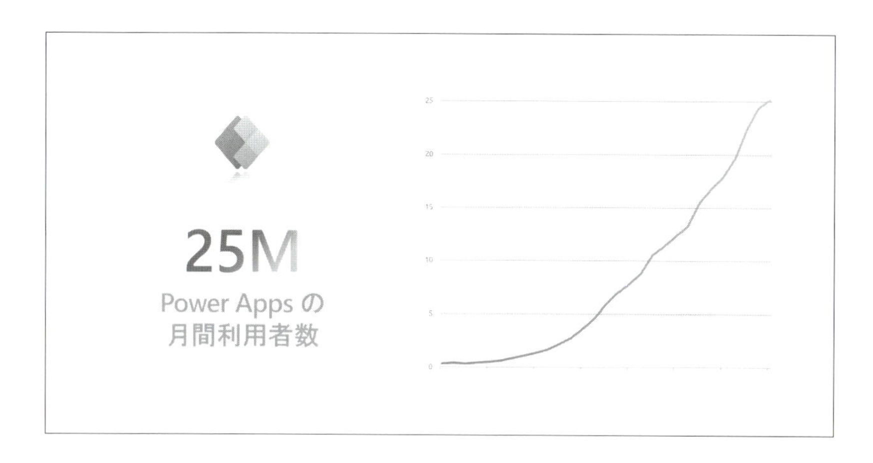

その実績から、Power Platform 自体のガバナンスやセキュリティ面での信頼性は高く評価されています。ただし、それを導入してすぐにあらゆる問題が解決するわけではありません。各組織のビジョンや戦略に合致した「なぜローコードを使うのか」という理由を十分に整理したうえで、ガバナンスに対する設計や運用の方針を策定する必要があります。

「なぜローコードを使うのか」という問いかけに対しては、例えば次のような考え方が挙げられます。社内の業務プロセスを素早く改善したい、既存システムに業務担当者の声をもっと反映させたい、あるいは業務フローを可視化してデータ活用を進めたいなど、組織によって動機は様々です。そのどれもが「我々は何を達成したいのか」「どういう価値を生み出したいのか」というゴール設定につながります。こうしたゴールをまず具体的に描くことで、社員やステークホルダー全員が同じ方向に向かいやすく

1：Microsoft Ignite 2024 セッション「The Future of Power Platform: Intelligent Apps」の意訳

なり、ローコードやガバナンスの仕組みが「管理されるためのルール」ではなく、「ゴールへの最短距離を走るための道しるべ」として作用するのです。

効果的なガバナンスを進めるには、最初に組織としての方向性やゴールを明確化し、そこから逆算して「誰が何に責任を持つのか」「どのような優先度でタスクを進めるのか」を整理することが不可欠です。これは、ガバナンス体制だけでなく、ローコード開発のフレームワークや環境の設計に大きく関わります。ルールやポリシーの設定といった統制面の対応は、あくまでも目的達成に必要な道具の一つであり、手段が目的化しないようにすることが大切です。

例えば、1年後の組織の姿を想像してみてください。Power Platform を活用して迅速にアプリケーションやエージェントを構築し、運用ルールもうまく回っている状態になったとき、自社の業務や文化がどのように変わっているかをイメージするのは大変有益です。そのビジョンを基に、今取り組むべきステップを明確化し、担当者の役割を振り分けていくと、チーム全体がスピード感をもって動けるようになります。

今日、デジタル変革はあらゆる業界で加速しており、大手企業を中心にITの内製化やローコード活用が進んでいます。特にPower Platform のようにクラウドや AI と組み合わせて活用するプラットフォームは、試作品の迅速な開発と評価が可能となり、ビジネス上の仮説を早い段階で検証できます。そこで競争力を高めるためには、いかに早くビジネス上の価値を生み出せるかが勝負の分かれ目です。ガバナンスはリスクを抑えるために必要な要素であると同時に、正しいゴール設定と組み合わせることで、組織を効率的かつスピーディに目的地へ導く舵取りの仕組みとなります。ローコードを取り入れる際にこそガバナンスの枠組みを整え、「何を目指すのか」というゴールを共有しながら安全かつ効率的に新たな価値創出を実現する体制づくりが求められます。そうした考え方が、これからのPower Platform を全社で利用するための運用体制づくりでは特に重要になるのです。

2-2 目標の明確化

効果的にガバナンスを行うために必要なことは、「目標の明確化」(何を達成しようとしているのか)、「役割の明確化」(誰が何に責任を持つのか)、「タスクの明確化」(主要なイニシアチブは何か)の3点です。まず、目標の明確化から説明しましょう。

あなたが所属する企業や組織において、1年後、Power Platform が適切に採用され、適切に管理されていると想像してみてください。あなたとユーザーにとって、物事が今とどのように異なるでしょうか。

ご存じの通り、デジタル変革は企業の成長にとってこれまで以上に重要になっており、大企業の75%はITの内製化に取り組んでいると言われています[2]。テクノロジーはあらゆる業界を変化させ、混乱させていますが、成長している業界の鍵でもあります。従って、デジタル変革の旅を段階的に、しかし早急に発展することが重要です。Power Platform のような幅広い適用性を持つ新しいテクノロジーを採用することは、どの企業や組織にとっても有益です。

Power Platform 導入成熟度モデル

目標を明確に定めるために必要なものは何でしょうか。ここでは、Power Platform を全社で利用するための運用体制を考えるうえで重要な指標となる「Power Platform 導入成熟度モデル[3]」を紹介したいと思います。このモデルは、マイクロソフト米国本社でPower Platform 製品開発

2：IDC - https://www.idc.com/getdoc.jsp?containerId=prJPJ51985724
3：Power Platform adoption maturity model -
https://learn.microsoft.com/ja-jp/power-platform/guidance/adoption/maturity-model
https://go.microsoft.com/fwlink/?linkid=2174946

チームが導入を支援してきた、数々の世界中の顧客の成功と失敗の事例を基に作られている、Power Platform の導入を成功させるためのベストプラクティスです。Power Platform の導入を経験した顧客から学んだ、段階的に成熟度を高めるためのガイドラインを提供しています。空手を習い始めたばかりの初心者がいきなり黒帯を付けることはないのと同じように、ここで重要となるポイントは、いきなり高いレベルの成熟度を目指すのは難しいため、段階を踏んで進めることです。導入成熟度モデルでは、Power Platform を使用して包括的なデジタル変革を実装する際に、成功する組織に共通する一貫したテーマ、パターン、取り組み、行動を特定しています。あなたが所属する企業や組織において、現時点ではデジタル変革の旅のどの段階にいるでしょうか。

「Power Platform 導入成熟度モデル」は、Power Platform 導入のロードマップを定義しやすくするために、Power Platform 導入の成功に直接つながる、一連の考慮事項とアクションアイテムを提供しています。成熟度の評価は以下の7つのカテゴリーに分類されています。「戦略とビジョン」「ビジネスバリュー」「育成と市民開発者」「自動化」「フュージョンチーム」「サポート」「管理とガバナンス」です。この7つのカテゴリーごとに、成熟度がレベル100からレベル500の5つの段階に分けられています。7つのカテゴリーのうち、管理とガバナンスの観点に関して各レベルの概要を紹介しましょう。

豆知識：

マイクロソフトが主催するMicrosoft Ignite やMicrosoft Build などの大規模なITカンファレンスでは、各セッションに「BRK200」「THR300」などの番号の表記が付けられ、受講者が下3桁で自分の知識レベルや期待する技術レベルに合わせてセッションを選びやすくする工夫が行われています。例えば100番台に相当するセッションは概要レベルの内容を扱い、あまり ITインフラや特定の製品に詳しくないビジネスユーザーや意思決定者にも理解しやすいように設計されます。一方で、300番台や400番台といった番号になると、実際の運用シナリオやより技術的な構成要素、ベストプラクティスなどを深く掘り下げるような内容になり、実務担当者や経験豊富なエンジニアが知りたい高度な情報を得られるセッションが用意されています。実際に著者の吉田が2024年の Microsoft Ignite というカンファレンスで担当したのは BRK175 というもので、Power Automate の概要についての入門セッションでした。

管理とガバナンス

レベル100から500までの段階と、各レベルにおける管理とガバナンスの状態について説明します。

レベル100 — 初期段階

この段階では、組織全体での導入状況や使用状況は把握されていません。全社的な戦略やガバナンスのアプローチはなく、管理者として組織全体で管理を実行するための設定は主に既存の設定のままであり、管理やセキュリティに関するポリシーは導入されていません。

レベル200 — 再現可能段階

この段階では、初期段階で学んだことを活用して、Power Platform を展開するにあたって、組織全体のIT部門またはその他の関連する部門と連携しながら、制御を実装することに重点を置いた導入を目指します。明確な戦略やポリシーはありませんが、Power Platform サービスに関する管理者が特定されており、組織全体の使用状況を可視化し、管理者に割り当てられた役割を理解しているため、組織内で再現可能な状態です。

レベル300 — 定義済み段階

この段階では、再現可能段階で検討した戦略やポリシーを組織全体の標準ビジネスプロセスとして定義および確立するために取り組んでいます。組織全体として、Power Platform を使用したデジタル変革への測定可能な成功を目指して進めている最中です。特定の使用例やシナリオに対応する管理戦略、監視方法、ポリシーの更新を行います。

レベル400 ― 利用可能段階

この段階では、組織内で合意された管理と監視のための標準的なプロセスが存在します。開発者は、定義済み段階のプロセスを深く理解しており、Power Platform 機能は、ビジネスを幅広く変革し、基幹システム等の重要な組織内のシステムやアプリの統合を実現できる状態です。組織内ではベストプラクティスの共有、新しい開発者のためのトレーニング、定期的なハッカソンなどのイベント実施のためのコミュニケーションチャネルが確立されています。標準化されたビジネスプロセスは、全ての開発者が利用できます。

レベル500 ― 効率化段階

この段階では、利用可能段階で確立したプロセスに従って運用が開始されており、Power Platform によってもたらされる価値が定量的に管理されています。効率化段階にある組織は、経営層からの支援を受け、組織内コミュニティでのベストプラクティスを基に、ミッションクリティカルなビジネスプロセスや組織における機能を迅速に変革することができます。また、Power Platform によって標準化された自動化プロセスと確立された組織内コミュニティにより、新たなデジタル化の機会を迅速に実装できます。これらの機会により、組織はビジネスチャンスを迅速に認識し、AIなどのより高度な機能の統合を開始できます。

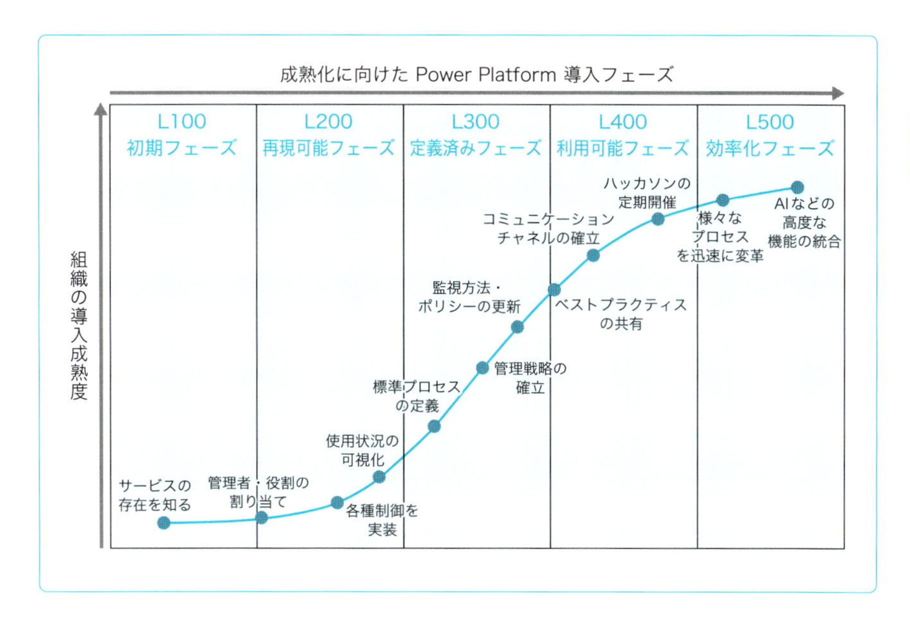
成熟化に向けた Power Platform 導入フェーズ
L100
初期フェーズ
L200
再現可能フェーズ
L300
定義済みフェーズ
L400
利用可能フェーズ
L500
効率化フェーズ
組織の導入成熟度
サービスの
存在を知る
管理者・役割の
割り当て
各種制御を
実装
使用状況の
可視化
標準プロセス
の定義
管理戦略の
確立
監視方法・
ポリシーの更新
ベストプラクティス
の共有
コミュニケーション
チャネルの確立
ハッカソンの
定期開催
様々な
プロセス
を迅速に変革
AIなどの
高度な
機能の統合

2-3 役割の明確化

あなたが所属する企業や組織では、Power Platform のガバナンスを定義および実行する上で必要となる役割と、その役割に応じた責任が割り当てられているでしょうか。組織における主要なガバナンスの役割と説明責任を特定するためには、役割を明確にし、責任を割り当てることが重要です。

また、昨今セキュリティを取り巻く状況は急速に変化しており、サイバー攻撃はますます高度化しています。2023年7月から1年間を見たとき、平均で1日6億回のサイバー攻撃が発生しています[4]。また、2023年にはフィッシング詐欺は1年で58％増加しています[5]。一方で、企業はAIを活用したデータ利用を推進しており、データアクセスの需要が増加しています。企業はAIを活用してビジネスに影響を与え、ポジティブな変化をもたらそうとしています。また、各国政府はこれらの変化に対応するために規制や法的枠組みを適応させています。

最初に、マイクロソフトと顧客との間の役割と責任範囲について見ていきましょう。マイクロソフトと顧客の間では、セキュリティにおける共同責任があります。Power Platform は、組織のセキュリティポリシーに対応するための包括的なセキュリティとガバナンスのコントロールを提供しています。Power Platform はSaaS（サービスとしてのソフトウェア）として提供されます。そのため、アプリケーションを構築する際にデータセンターやサーバーのセキュリティとガバナンスを心配する必要はありませ

4：Microsoft Digital Defense Report: 600 million cyberattacks per day around the globe
https://news.microsoft.com/en-cee/2024/11/29/microsoft-digital-defense-report-600-million-cyberattacks-per-day-around-the-globe/

5：Trend Micro: Top 15 Phishing Stats to Know in 2024
https://news.trendmicro.com/2024/07/22/phishing-stats-2024/

ん。また、PaaS（サービスとしてのプラットフォーム）、IaaS（サービスとしてのインフラストラクチャ）、およびオンプレミスで実行されている他のアプリやサービスと統合する柔軟性も提供します。

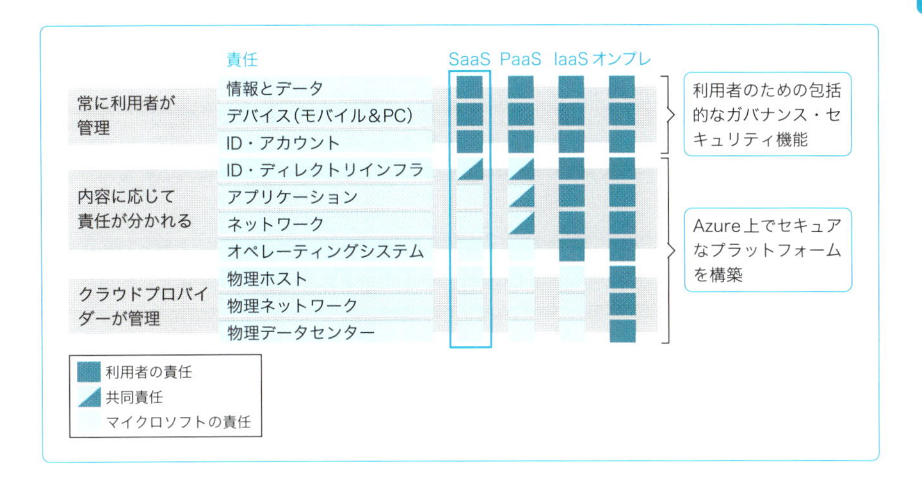

次に、組織内において、Power Platform のガバナンスに一般的に関与する役割と責任範囲の主要な例を紹介します。なお、ガバナンスを設計するうえでは、組織内で多角的なディスカッションを行い、今後のPower Platform の展開や利活用に関係する人を幅広く対象とすることを推奨します。

役割	責任範囲
Power Platform 管理者	組織でサポートするサービスの管理機能、プラットフォームの健全性、衛生、監視と実装、ガードレール、継続的なセキュリティ体制を管理
エグゼクティブスポンサー（経営層・経営企画室）	ビジネスニーズに基づき、プロジェクトの承認やリソース調達、組織全体の利害調整に責任を持つ
Microsoft 365 管理者	SharePoint、Microsoft Teams、Plannerなどの関連するMicrosoft 365サービスを管理
アーキテクチャチーム	プラットフォームを基幹システムに統合することを保証し、Power Platform をいつ使用し、いつ他のシステムを使用すべきかの基準を決定する

役割	責任範囲
サイバーセキュリティチーム	Power Platform のセキュリティを保証し、継続的な組織のサイバーセキュリティ目標を達成する
IT運用（サポート）チーム	プラットフォーム上に構築されたアプリやソリューションに対して、第一線のサポートを提供
コミュニティ・利活用推進リードチーム	ユーザーや開発者がトレーニング、ガイダンス、ピアサポートを通じてプラットフォームを最大限に活用できるようにする
データ・情報ガバナンスチーム	生成・消費されるデータが適切に取り扱われることを保証
開発者（市民開発からプロ開発まで）	プラットフォームを最大限に活用して、ガードレールを明確にした上で、組織としてサポートされた方法でビジネス上の問題を解決
プロジェクトマネジメントオフィス（PMO）	ローコードプロジェクトが組織のプロジェクト標準と制御に従って管理されていることを保証する

上述した役割に加え、組織内で主要な意思決定に関わるインフルエンサーとして特定される、その組織に特有のその他のステークホルダーが主要な役割として追加されることもあります。

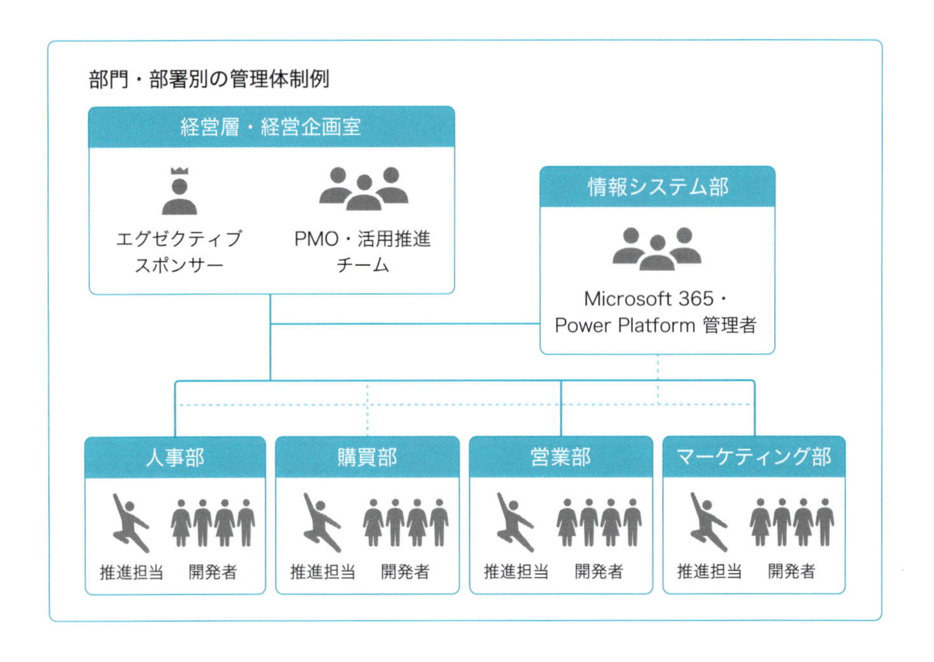

グループ会社別の管理体制例

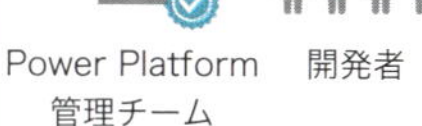

2-4 タスクの明確化

あなたの組織にとって、適切なガバナンス設計がないことによるリスクはどんなものが思い浮かびますか。

大企業の顧客からは、下記のような問い合わせが数多く発生します。「シャドーIT」に関するセキュリティリスク、過剰な共有に関連するセキュリティリスク、ビジネスデータと接続に関連するセキュリティリスク、アプリやフローの配布に関するメンテナンスの課題、保守可能な資産と適切なアプリケーションライフサイクル管理(ALM)の確保、適切で永続的な所有権の確保、といった懸念事項に関する相談です。IT管理者の立場からは、サイバーセキュリティやコンプライアンスなどの分野でリスクに焦点を当てるのが一般的ですが、本書では、あえてユーザーエンゲージメントの欠如、トレーニング資料の欠如、組織内部で必要なスキルセットの欠如など、他の領域にも「リスク」の定義を広げてみたいと思います。

組織の主要なガバナンスイニシアチブを特定するため、マイクロソフトの実際の顧客事例を参考に、あなたの組織で適用可能なガバナンスの目標、役割、タスクを明確化するための参考について考えてみましょう。

武田薬品工業の事例

ここでは、武田薬品工業でのPower Platform 導入におけるIT部門の取り組みを見てみましょう。

武田薬品工業は、AIと自動化をビジネスプロセスに取り入れるためにPower Platformの導入を決定しました。グローバルIT部門を中心として、参入障壁を下げることに重点を置いた戦略的な企業内導入に取り組み、組織内の開発者、コンサルタント、管理職、およびMicrosoft MVP[6]経験者と連携しながら、Power Platform の全社導入を実現しています。

武田薬品工業では、以下のような課題に直面していました。そして、これらの課題に対する解決策をPower Platform 導入を通して見出したのです。

- 従来のソリューション開発におけるコストの高騰が、イノベーションの優先度を下げ、ROI(投資収益率)を低下させている
- 特定された課題が短い期間での解決が求められるため、結果的に手動でプロセスを続けざるを得ない
- ローコード開発における特定の領域における開発者が多数存在しており、重複する機能が乱立し、ステークホルダーを混乱させている

具体的には、組織としての全社戦略および事業戦略を基軸としながら、ガバナンス設計、管理運用体制の構築、活用推進、プロ開発者と市民開発者によるフュージョンチームの確立という順序で導入を進めました。

同社がPower Platform 導入を検討し始めた当初は、Power Platform はMicrosoft 365 のライセンスに付帯するサービスであるという認識でした。従って、Power Apps やPower Automate のサービスは組織内のMicrosoft 365を担当するチームによって管理されており、Power Platform におけるガバナンスや導入の戦略やポリシーは存在していませんでした。組織内に市民開発者は存在せず、当時は外部に委託していたシステム開発業者が20人から50人ぐらいの規模で利用する、小規模なアプリケーションを開発していました。

そして現在では、Power Apps やPower Automate だけでなく、システムやプラットフォームの導入における標準化されたパターンを確立しました。Power Platform 導入における一連の機能や提供したソリューション

6：マイクロソフトが運営するMicrosoft Most Valuable Professional (MVP) プログラムは、技術専門知識やリーダーシップ、登壇経験やオンラインでの影響力、現実世界の問題を解決しようとする取り組みについて、世界中の優れたコミュニティリーダーとして活躍する技術的な専門家を表彰する取り組みです。MVPは、現在90の国や地域で4,000を超える技術専門家とコミュニティリーダーからなるグローバルコミュニティです。
https://mvp.microsoft.com/ja-jp/mvp/

は、他の多くのサービスやシステムを導入する場面でも使用しています。これはグローバルIT部門が推進した包括的なアプローチであり、最初は小規模な開発から始めました。導入を始めた当初の小規模開発の成功を基に、IT管理者はユーザーや開発者からのあらゆるリクエストに対し答えるようになり、バックログで社内の問い合わせを管理するようになりました。依頼する人によっては「作られるまで待ちたくない、自分も作れるようになりたい」というニーズが高まり、組織内での市民開発者の育成が始まりました。社内での問い合わせ対応時間などを設けて、質疑応答の機会を設けたり、社内のチケット管理システムで問い合わせ管理を行ったりしました。その結果、組織内で5万以上のクラウドフローと2万5000以上のアプリが活用され、全従業員の1割を超える6000人以上の市民開発者が積極的に開発を推進するようになったのです。下の図はそれを指し示す同社の資料です。[7]

武田薬品工業における全社導入においては、IT部門が掲げる6つの戦略的な方針がありました。

7：Microsoft Ignite 2024 – BRK183「Real-World Success: How Customers Are Driving Transformation with the Power Platform」の意訳

1.専任チームを結成する：グローバルIT部門内でPower Platform 導入の専任チームを設けることからプロジェクトを開始しました。

2.小さく始める：いきなり大規模に導入を始めるのではなく、まずは小規模なところから始めることが重要でした。例えば、導入対象となるユーザーの規模を、35人の部署ではなく5人の部署から始めるという工夫をしました。

3.既存のプロセスを変える：Power Platform で実現可能なソリューションを示すために、従来実施してきた既存のビジネスプロセスを変えてみることにもチャレンジするよう促しました。

4.他のチームと緊密に協力する：ユーザーや開発者からの依頼や相談に対しては、常に「そうですね、やってみましょう」と言い、もし実現が難しい場合でも「それは確かに現状難しいですね、でも」と他の解決策や代替オプションを提示するようにし、決して単に「NO」とは言わないように心掛けました。

5.マイクロソフトの専門家やコミュニティに頼る：マイクロソフトやPower Platform コミュニティが主催する社外のイベントやワークショップへ積極的に参加し、深く学ぶ機会を持ちました。世界中の他の顧客も同じような課題を解決してきたことを認識し、参考にしました。

6.全ての社員が顧客：活発な組織内でのコミュニケーションが、IT部門とユーザーや開発者との間でお互いの信頼を生み、協力の中心となることを確信していました。

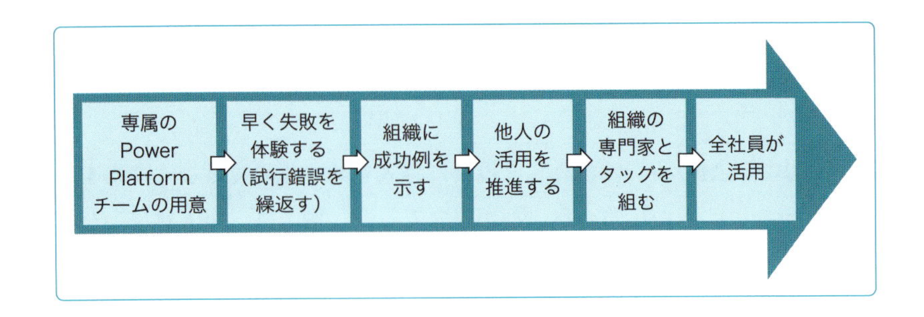

本書では武田薬品工業での導入事例に注目して取り上げましたが、Power Platform を大規模に導入している多くの企業で、同じような経緯や手段を基にPower Platform を導入し、活用しています。

実際にあなたが所属している組織で、「Power Platform 導入における現状評価[8]」を無料で受けられるオープンプラットフォームがあります。このマイクロソフトが提供するPower Platform 導入評価では、組織がPower Platform をどのように利用しているかを包括的に評価し、より効果的な活用をするために組織内で最適化と効率化の機会を特定することを目的としています。残念ながら現時点では日本語での提供はしていませんが、セルフサービス形式で提供されるため、いつでも都合に合わせてベストプラクティスや推奨事項を確認することができます。興味のある方はぜひご覧ください。

8：https://aka.ms/PPAdoptionAssessment

第3章

環境設計と
データ損失防止ポリシー

» **3-1** Power Platform の設定

» **3-2** テナントとは

» **3-3** 環境について

» **3-4** データ損失防止ポリシー

3-1 Power Platformの設定

組織全体でPower Platformを安全に活用していくには、ガバナンスとセキュリティを考慮することが最初の一歩となります。本章では、その主な設定や構成に触れ、安全性を担保しつつ、同時にデジタル変革やイノベーションを推進できるようにするにはどうすべきかを紹介します。環境をセキュアに設計すると言っても、Power Platformには複数の項目があり、いくつかのレイヤーで設定するようになっています。

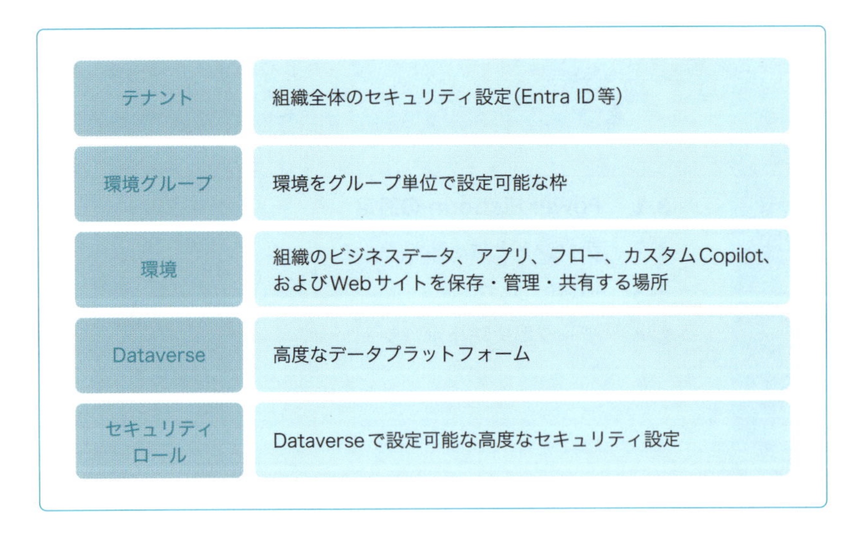

IT管理者としてどのような設定が求められるのか、基本的な事項について紹介するうえで、必要不可欠な概念である「テナント」と「環境」について説明していきましょう。

3-2 テナントとは

「テナント」とは、マイクロソフトのクラウド環境における組織単位のようなもので、主にMicrosoft Entra ID（旧名Azure AD）を基盤としながら、ユーザーやライセンス、アプリケーションなどを包括的に管理するための枠組みを指します。例えばMicrosoft 365やPower Platform、Azureなどを利用する場合、このテナントが組織の“ホームベース”となり、すべてのサービスと連携してセキュアにアクセスできるようにします。

テナントをイメージする際には、同じビルの中にある1社のオフィス空間や、アパートの1室を想像するとわかりやすいかもしれません。ビル（マイクロソフトが提供するクラウド インフラ）の中に、各企業や組織（テナント）が区切られた形で入居しているイメージです。各テナントには独立した管理者や利用者、データ保存領域が与えられており、他のテナントとは分離された環境を構築できます。

Entra IDの認証基盤と連携しており、ユーザーやグループ、デバイス登録などのアイデンティティ管理、ライセンス付与、セキュリティポリシーの適用もテナント単位で行われます。Power Platformにおいても、アプリやフロー（Power Automate）、エージェント（Copilot Studioで構築する対話型エクスペリエンス）などを利用する際、そのすべてがテナントの枠組みの中で管理されるため、権限管理やガバナンス構成はテナント全体の設定を前提に考える必要があります。

このように、テナントは組織がマイクロソフトのクラウド サービスを使ううえでの大枠となるため、まずはテナントの存在やその管理方法を把握しておくことが、Power Platformを安全かつ効率的に運用していくうえで非常に重要です。テナントを通じてユーザーアクセスやデータ保護、ライセンス割り当てをコントロールし、組織の要件やセキュリティ ポリシーに基づいた運用体制を構築するのが基本となります。

本章ではまず、環境や DLP ポリシーといった、皆さんが日々の運用で最も身近に扱う要素を取り上げます。環境の設計や保護の仕組みをしっかりと理解することで、Power Platform を実際に使う際に「どのようにアプリやデータを整理し、どの範囲でどのように情報を扱うか」という具体的なイメージがつかみやすくなるでしょう。そのうえで次の第4章では、テナント全体を対象としたより上位のセキュリティ対策や管理方法について紹介していきます。これは、まず環境レベルのガバナンスが整ってこそ、テナント全体を横断するセキュリティ設定の意義や運用方法が理解しやすくなるためです。いきなりテナントレベルの話に進むよりも、環境を「自分が扱う具体的な単位」として把握した状態の方が、なぜテナント全体で一元管理する仕組みが必要なのか、あるいはどのようなリスクを抑えるための設定なのかを、より実感をもって学習できるはずですので、ぜひ順番に読んでみてください。

3-3 環境について

Power Platform には、「テナント」に加え、「環境」という異なる重要な考え方があります。1つのテナント内に複数のPower Platform の環境を作成することができます。そのテナント内のユーザー（およびそのゲストユーザー）のみがそのリソースにアクセスできます。

各環境における権限は、Microsoft 365 のセキュリティ設定とは異なる、細かな制御が行えます。また、Microsoft 365 のグローバル管理者権限ほど強力なロールを設定することなく、Power Platform の中で完結したロールやセキュリティの設定が可能です。

Power Platform における環境とは、「組織のビジネスデータ、アプリ、フロー、カスタムエージェント、およびWebサイトを保存・管理・共有する場所[1]」です。Power Platform における情報は基本的にすべて環境内に格納されています。環境の中では、環境の管理者には管理者権限である「環境管理者」を与え、ユーザーごとに権限を細かく制御することができます。1人のユーザーに複数の環境の異なるアクセス権限を付与することも可能です。環境の中にアプリやフローなどが作成されるため、環境ごとに、どのユーザーにどこまでのアクセス権限を与えるかを設定する必要があります。通常はユーザーの所属する部署や、開発・用途別に環境を分けて作成します。

1 補足：Dataverse のデータ、Power Apps のアプリ、Power Automate のフロー、Copilot Studio のカスタムCopilot 、Power Pages のWebサイトを指しています。

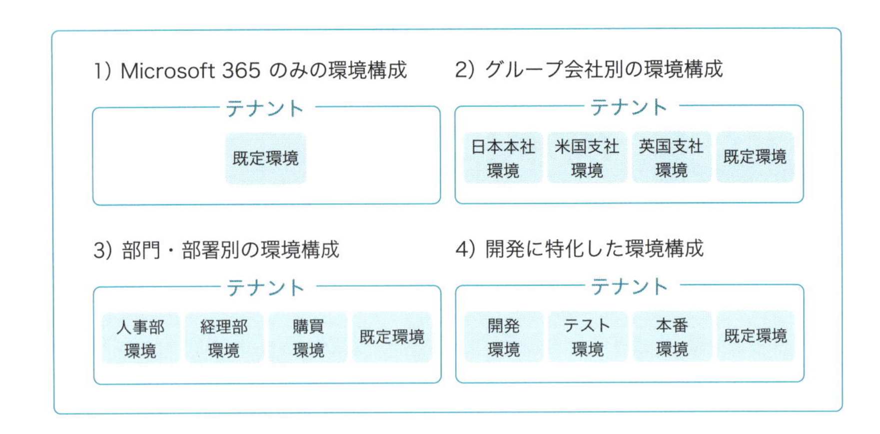

Dataverse と環境

環境ごとには、その環境内で使用される1つの Microsoft Dataverse をプロビジョニング（展開）できます。Dataverse については詳しく第4章で触れますが、大雑把に説明すると、データベースで扱うような構造化データだけでなく、画像やファイル、ログと言った非構造化データなど、あらゆるデータを保存および管理するための基盤となるPower Platform に特化したデータプラットフォームです。

Dataverse 上にデータを蓄積すると、Power Apps やPower Automate 、Power BI 、AI Builder 、Copilot Studio など Power Platform の各サービスやツールとシームレスに連携できるため、分散しがちなデータを一元管理しながら、様々な業務アプリケーションやフロー、エージェントを構築することが可能になります。

Dataverse 環境を使用して、細かなユーザーアクセス、セキュリティ設定、およびそのデータベースに関連付けられているストレージを管理できます。2019年頃のPower Platform では、Power Apps やPower Automate などの各サービスが今ほどDataverse に依存していなかったことから、現時点でも環境の作成時にDataverse を作成しない選択肢が残されていますが、現在は各Power Platform のサービスで作成したアプリやデスクトップフロー、カスタムエージェントなどはすべてDataverse に保存されるため、実際には環境とDataverse を表裏一体のものと考えた方が良いでしょう。

環境は、日本、米国などの地理的な場所から選択できるようになっています。環境内にMicrosoft Dataverse を作成すると、そのDataverse は地理的な場所にある2つのデータセンターがペアとなり、冗長構成が作成されます。例えば、日本リージョンを選ぶと、東日本と西日本のデータセンターに環境が作成されるため、万が一、片方のデータセンターで障害が発生した場合には、自動的にもう片方のデータセンターに切り替わる(フェイルオーバー)ように構成されています。その環境で作成するすべての項目(接続、ゲートウェイ、Power Automate を使用しているフローなど)は、それぞれの環境の場所にも結び付けられます。一度作成すると、後でリージョンを変更することはできないため(非常に複雑で困難な環境マイグレーションは可能[2])、リージョンを選択する際は、慎重に選ぶようにしましょう。

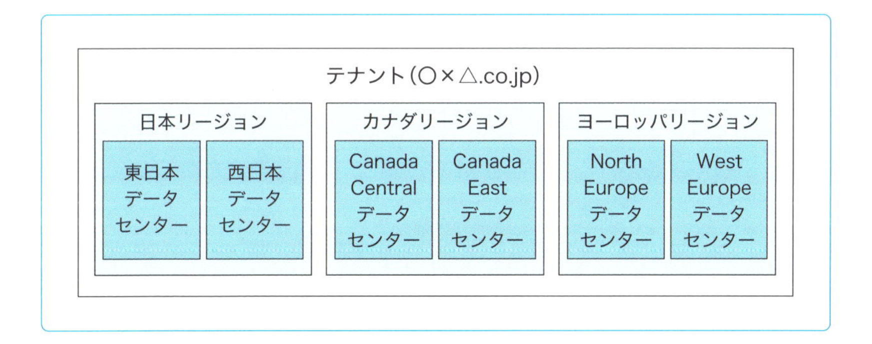

環境の種類

環境にはいくつかの種類があり、それぞれの特性を生かした使い分けが重要です。ここでは、環境の種類について紹介し、それぞれの利用用途について触れていきます。

2:地域間の移行 - https://learn.microsoft.com/ja-jp/power-platform/admin/geo-to-geo-migrations

既定の環境

Microsoft 365 のテナントを作成すると既定で作成される環境です。環境には必ず「既定の環境」が存在します。Microsoft 365 のライセンスが割り当てられているユーザーであれば、アクセスすることができ、アプリやフローを作成するアクセス許可を持っています。既定の環境でアプリやフローの作成をブロックすることはできません。その理由としては、SharePoint やOneDrive for Business などのMicrosoft 365 サービスからも直接Power Automate のフローや、Power Apps のアプリを作成できるようになっているためです。

例えば、SharePoint のリストから「統合」>「Power Apps」>「フォームのカスタマイズ」を選択すると、上記の既定の環境に作成したPower Apps が保存される仕組みになっています。

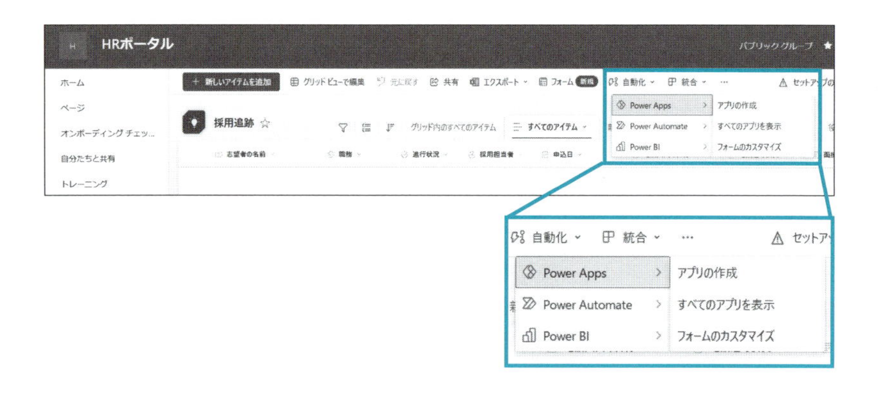

また、Power Automate for desktop をWindows 10/11に付随する無償ライセンスで利用する場合、構成内容は既定の環境へ保存されます。

既定の環境はどのユーザーでも Power Apps やPower Automate が使えることを想定しているため、全ユーザーに環境作成者権限が付与されてしまいます。そのため、特定のユーザーや部門にのみ開発させるといった運用もこの環境では行えません。従って、企業や組織内で大規模展開する際には、多くの場合、この既定の環境を「個人用生産性環境」と名前を変更し、利用用途も個人での利用用途に限定することがほとんどです。

> **注意：**
> 既定の環境のDataverse をMicrosoft 365 のライセンスの範囲内で利用しようとした場合には、3GBのデータベース容量しかありません。ユーザー数が多い組織では既定の環境はSharePoint などのカスタマイズ用途に限定し、既定の環境内ではミッションクリティカルな用途に利用することは推奨しません。もし既定の環境の容量が足りなくなった場合には、Dataverse データベース容量のアドオンライセンスを購入することで解決できます。

既定の環境に関しての地域は、テナントのホームロケーションを基に自動的に選択されます。日本で作成されたテナントの場合、既定環境の地域も日本が自動的に選択されます。

実稼働の環境

恒久的な運用を目的とした、アプリやフローの実稼働を行う環境です。本番運用で利用する場合にはこの環境を利用します。

試用版の環境

30日間のみ使用可能な、有償版の環境の試用を目的とした環境です。試用期間の終了後、延長することはできません。

サンドボックス環境

テストや検証目的で活用されるのが「サンドボックス環境」です。サンドボックス環境ではリセットや複製が比較的容易に行えるため、アプリケーションの改修や新機能の検証を行うのに適しています。本番データを巻き込んだ実験を避け、開発段階で失敗を許容できる仕組みとして、サンドボックス環境を設計に組み込むと、本番への影響を抑えながらスピーディなアップデートを進められるようになります。

開発者環境

開発者環境は、個々の開発者が自由にアプリやフローを作成・テストしやすいように用意される環境です。開発者環境には、主に2つの用途があります。

1つ目は個人でのみ利用するような、個々の生産性を向上させるためのアプリやフローを作るための場所です。ここで作られたものはすべて開発者自身が使うことを想定しており、通常ガバナンスやセキュリティの観点からも、他のユーザーが利用することを想定しておらず、あくまでも個人の作業領域に近い位置付けであり、大規模にユーザーへ公開したり、ミッションクリティカルな運用を行ったりするのには向いていません。組織全体に共有する前の段階で、新しい技術を試したり、Power Apps や Power Automate 、Dataverse の機能を習得したりする学習用の場としても活用されます。

2つ目は大規模開発や、プロ開発を行う際の用途です。この用途に関しては第8章で詳しく触れたいと思います。

開発者環境を利用するためには、一般に「Power Apps Developer Plan」と呼ばれるライセンスが必要になります。これは、Power Apps や Power Automate を使ったアプリケーションやフローの開発・学習を個人で行うための無償プランです。Power Apps Developer Plan を取得すると、個人の作業用として1つの「Developer 環境(開発者環境)」を作成できるようになり、そこで自由に実験やテストを行うことができます。すぐに本番稼働させるのではなく、あくまで学習や検証を目的として利用するのが基本的な想定です。

開発者ライセンスのサインアップ画面から作成した場合、作成される環境の地域は自動的にテナントの地域と同じになります。

Dataverse for Teams の環境

Microsoft Teams で作成したチームと紐づいた専用のDataverse 環境です。Microsoft Teams 上で小規模なアプリを迅速に構築・共有するために特化しています。Teams のチャットやタブなどのユーザーインターフェースに対してアプリを自然に組み込めるため、チームでの共同作業を効率化しやすい利点があります。一般的な Dataverse 環境よりも様々な制限があり、扱えるデータ容量や拡張性には限度があります。大規模なデータ管理や複雑なビジネスロジックを要する場合には、Dataverse for Teams だけでなく、実運用環境やサンドボックス環境との使い分けを検討するのが望ましいです。

上述した環境の機能の差をまとめると、以下の表のようになります。

環境の種類	概要	バックアップ・リストア	コピー・リセット	地域・場所	その他制約
既定	Microsoft 365 に合わせて自動的に作成される	自動：7日 手動：不可	不可	テナントと同様	テナントと同様
実運用	本番運用に利用	自動：28日 手動：28日	不可	選択可能	選択可能
サンドボックス	開発やテスト等の用途に利用	自動：7日 手動：7日	可能	選択可能	選択可能
開発者	個々の開発者が利用	自動：7日 手動：7日	不可	選択可能	選択可能
Dataverse for Teams	Teams に紐づく専用環境	自動：7日 手動：7日	不可	テナントと同様	紐づいているTeamsのチームがアクセス可能
試用	新機能の短期的なテスト等に利用	不可	不可	選択可能	1ユーザー1つまで作成可能 28日で自動削除

マイクロソフト社内の環境戦略

ここで、2024年に開催されたイベント「Microsoft Ignite」のセッションでも示されていた、マイクロソフトが実際に採用している環境戦略を紹介します。マイクロソフトでは「Microsoft Digital」といういわゆるIT管理者が所属する情報システム部門が存在し、この部門でPower Platform のガバナンス・セキュリティ戦略や利活用計画、ユーザーサポートを行っています。2024年11月時点で、マイクロソフトのテナントには20万のPower Apps アプリと40万のPower Automate フロー、2万5000のCopilot Studio カスタムエージェントが存在し、5万5000のPower Platform 環境があります。これを聞くと、あまりの多さにぞっとするIT管理者の方もいると思いますが、社内業務のあらゆる部分で自動化が行われ、適切に管理されています。

マイクロソフトでは環境グループが活用されており、それぞれのグループに合わせたポリシーやセキュリティ設定が行われています。主に3つのグループが設けられており、個人用生産性、チーム内のコラボレーションと、ミッションクリティカルな用途でも利用可能なエンタープライズ開発に分けられます。

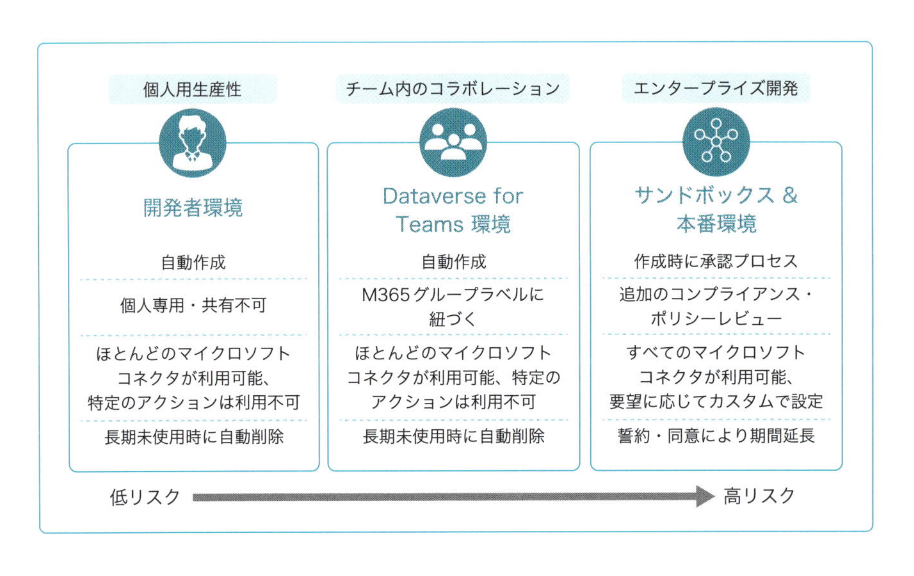

個人用生産性では、文字通り、個人のための生産性の利用用途で作成するフローやアプリはすべて開発者環境で保存します。個人利用のため、他のメンバーへの共有は許されておらず、マイクロソフト系のサービスにのみアクセスできるようにデータ損失防止(DLP)ポリシーが設定されており(データ損失防止ポリシーについては後ほど詳しく触れます)、もし長期的にこの環境を利用していない場合は自動的に削除されるように設定さ

れています。

Dataverse for Teams の環境では、冒頭で環境の種類について触れた時にも説明しましたが、Teams に紐づいて作成されます。そして、カスタムで社内用のシステムをPower Platform を構築したい場合には、承認プロセスとコンプライアンスレビューを経て、専用のサンドボックスと本番環境が作れるようになっています。メールで飛んでくる専用の誓約に同意することでその環境は維持され、一定期間が経過すると再度同意が求められます。同意しなかった場合に自動削除されるように構成されています。[3]

環境に対するセキュリティグループの設定

各環境の作成時に、合わせて考慮するべき点がセキュリティグループの設定です。セキュリティグループを設定しない場合、作成した環境へ誰でもアクセスできてしまいます。Microsoft 365 / Microsoft Entra のセキュリティグループを設定することができ、環境ごとのアクセス制御が可能なため、組織変更や人事異動などがあった場合に、個別に設定を変更することなく、各環境へのアクセス制御が行えます。

セキュリティグループを設定するには2つの方法があります。1つ目は、新たに環境を作成する際に合わせて設定する方法、2つ目は、作成された既存の環境に対して設定する方法です。

3：Microsoft Ignite 2024 - Enterprise Scale: The Future of Power Platform Governance + Security
https://ignite.microsoft.com/en-US/sessions/BRK180

■ **新しい環境作成時に設定する場合：**

1. Power Platform 管理センターから、管理＞環境＞「新規」をクリックします。

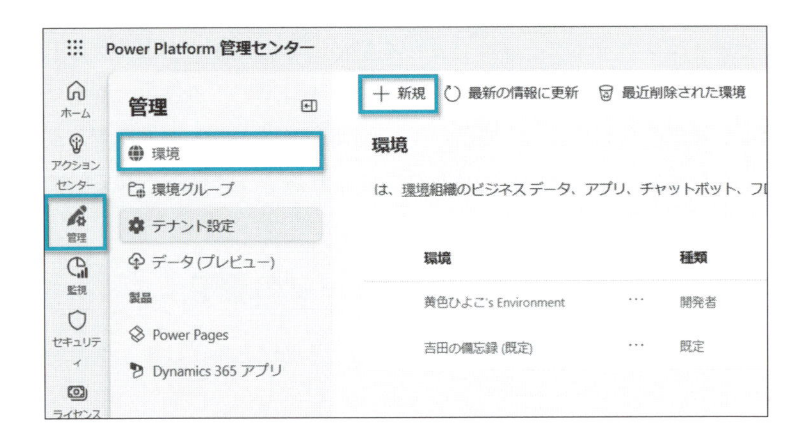

2. 設定画面で、「セキュリティグループ」の項目で「選択してください」をクリックし、セキュリティグループを選択します。

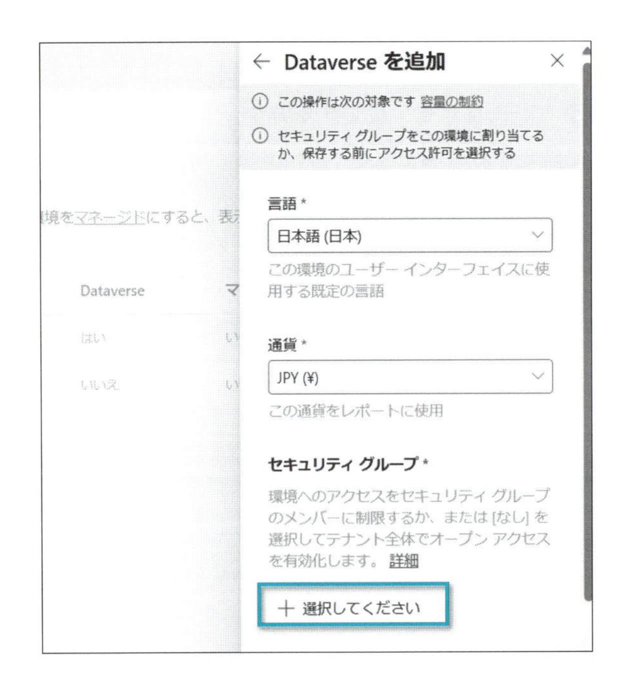

3.「保存」を押す際に、作成した環境は該当のセキュリティグループに属すユーザーのみがアクセスできます。

■ 既存の環境に設定する場合：

1. Power Platform 管理センターから、管理＞環境＞設定したい対象の環境を選択します。
2. 画面中央の「編集」をクリックし、セキュリティグループを選択します。以下の例は、「人事」環境に「人事部_ALL」のセキュリティグループを設定しています。

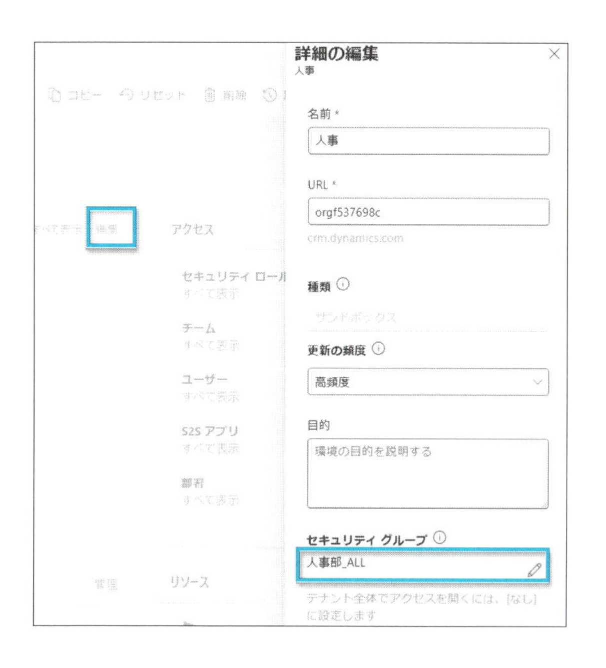

3.「保存」をクリックすれば設定完了です。

環境へは1つのセキュリティグループのみ設定することができるため、環境専用のセキュリティグループを用意するか、環境自体にはアクセスできても構わないセキュリティグループを設定し、後にアプリやDataverseへ別途アクセスを細かく制御することをお勧めします。

マネージド環境で更にセキュアにする

ここでは、Power Platform のガバナンスをより体系的かつ強力に行うために提供されているプレミアム機能である「マネージド環境」について解説します。組織全体のアプリケーションや エージェントを対象に、運用ポリシーの一元管理やより高度な監視・セキュリティ制御を実施したい場合に有効です。以下では、マネージド環境がどのようなものか、その主な機能と導入メリット、運用ポリシーを一元管理する方法、そして管理ポータルの使い方について順を追って紹介します。

マネージド環境とは

マネージド環境は、Power Platform 環境に対して包括的な管理機能を提供する仕組みです。冒頭で触れたガバナンス機能やセキュリティポリシー、データ損失防止（DLP）ポリシーに加えて、組織全体の運用ポリシーを集中管理できるように設計されています。環境単位でガバナンスを設定する従来のアプローチでは、環境ごとに個別設定が増えるため、管理者の負担が高まりがちでした。一方、マネージド環境ではあらかじめ定義したルールやポリシーを一元的に管理できるため、組織規模が大きい場合でも効率的に統制を保ちつつ、開発者や業務ユーザーが自由にイノベーションを生み出せる環境を整えられます。

マネージド環境の最大の特徴は、多彩なガバナンス機能とセキュリティ強化策を一つの管理レイヤーでまとめられる点にあります。具体的には、運用ポリシーや DLP ポリシー、アプリ・フローなどの利用状況の監視や通知設定などを集中管理できるようになります。これにより、運用チームは個々の環境やアプリの状況を簡単に把握し、違反や問題が発生したときの対処を素早く行えます。

加えて、ポリシーの共有や更新が容易になるメリットもあります。従来は環境ごとに設定を手動で変更していたため、変更作業が終わっていない環境から思わぬセキュリティリスクが発生することもありました。しかし、マネージド環境を導入すれば、ポリシーの更新をグループ単位で一度行うだけで全環境に適用できるため、最新のリスクやコンプライアンス要件に合わせて迅速にアップデートできます。これらの機能により、管理者はセキュリティリスクを下げつつ、全社的に Power Platform の利用価値を最大化しやすくなります。

マネージド環境を利用するには、基本的にはマネージド環境を利用するユーザーすべてがPower Apps Premium 、Power Automate Premium のいずれかのライセンスが付与されている必要があります。

本書ではマネージド環境に特化した機能についても「機能名(マネージド環境)」と記載し、今後触れていきます。

環境グループ(マネージド環境)

環境グループは、複数の環境をグルーピングし、一括管理できる機能です。組織内で多数の環境が乱立しがちな場合、部門やプロジェクトごとに環境をまとめることで、DLP ポリシーやアクセス権限、ガバナンスルールの適用を集約しやすくなります。

例えば人事部門の環境グループ、マーケティング部門の環境グループといった形で分けることで、部門特有の要件にも沿った運用が可能になります。環境グループを使えば、一度設定したポリシーをグループ単位で一斉変更できるため、環境管理の手間を大幅に削減できます。

環境グループの作成手順

1. Power Platform 管理センターから、「管理」>「環境グループ」へアクセスし、「新しいグループ」をクリックします。

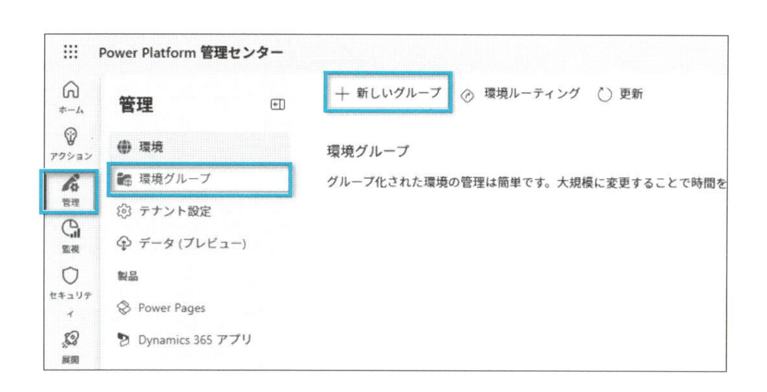

2. グループの名前と説明を入力し、「保存」をクリックします。

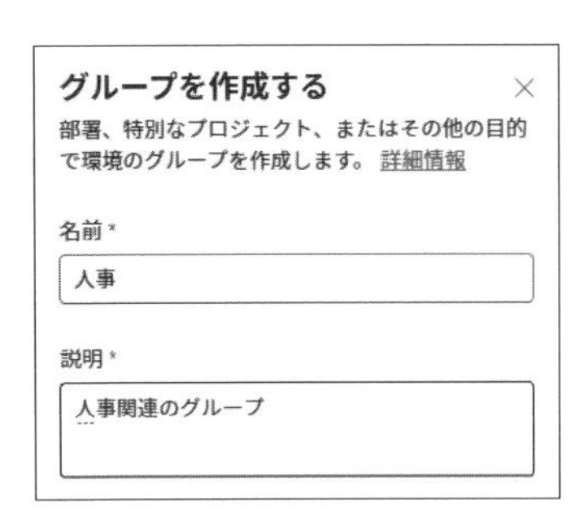

3. 「グループに環境を追加する」をクリックし、このグループに追加したい環境を選択していきます。環境が多い場合は、右上の検索バーから環境名を指定して追加していくことをお勧めします。環境名の左にチェックを入れていき、選択し終わったら「環境を追加する」をクリックして完了です。

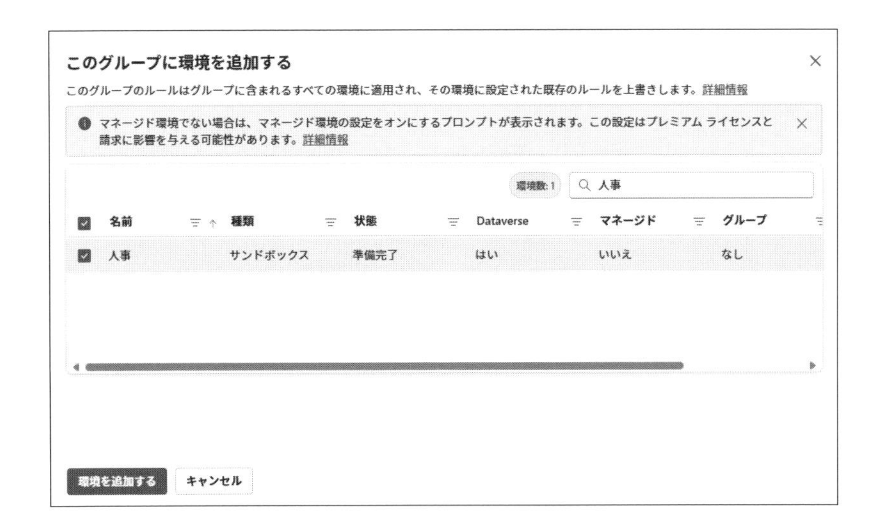

4. 選択した環境でマネージド環境が設定されていない場合は、マネージド環境を有効化する画面が表示されます。「続行」をクリックすることで、該当の環境がマネージド環境に変換されます。

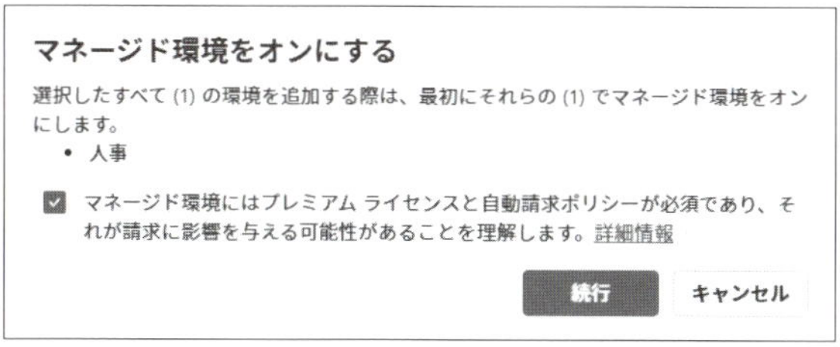

マネージド環境をオンにする

選択したすべて (1) の環境を追加する際は、最初にそれらの (1) でマネージド環境をオンにします。

- 人事

☑ マネージド環境にはプレミアム ライセンスと自動請求ポリシーが必須であり、それが請求に影響を与える可能性があることを理解します。詳細情報

続行　キャンセル

環境グループに対する規則の設定

環境グループを作成し終えたら、グループに対する規則を設定することができます。一つひとつの環境に対してではなく、グループに属する環境すべてに反映される便利な機能です。グループに対する規則の設定は、個々の環境に対する設定方法と重複するため、ここでは割愛します。

環境ルーティング（マネージド環境）

Power Platform を全社で利用していくと、組織内のユーザーが次々とアプリやフローを作成し始め、気付くと「既定環境」に様々な用途のアプリやフローが大量に集まってしまうケースがよくあります。このように何でも「既定環境」一択で作ってしまうと、環境が煩雑になり、どれがテスト用でどれが本番用なのか、あるいは誰が何のために作ったものなのかがわからなくなるなど、管理の手間が飛躍的に増大します。そのため、実際に本番利用に耐えうるアプリや機密データを扱うアプリは、環境を明確に分けておく方がガバナンス上、望ましいです。こうした問題を未然に防ぐために有効なのが「環境ルーティング」です。この機能を使えば、まずは開発専用環境など適切な環境にルーティングするよう設定でき、新規ユーザーが最初にアプリやフローを作成する際の環境が強制的にコントロールされます。これにより、不要なアプリやテスト用のフローが本番と同じ環境で混在するリスクを減らし、管理を容易にします。

ユーザーの視点からは、初めて利用する際にどの環境を利用しているのかということを意識しない場合がほとんどです。しかし 環境ルーティングを導入しておけば、「あなたがアプリを作るのはこの環境ですよ」とい

う仕組みの形で組織のガバナンスルールを自然に周知できます。ユーザーが自ら環境を選ばなくても適切な場所に誘導されるので、ルールの説明やトレーニングコストが抑えられると同時に、ユーザー側も混乱せずに開発が始められます。

環境ルーティングの設定方法

1. 環境ルーティングを設定するには、Power Platform 管理センターから「管理」＞「テナント設定」＞「環境ルーティング」をクリックします。

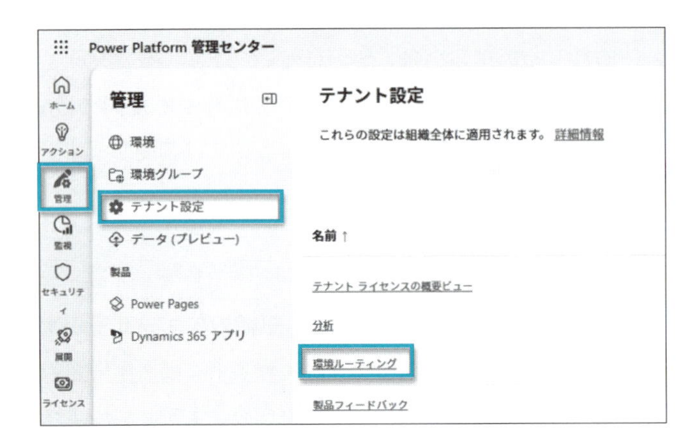

2. 環境ルーティングを対象とするPower Platform の製品を選択し、更にルーティングを行う対象を全ユーザーに対して行うのか、特定のセキュリティグループに属しているユーザーのみに行うのかを選びます。
3. 以下の例では、セキュリティグループ「人事部_ALL」に所属しているユーザーがPower Apps やCopilot Studio の画面にアクセスした場合、既定環境ではなく個人用の開発環境に転送されます。更に、個々の開発環境は自動的に「人事」環境グループ内で作成されます。

環境のルーティングを設定する

ルート作成者が作成した項目を、適切な環境グループにルーティングします。 詳細情報

環境ルーティングをオンにする対象

Power Apps

Copilot Studio

Power Automate デスクトップ フロー

ルーティングの適用対象 *

Everyone

Specific security groups

人事部_ALL

対象者の作業を、この環境グループに保存する

各作成者の新しい作業ごとに、新しい開発環境がこのグループに作成されます。

人事

保存 キャンセル

環境の作成制御

既定の設定では、環境はライセンスの容量さえ確保されていれば、誰でも新規で作れる設定となっています。そのため、「いつの間にか100以上の環境が勝手にできていた！」というような状況にならないように、管理者権限を持っているユーザーのみが作成できるように設定することをお勧めします。ここでいう管理者とは、Microsoft 365 管理センターから割り当てられる、「グローバル管理者」「代理管理者」「Dynamics 365 サービス管理者」もしくは「Power Platform 管理者」のいずれかである必要があります。

管理者のみ作成できるように設定

1. Power Platform 管理センターから、管理＞テナント設定＞○○環境の割り当てをクリックします。

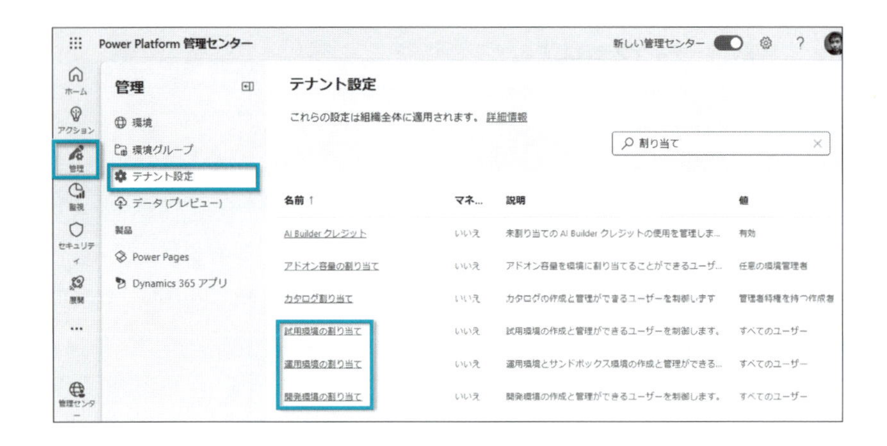

2.「特定の管理者のみ」に設定を変更し、「保存」をクリックします。

3-4 データ損失防止ポリシー

Power Apps や Power Automate を利用する際に、OneDrive や SharePoint 、SQL Server など、マイクロソフトが提供するあらゆるサービスの内外のデータソースやサービスへアクセスすることができます。アクセスするには「コネクタ」を用います。コネクタは、APIや各種サービスの技術的に細かな仕様を理解せずとも、誰でも簡単にシステムへアクセスし、データの操作等ができるようにするための機能です。コネクタを用いてアクセスする際、ユーザーごとに「接続」も合わせて作成されます。この接続が各コネクタのユーザー分（サービスによってはユーザーログインではないためAPIキー単位など）作成される仕組みとなることで、その利用するユーザーのログイン情報と各サービスに付与されている権限がそのまま引き継がれます。

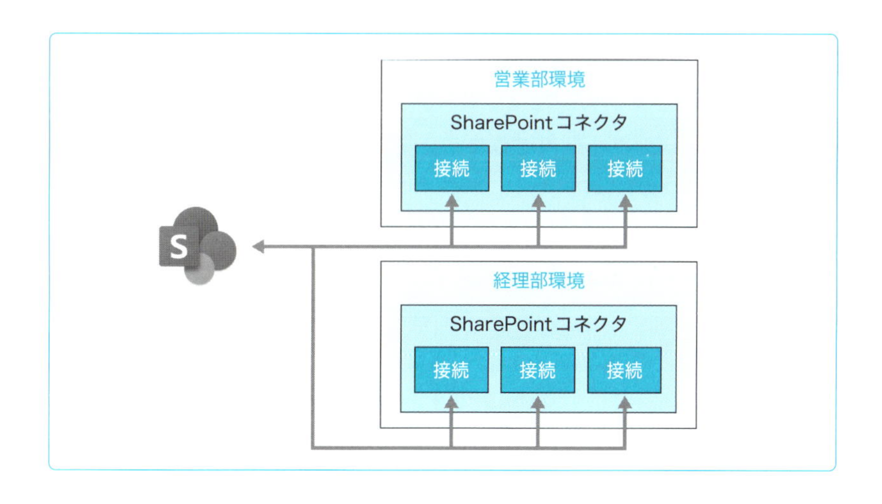

各コネクタにはトリガーとアクションが存在し、APIの観点で述べるとトリガーがWebhook、アクションがGETやPOST、PUTなどの処理を行

うものです。このコネクタの数は1500以上存在し、何も設定をしなければ、ユーザーは自由にこれらのコネクタを組み合わせて利用することが可能となり、データを外部へ流出したりする共有するリスクが伴います。そこで、どのコネクタのどのアクションを利用できるようにするか等の細かな制御を行うにはデータ損失防止ポリシー（以下、DLP）を利用します。

DLP はテナント全体だけでなく、各環境にも個別に設定することができます。今、本書を読んで「すべてブロックするようにしなければ！」ととっさに思われた方も中にはいるのではないでしょうか。もちろんブロックしていくことも可能ですが、ブロックするということはそれらのコネクタを使ったイノベーションをブロックすることも併せて意味します。0か1かで設定するのではなく、どのような組み合わせが最適なのか、いくつかの例を紹介していきますので、ブロックする前に、あなたが所属する企業や組織にとってどのような構成が良いかを考えて、設定していきましょう。実際の設定手順は後で触れていきます。

DLP の種類

DLP には3つのグループ、「業務」「非ビジネス」「ブロック」があります。使うものは「業務」、使わせたくないものは「ブロック」に設定しましょう。ただし、コネクタの一部はブロックできないコネクタが存在します。その時に「非ビジネス」を利用します。業務と非ビジネスに分類されたコネクタ同士を1つのPower Apps アプリやPower Automate フローに組み合わせて利用することができないようになっています。当初DLP が生まれた際に、当時のPower Automate 製品開発責任者の、どうしてもブロックしたくない、という意向からこの概念が生まれました。仕事で使いたいものは業務へ、それ以外を非ビジネスへ設定するということになっており、仕事のメールをOutlook コネクタで取得した後に、Facebookコネクタで投稿できないようにするためにはOutlook コネクタを業務に、Facebook コネクタを非ビジネスに分類できるようになりました。そしてPower Platform の成長と合わせて、情報システム部門の顧客からのブロックに対する強い要望によって、ブロックのカテゴリーも追加されました。

DLP は複数のポリシーを設定することができ、ブラックリスト方式となっているため、複数のポリシーの中で1つでもブロックが含まれているポリシーがある場合には、そのポリシーが優先されるようになっています。上記の性質を踏まえ、どのようなポリシー構成が良いかを考えましょう。

ポリシーの組み合わせ例

この例では、既定環境に加え、プロ開発者向けの環境（本番・テスト・開発）と、パワーユーザー（Power Platform に慣れたユーザー）向けの環境、人事情報を取り扱う人事システム環境を用意した場合を想定した例です。

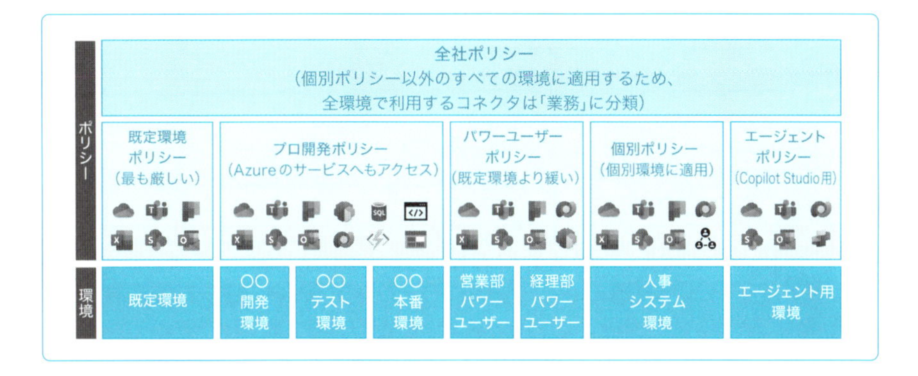

全社ポリシーの設定

まず、すべての環境に対して適用される「全社ポリシー」を設定することをお勧めします。

このポリシーを設定することで、新しい環境が追加されたとしても、自動的にこのポリシーが適用されます。このポリシーでは最も最小限のブロックを設定します。絶対にあなたの組織で使わないコネクタをブロックに設定し、それ以外を「業務」に分類します。このポリシーで厳しく設定してしまうと、他のポリシーで緩い設定をしたとしても、このポリシーでのブロックが優先されてしまうためです。それでは設定方法について説明していきます。

注意：

今から設定する内容を適用すると、既存のアプリやフローにも影響がでます。既に組織で使われていることを把握している場合は、設定を適用せず、第5章を一読して各アプリやフローの作成者へ連絡した上で、設定しましょう。

Power Platform 管理センター（https://aka.ms/ppac）＞セキュリティ＞アクセス制御＞データポリシーを開きます。

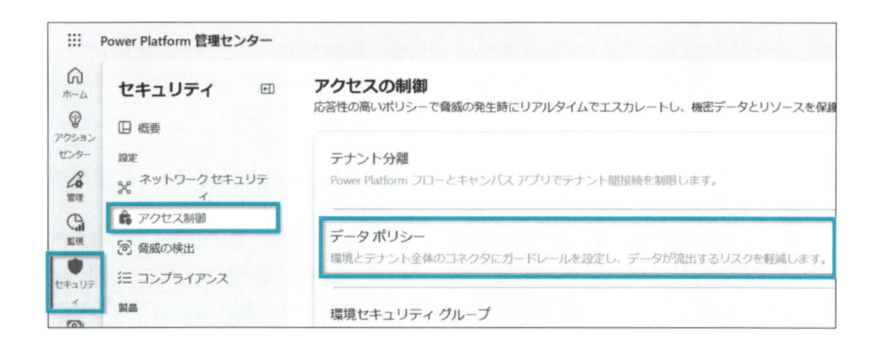

ポリシーの名前を設定し、「次へ」をクリックします。

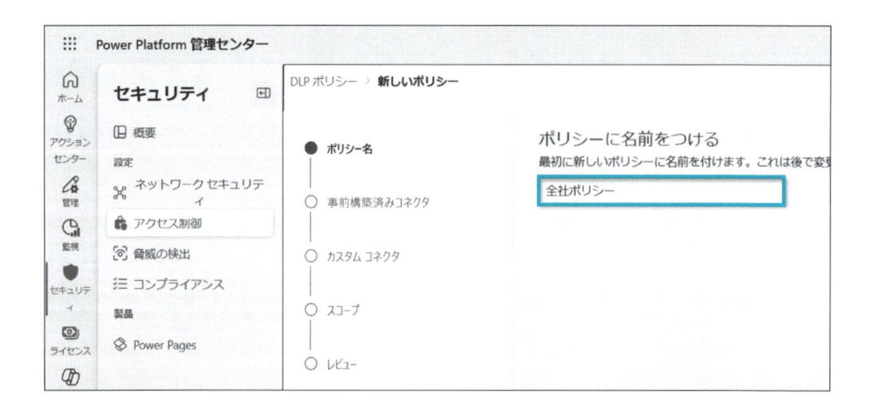

既定では「非ビジネス」が設定されています。「業務」へ移すコネクタにチェックを入れて選んでいき、「ビジネスに移動する」をクリックします。「業務」へ移動したいコネクタをすべて選び終わるまで、繰り返します。

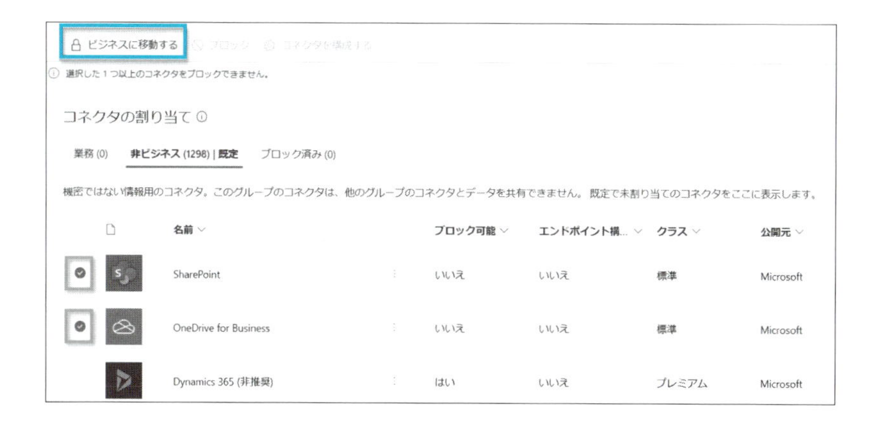

ヒント：

コネクタの数に圧倒されている方は、フィルターを活用しましょう。各列名の▽をクリックし、フィルターを設定したり、コネクタの検索で絞ったりすることができます。

業務またはブロック済みへ分類し終えたら、「次へ」をクリックします。カスタムコネクタのパターンは別途触れるので、「次へ」を再度クリックします。スコープの定義では「すべての環境を追加する」を選択し、「次へ」をクリックします。レビュー画面で設定内容を確認し終えたら、「ポリシーの作成」をクリックして完了です。

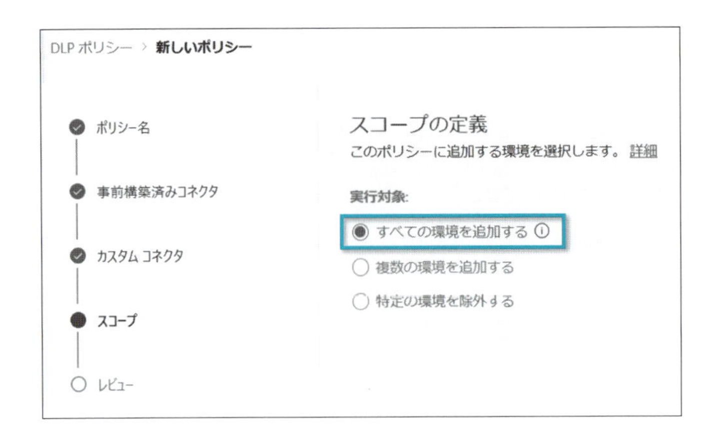

既定環境ポリシーの設定

次に、既定環境ポリシーを設定します。このポリシーではその名の通り、既定環境に適用するポリシーを設定するために作成します。既定環境は冒頭でも説明した通り、誰でも使える環境である性質上、最も厳しいポリシーを設定することをお勧めします。通常、ほとんどの組織では、この環境で元々使えるMicrosoft 365 のサービスのみに限定していることが多いです。「すべてブロックしてしまいたい」という考えの人もいるかもしれませんが、この既定環境がなくとも、ユーザーは元々各種 Microsoft 365 サービスは使え、Outlook、SharePoint 、Office Online や OneDrive for Business は使えます。よって、多くの組織ではOffice 365 Outlook コネクタや、SharePoint コネクタ、OneDrive for Business コネクタなどをこのポリシーでは許可し、それ以外はすべてブロックしています。

プロ開発ポリシーの設定

個々のプロジェクトや、全社向けのPower Platform のサービスを作る場合には、プロ開発者向けに特化した、別のポリシーを用意することをお勧めします。そして、適用する先としては、プロ開発用の開発・テスト・運用環境に適用します。

また、プロ開発の場合には接続する先のシステムでコネクタが用意されていないシナリオもあるかと思います。そうした場合でも、APIがあるシステムであればSwaggerやPostmanの構成ファイルをインポートするか、手動で設定することで「カスタムコネクタ」を作ることができます。

カスタムコネクタとは、Power Platform（Power Apps や Power Automate など）で利用できる接続先を独自に拡張するための仕組みのことです。標準で用意されていない外部サービスや自社のオンプレミスシステムなどに接続するための入り口として機能します。ここで懸念されるのが、「開発者が許可していないAPIに対しても作成してしまった場合はどうすべきか？」ということです。そこで活用するのが「カスタムコネクタのパターン」設定です。

カスタム コネクタへのDLP の設定

1. カスタムコネクタのパターンを設定する場合も、DLP ポリシーを設定するのと同じ設定画面の中で行います。
2. カスタムコネクタのステップに進み、「コネクタパターンの追加」を選択します。

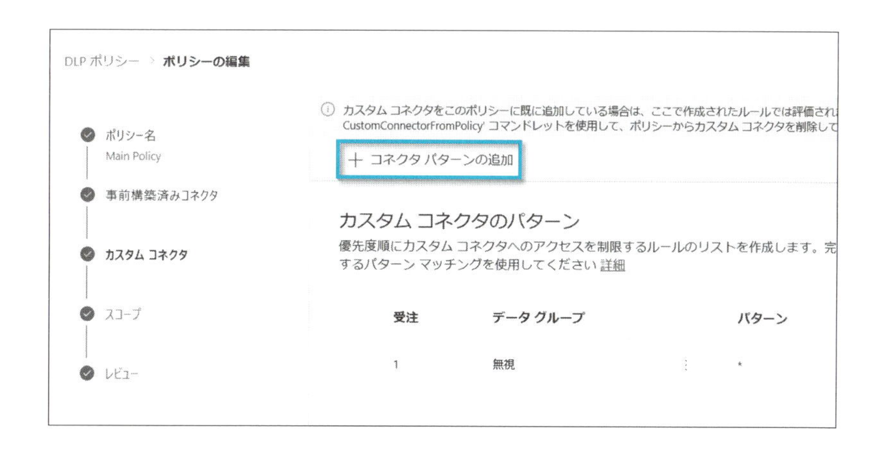

3. 許可したいURLを設定するにはデータグループで「ビジネス」を選択し、指定のURLを入力した後に順序を1にします。
4. 次にブロックするURLを設定します。ブロックする場合にはデータグループを「ブロック済み」へ設定します。URL指定ではワイルドカードが許可されているため、アスタリスク(*)を入力することで、サブドメインをブロックしたりすることが可能です。
5. 以下の例では、ドメインexample.comの中でも、サブドメインdevのみが許可されたアドレスとなり、それ以外のサブドメインはすべてブロックするという設定にしています。

» パワーユーザー向けポリシーの設定

このポリシーでは、既定環境ポリシーで許可したコネクタに加え、Dataverse や、AI Builder など、あらかじめIT部門などからトレーニングを受けたユーザーやPower Platform を頻繁に既に利用しているようなパワーユーザーが利用しても良いコネクタをこのポリシーに加えます。このポリシーを既定環境とは別で設けることで、作るソリューションの可能性を高め、組織全体のデジタル変革を加速させます。よくある例として、Dataverse やAI Builder などのコネクタを許可している組織が多い印象です。

DLP 既定グループの設定

初期設定では新しいコネクタが追加された場合に「非ビジネス」へ分類されるように設定されていますが、既定グループを変更することができますので、通常はブロック済みに設定することをお勧めします。コネクタの数は日々増加するので、この設定を行わないと知らないうちに非ビジネスにどんどん新しいコネクタが分類されてしまうためです。

設定手順

1. Power Platform 管理センター (https://aka.ms/ppac) >セキュリティ>アクセス制御>データポリシーを開きます。

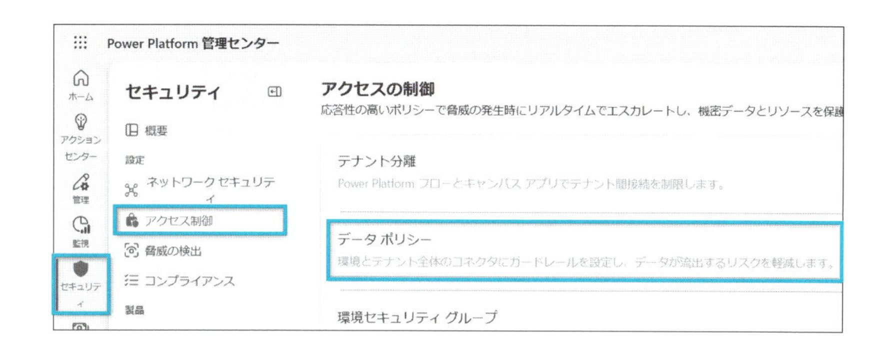

2. 既に設定した「全社ポリシー」を開き、「次へ」をクリックし「事前構築済みコネクタ」のステップに進みます。画面右上の「既定グループの設定」をクリックします。

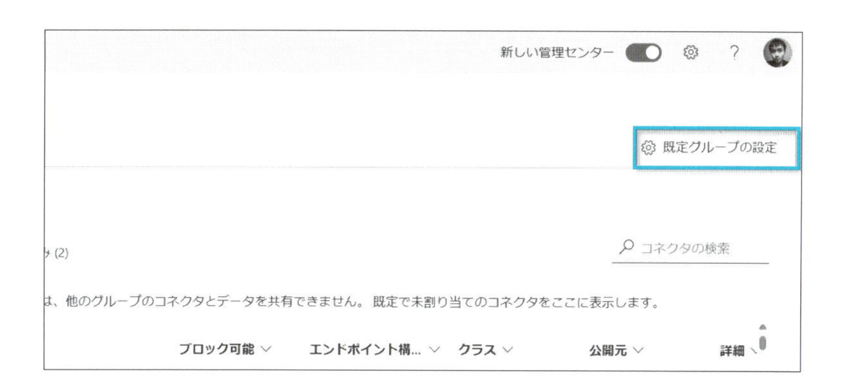

3. ブロック済みへ設定を変更し、適用をクリックします。

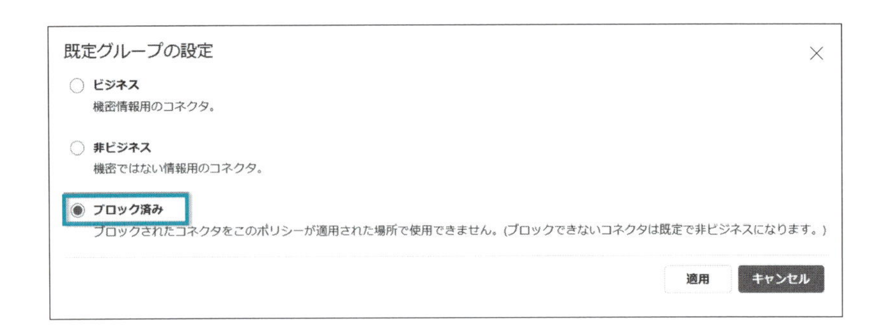

これで設定は完了です。以後、追加されたコネクタは必ずブロックへ分類され、すべての環境で適用されるため、ブロックし忘れたことによる情報漏洩のリスクは抑えられます。

個別環境ポリシーの設定

例外的に、「この環境だけには○○コネクタのアクセスを許可したい」という場合が発生するかと思います。その場合には、その利用用途のみに限定した、個別環境と、個別環境ポリシーの設定を行うことをお勧めします。環境を完全に分離することにより、その環境へアクセスできるセキュリティグループも分けることができるため、最小限のセキュリティリスクを担保しつつ、柔軟性を維持することが可能になります。

もし、上記で述べたポリシーの組み合わせ例のように、特定の環境に関してのみ全社ポリシーを適用したくない場合は、全社ポリシーの設定を開き、「すべての環境を追加する」を選択する代わりに「特定の環境を除外する」を選択することで、その個別の環境以外のすべての環境に適用されます。

設定手順

1. Power Platform 管理センター (https://aka.ms/ppac) >セキュリティ>アクセス制御>データポリシーを開きます。

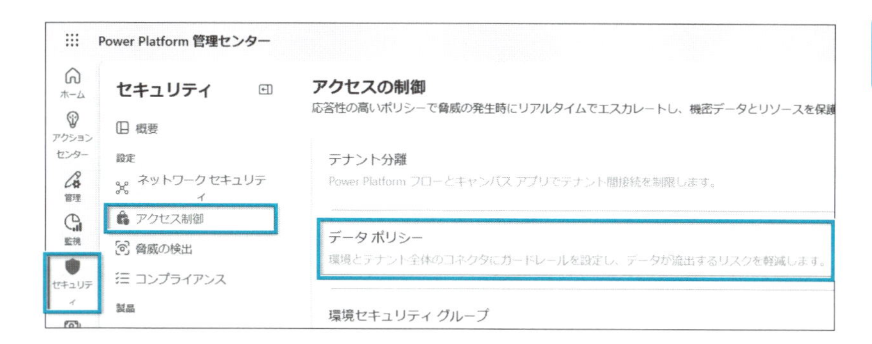

2. 既に設定した「全社ポリシー」を開き、「次へ」をクリックし「スコープ」のステップまで進みます。「特定の環境を除外する」をクリックします。

3. 全社ポリシーから除外したい、個別の環境にチェックを入れ、「ポリシーに追加する」をクリックします。

4.「次へ」をクリックし、「ポリシーの更新」をクリックすれば、設定完了です。

デスクトップ フロー・RPA のDLP (マネージド環境)

デスクトップフローを利用した RPA シナリオにおいても、組織としてデータ保護やコンプライアンスを実現するためにはデータ損失防止(DLP) ポリシーを適切に設定することが重要です。Power Automate の DLP 機能は、クラウド上で動作するフローだけでなく、RPA 実装に用いられるデスクトップフローにも適用できます。デスクトップフローはローカル端末上でアプリケーション操作を自動化するため、通常のクラウド接続フローとは異なるリスクや管理上の考慮点が存在します。物理端末や仮想マシンのアプリケーション操作を自動化し、ファイルシステムや社内システムへのアクセスを行うため、取り扱われるデータはより多岐にわたります。その結果、組織が DLP ポリシーを適用していないと、意図せず端末に保存されている機密情報が流出したり、フローの実行ログに重要な個人情報や業務データが含まれてしまったりするリスクが高まります。

つまり、RPA による業務効率化を進めながらも、組織全体のデータガバナンスとコンプライアンスを強固に保つことができます。これが、管理者がデスクトップフロー DLP を有効にする最大のメリットです。

デスクトップフローのDLP 有効化手順

デスクトップフローのDLP を設定するには、事前にテナント単位で設定可能にするために有効化しておく必要があります。

1. Power Platform 管理センターから、管理>テナント設定>DLPのデスクトップフローアクションをクリックします。

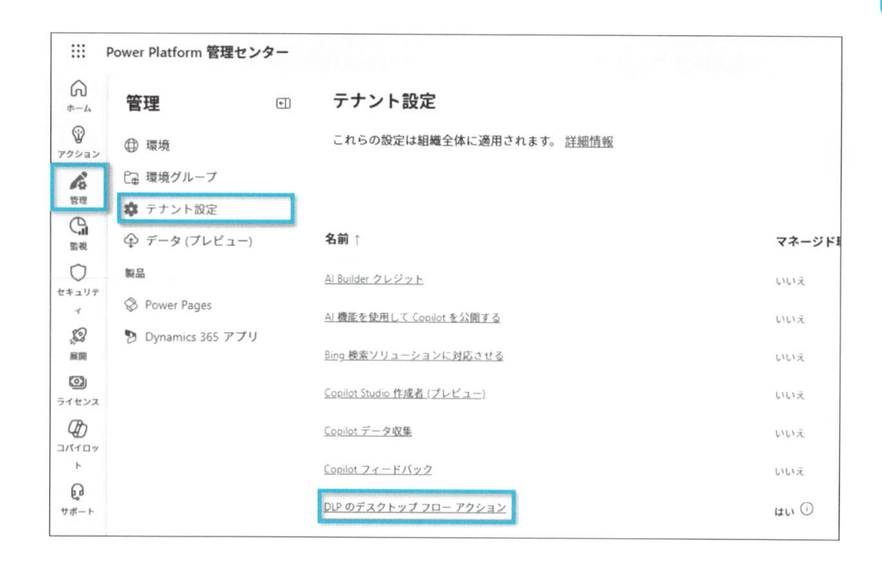

2. 画面右側に設定画面が表示されます。「有効」に設定し、「保存」を押します。

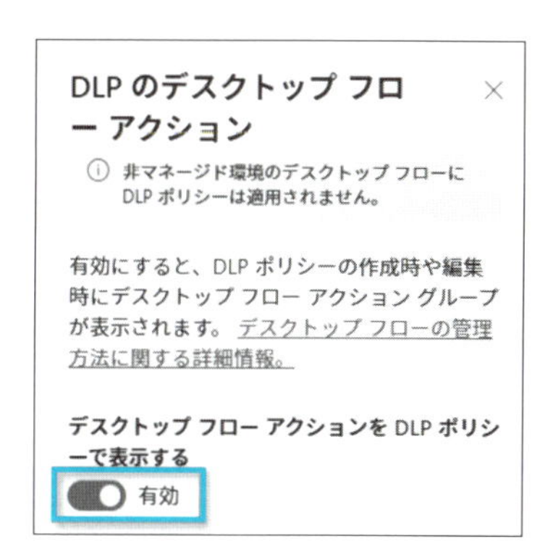

3. テナント上での設定は完了しました。
4. 本章の他のデータ損失防止(DLP)ポリシーの設定と同じ手順に沿ってポリシーの編集(もしくは作成)画面を開きます。
5. 新たにデスクトップフローの各アクションのカテゴリー単位で制御が可能となり、他のコネクタ同様に混在して表示されます。
6. デスクトップフローのアクションのみにフィルターする場合は「クラス」の列で「デスクトップフロー」にチェックを入れることでフィルタリング可能です。

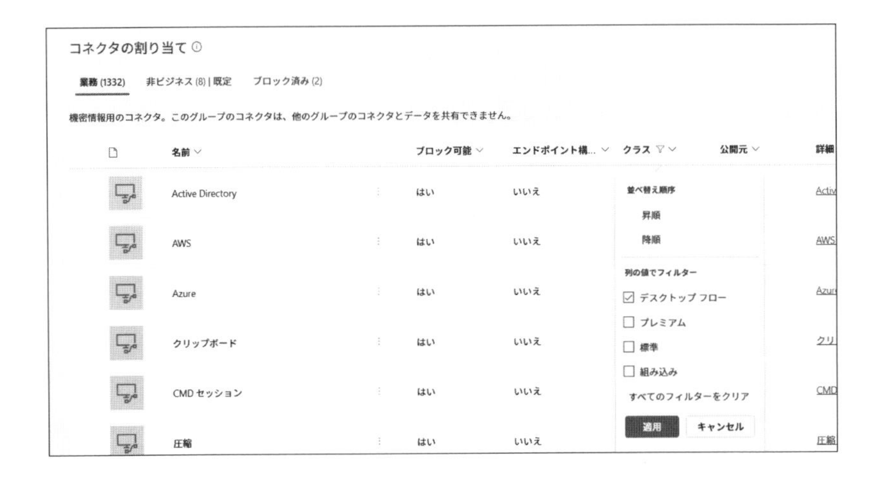

7. 各コネクタを「業務」または利用しないものは「ブロック済み」に移動します。

第4章

テナントのセキュリティを向上させる

» **4-1** Power Platform における
ゼロトラストセキュリティ

» **4-2** テナント全体に対するセキュリティ

» **4-3** 個々の環境に対するセキュリティ

» **4-4** Dataverse のデータセキュリティ

» **4-5** Microsoft Entra と組み合わせた強固な
セキュリティ

» **4-6** 自社のファイアウォールの設定

前章で学んだ環境単位の設計や DLP ポリシーといった、運用における「身近な管理策」を土台として、本章の前半では、組織全体の視点から Power Platform をさらに安全かつ効果的に使うためのテナントレベルの管理やセキュリティ対策を深掘りしていきます。本章の後半では、テナントレベルの設定に加えて、各環境におけるセキュリティ強化策にも踏み込んでいきます。第3章で触れた環境設計や DLP ポリシーの延長線上で、環境ごとのセキュリティやアクセス制御をどのように最適化するかについても具体的に解説します。こうした環境レベルのセキュリティ施策をしっかりと整えることで、リリースしたアプリや フロー、エージェントの様々なリスクを最小限に抑えることができます。

4-1 Power Platform における ゼロトラストセキュリティ

ここで、マイクロソフトが提唱する「ゼロトラスト」という考え方を紹介したいと思います。ゼロトラストとは、従来のように「自社ネットワーク内にいるから安全」という境界型防御の考え方を改め、どこにいてもすべてのリソースやアクセス要求に対して常に厳密な認証とポリシーを適用するというセキュリティモデルのことです。これは Power Platform のガバナンスを考えるうえでも非常に重要な考え方であり、テナント全体のセキュリティを強化する手段として活用できます。

ゼロトラストでは、組織内外を問わず「信頼できるネットワークは存在しない」という前提に立ちます。具体的には「明示的な検証」「最小特権アクセス」「侵害を想定する」という3つの柱に基づき、常に疑いを持って利用者やリクエストを検証し、必要最小限の権限しか与えず、万が一の侵害を想定した対策を講じることを基本としています。例えば、既に社内にいるユーザーであっても、常に認証と認可の検証を必要とします。これにより、不正アクセスが発生した場合でも被害を最小限に抑えられるだけでなく、ユーザーやデバイスごとに最適化された安全なアクセス制御が可能となります。

Power Platform のガバナンスとセキュリティにおいては、アプリケーションや エージェント、さらにはデータソースや環境全体へのアクセスを管理する際、ゼロトラストの考え方が非常に有効です。Power Platform がもたらす利便性やスピード感を損なわずに、きめ細やかで高レベルなセキュリティを実現できるからです。例えば、本章の中で触れる多要素認証（MFA）や条件付きアクセスは、ゼロトラストの「明示的な検証」を支える代表的な例です。また、アクセス権限を細かく区切ることで「最小特権アクセス」を実践し、仮にアカウントが侵害されたとしても被害を最小限に食い止めることができます。

さらに、テナント分離やDLPポリシーは、ゼロトラストの考え方に沿ったソリューションです。DLPポリシーを使うことでデータの取り扱いを常にモニタリングし、機密情報や個人情報が不適切に扱われるリスクを抑えることができます。これにより、「侵害を想定する」という前提の下での備えを強化でき、よりリスクに強いPower Platformの運用体制を実現しやすくなります。仮に外部からの攻撃や内部の不正利用があったとしても、DLPポリシーによってリスクの検出や封じ込めが可能になります。

また、IPファイアウォールや第5章で扱う監査ログやアクティビティログの活用、定期監査によるフィードバックサイクルの導入は、ゼロトラストにおける「侵害を想定する」という視点と密接に関連します。攻撃が起こる前提でテナント内のトラフィックや操作を常に監視し、異常な挙動が検知されれば迅速に管理者へ通知する仕組みを用意することで、最小限の影響で対処を完了できる可能性が高まります。

加えて、第8章で取り上げるように、アプリやボットの開発から運用・廃止に至るまでのライフサイクル管理や変更管理のフローにゼロトラストの原則を組み込むことも重要です。アプリやフロー、エージェントが本番リリースされる際には、適切な権限やセキュリティ ポリシーが確実に反映されているか、管理者承認を通じて検証することが求められます。変更管理プロセスにおいても、更新や修正を行うときに影響範囲を精査し、必要以上に権限を拡大させないよう注意を払うことで、ゼロトラストの「最小特権アクセス」を保つことができます。

ここで強調しておきたいのは、ゼロトラストは技術的な実装だけでなく、組織全体の文化や意識改革も必要とする概念だということです。すべてのユーザーやデバイスを「検証すべき対象」と捉えるため、利便性とのバランスを取りながらセキュリティレベルを上げることが欠かせません。例えば、ユーザーに多要素認証（MFA）の重要性を理解してもらうには、研修やトレーニングを通じてなぜMFAが必要なのか、どのようなメリットがあるのかを丁寧に説明する必要があります。また、管理者が従来の「信頼できる内側」の概念から離れ、常にリスクが潜んでいる可能性を念頭に置く運用方針へと変化していくことも大切です。

このように、ゼロトラストの原則はPower Platformにおけるガバナンスや運用設計に大きな影響を与える指針となるものです。すべてのアクセスを疑い、常に明示的な検証を行う姿勢を持つことによって、組織はPower Platformの迅速な開発・導入を維持しながらも、セキュリティリスクを最小限に抑えることができるでしょう。マイクロソフトが提供する一連のツール(多要素認証、条件付きアクセス、DLPポリシー、監査ログなど)を連携させることで、ユーザーの利便性を確保しつつ、ゼロトラストに基づいた強固な防御体制を構築できるのです。本章ではそのゼロトラストをベースとした、あらゆるセキュリティ構成や設定内容をテナント、個々の環境、そしてメタデータのレイヤーで触れていきます。

4-2 テナント全体に対するセキュリティ

テナント分離で他のテナントとの通信を防ぐ

Power Platform はあらゆるシステムやサービスへの連携を可能にすることからセキュリティリスクが懸念されます。通常、Power Apps や Power Automate のコネクタを用いて、SharePointや、OneDriveなど、Microsoft 365 のアカウント（Entra ID でも同様）でログインするサービスは、どのテナントへアクセスするかの制限が既定では設定されていないため、例えば自分が所属する組織のテナントにあるデータを、別の組織のテナントへ移すことも可能になります。それを阻止するのが、テナント分離機能です。テナント分離は、有効にするだけで、他のテナントへのアクセスと、他のテナントからのアクセスを防御することが可能になる設定です。さらに、例外を設定し、特定のシナリオに限って許可したりすることもできます。

テナント分離の設定手順

1. Power Platform 管理センター（https://aka.ms/ppac）＞セキュリティ＞アクセス制御＞テナント分離を開きます。

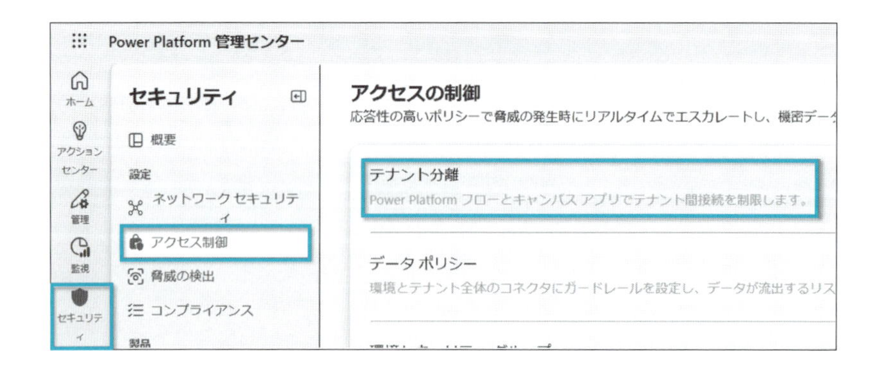

2.「テナント間接続を制限する」を有効化します。もし、特定のシナリオだけは許可したい場合は「例外の追加」をクリックします。

3. この設定が反映されるまでに、最大1時間かかります。反映後、この設定に違反しているフローやアプリはエラーが表示されるようになります。

共有の管理で共有を制限(マネージド環境)

「共有の管理」機能は、アプリやフロー、エージェントを共有できる範囲を制御する仕組みです。一見単純な仕組みに見えるかもしれませんが、実は組織のデータ漏えいやセキュリティリスクを防止する上で非常に重要な役割を担います。

ビジネス上の要請で共有が必要な場合でも、特定のセキュリティグループに所属するユーザー間でのみ共有可能にすることができます。これにより、組織の全ユーザーへ不必要に共有範囲が広がってしまうことによる情報流出や権限の乱用リスクが高まるのを防げます。組織のセキュリティ方針に合致した形でアプリやフローが利用されるよう、マネージド環境の中心的な機能として導入が推奨されます。

■ 共有の管理の設定手順

1. Power Platform 管理センターから、セキュリティ＞アクセス制御＞共有の管理をクリックします。

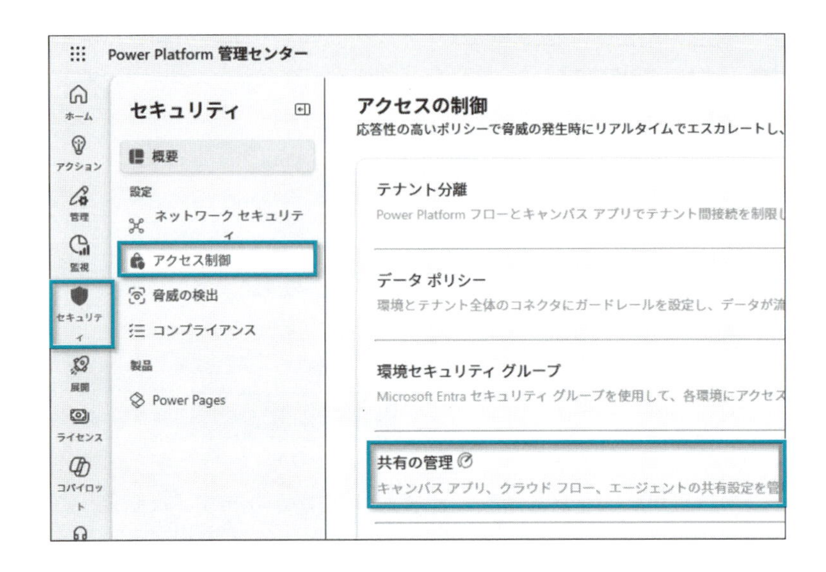

2. 共有を制御したい環境を選び、「共有の管理」をクリックします。
   ※ここで選択できる環境はマネージド環境のみです。マネージド環境ではない環境を選択すると、対象の環境をマネージド環境へ変更するように促す画面が表示されます。また、環境グループに属している環境は、環境グループ単位で設定が必要となります。
3. 共有の管理の設定画面が表示されます。
4. Power Apps の設定項目では、「セキュリティグループとの共有を除外する」を選択し、「次を共有することを許可する個人の合計数を制限する」という項目で、この環境において共有できる最大人数を指定します。例えば20と設定すると、最大で20ユーザーにまで共有が可能になります。セキュリティグループを除外することで、特定のユーザー個人に対してのみ共有を許可する運用が実現できます。

共有の管理

カスタム コパイロットと拡張機能の共有範囲を制限することで、リスクを軽減し、データをセキュアに維持できます。詳細情報

Power Apps

キャンバス アプリ

◯ 制限を設定しない (既定)

◉ セキュリティ グループとの共有を除外する

☑ 次を共有することを許可する個人の合計数を制限する 5

5. Power Automate の設定項目では、ソリューションに含まれているクラウドフロー（ソリューション対応フロー）を共有するかどうかを選択できます。これを無効にすると、ソリューションの一部であるクラウドフローに対して共有操作が行われなくなり、重要な自動化プロセスを勝手に変更されるリスクを低減できます。逆に有効にすると、管理者や必要なメンバーがソリューション単位でクラウドフローを共同管理・編集できるようになり、運用効率やチーム開発を重視したワークフローに役立ちます。
6. Copilot Studio では、作成者と利用者（エディターや閲覧者）へのアクセス許可設定が分かれています。作成者としては、エージェントをどこまで共同編集可能にするか、あるいは利用者としてどこまで閲覧可能にするかを管理できるのが特徴です。具体的には、以下のようにエディターと閲覧者それぞれに対して設定項目が用意されています。
    a.「エディター」にある「エージェントを共有する際に編集者のアクセス許可を付与できるようにする」の設定を有効にすると、共有先ユーザーに対してエージェントの内容を編集したり、新しいトピックを追加・削除したりといった高度な操作が可能になります。これを無効にした場合は、共同編集を認めず、エージェントに関するメジャーな変更は作成者（またはオーナー）にしか行えない運用形態にできます。セキュリティや品質管理を厳格に行いたい場合は無効化を検討するとよいでしょう。
    b.「閲覧者」にある「エージェントを共有する際に閲覧者のアクセス許可を付与できるようにする」の設定を有効にすると、共有先ユーザーに対してエージェントの内容を閲覧できる権限を与えられます。ただし

閲覧者はエージェントの編集や管理は行えず、実行やテストが中心となります。この設定により、エージェントを動作検証・確認したいユーザーやビジネス担当者に対して安全にアクセスを提供できます。閲覧のみを希望するユーザー数が多い場合などは、ここを有効にしておくことで運用の負担を減らしつつ必要な範囲で協力を得やすくなります。

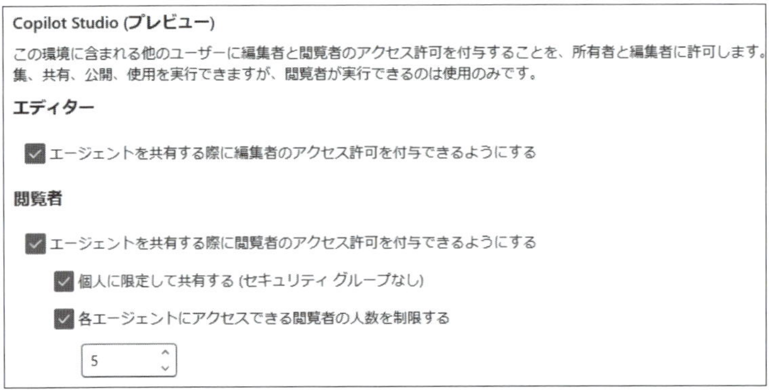

Copilot Studio (プレビュー)

この環境に含まれる他のユーザーに編集者と閲覧者のアクセス許可を付与することを、所有者と編集者に許可します。
集、共有、公開、使用を実行できますが、閲覧者が実行できるのは使用のみです。

エディター

☑ エージェントを共有する際に編集者のアクセス許可を付与できるようにする

閲覧者

☑ エージェントを共有する際に閲覧者のアクセス許可を付与できるようにする

☑ 個人に限定して共有する (セキュリティ グループなし)

☑ 各エージェントにアクセスできる閲覧者の人数を制限する

5

顧客管理キー (マネージド環境)

顧客管理キー (CMK) は、組織が独自に管理する暗号鍵を用いてデータを保護する仕組みです。通常、クラウド上のデータはマイクロソフトによって管理されている暗号鍵で暗号化されますが、CMK を導入すると、組織が自らのキーを Azure Key Vault などで管理し、それを使って Power Platform を含むクラウド上のデータを暗号化することが可能になります。

組織独自の鍵を使うことで、セキュリティ要件やコンプライアンス要件が厳しい業種でも、クラウドにデータを預ける上での安心感をさらに高めることができます。例えば、金融業界や医療機関のように規制が厳しい環境では、データ暗号化の鍵を自社で把握し続けることが求められる場合があります。そうした場合、CMK は効率的なオペレーションと高度なセキュリティを両立させる上で、非常に重要な役割を果たします。

ただし、組織独自の鍵を管理するには、Azure Key Vault の設定やライフサイクル管理、鍵のローテーションを適切に行う必要があります。運用担当者はこの部分をしっかりと理解し、定期的に鍵の有効性や使用状況を確認するプロセスを設計することが大切です。

鍵の管理をマイクロソフトが行わないことになるため、万が一紛失した場合には、マイクロソフトのサポート部門ですらも、データへのアクセスを復旧することはできません。政府要件やレギュレーション対応として必要でない限り、この機能を安易に設定することはお勧めしません。非常に限られたシナリオで使われる設定となるため、本書では設定方法の詳細は割愛します。

カスタマーロックボックス（マネージド環境）

マイクロソフトサポートチームがユーザーが所属する組織のデータへアクセスする際に、組織の管理者が厳密に制御・承認を行えるようにする機能がカスタマーロックボックスです。通常、障害調査などで マイクロソフトサポートチームがシステムやデータにアクセスするケースがありますが、カスタマーロックボックスを利用すると、マイクロソフトのサポート担当者がアクセス権を得る前に、必ず組織の管理者による許可プロセスを経ることになります。この機能を利用しない場合においても、マイクロソフトのサポート担当者が勝手に社内のJIT（ジャストインタイム）を承認することや、専用操作端末なく皆さんの環境へアクセスすることはできませんが、より管理を厳重にしたい組織が有効化する機能です。管理者は、申請内容を確認し、サポートチームによるアクセス範囲や目的を把握したで承認・却下を選択できるため、不必要にデータへ立ち入られるリスクを更に最小化できます。

特に、個人情報や機密情報を取り扱う部門では、社外（マイクロソフトを含む第三者）によるデータアクセスに厳密な制限が求められます。カスタマーロックボックスはこうした要求を満たすために非常に効果的であり、監査の観点でも「いつ、誰が、なぜデータにアクセスしたのか」を明確に記録できる点がメリットです。

カスタマーロックボックスの設定方法

前提条件

カスタマーロックボックスを利用するにはマネージド環境が利用できるライセンスに加え、以下のいずれかのライセンスが追加で必要です。

- Microsoft 365 (Office 365) A5/E5/G5
- Microsoft 365 A5/E5/F5/G5 Compliance
- Microsoft 365 F5 Security & Compliance
- Microsoft 365 A5/E5/F5/G5 Insider Risk Management User
- Microsoft 365 A5/E5/F5/G5 Information Protection and Governance

設定手順

1. Power Platform 管理センターから管理＞テナント設定＞カスタマーロックボックスをクリックします。

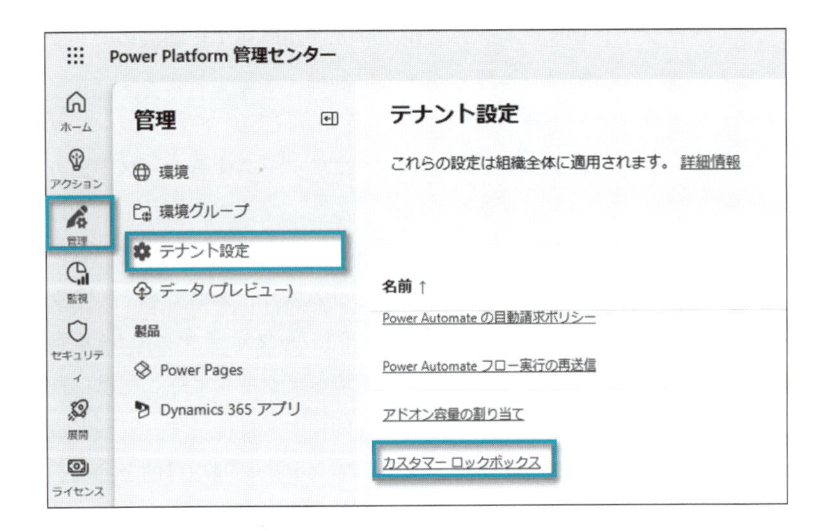

2. 「有効にする」のトグルをONにして、「保存」をクリックします。

カスタマー ロックボックス ×

Microsoft Power Platform および Dynamics 365 のカスタマー ロックボックスにアクセスするには、ロックボックスのポリシーが適用された環境に含まれるユーザーに、次のいずれかのサブスクリプションが必要です:

- Microsoft 365 または Office 365 の A5/E5/G5
- Microsoft 365 A5/E5/F5/G5 コンプライアンス
- Microsoft 365 の F5 のセキュリティとコンプライアンス
- Microsoft 365 A5/E5/F5/G5 インサイダー リスク管理
- Microsoft 365 A5/E5/F5/G5 の Information Protection とガバナンス

適用可能なライセンスに関する詳細情報。

カスタマー ロックボックス ポリシーは、マネージド環境に対してアクティブ化された環境にのみ適用されます。 このテナントには 3 件のマネージド環境があります。 詳細

カスタマー ロックボックス

有効にする

Power Platform 経由のメール流出制御

Power Platform のOutlook コネクタを用いたメールの送信は、Power Platform を活用する上で欠かせない機能の一つですが、メールを通じて企業の機密情報や個人情報が外部に流出してしまうリスクにもつながります。この外部への不正な情報流出を指す言葉が「メールの不正流出」(Email Exfiltration)です。

もちろん利便性や業務効率の向上のためにメールの自動送信は非常に役立つ機能ですが、その反面、誤送信や悪意のある利用を防ぐためのコントロールが必要です。組織としては、データを厳重に取り扱うセキュリティポリシーを策定し、これに基づいて第3章で紹介した適切な DLPポリシーを設定する方法が考えられます。

メール流出制御は、データ損失防止(DLP)ポリシーに加え、外部へのメール送信を制御することでデータ流出を防ぐための仕組みです。Power Automate フローや、Power Apps アプリでOutlook コネクタのメール送

信機能を利用している場合、内部データが誤って外部へ送られてしまうリスクは常に存在します。メール流出制御機能を取り入れると、特定の条件下では外部宛てのメールをブロックしたり、監査ログを取得して管理者がチェックしたりすることができます。

例えば、機密性の高いデータを含むメールが組織のドメイン外へ送信されようとした場合に、メール送信を自動で中断して管理者へ通知する設定を行うことで、不注意による情報漏洩や内部不正を大幅に防ぐことができます。

DLP ポリシーとも連携することで、より包括的なデータ保護体制を築くことができるため、セキュリティ担当者やIT管理者はこうした仕組みを活用して組織の機密情報を守ることが求められます。

Exchange のメールヘッダーの仕組み

Exchange のメールヘッダーは、メールがいつ、どこから、どのように送信されたかを示す重要なメタデータです。送信元や宛先、送信日時や件名といった基本的な項目だけでなく、メールが通過したサーバーのIPアドレスや認証方式、スパム判定情報なども含まれています。メール送信の経路や認証状態を追跡する際、このヘッダー情報を参照することで、どのサーバーを経由したのか、途中で改ざんの可能性がないかなどの確認が可能です。特に外部ドメインとのやり取りでは、送信元をなりすます行為を防ぐための認証情報（SPF や DKIM、DMARC等）が正しく設定・検証されているかが、メールヘッダーから判断できます。

Microsoft Exchange（オンプレミス／Exchange Online いずれの場合も）では、Exchange 管理センターや PowerShell コマンドレットを使って、このメールヘッダーに対するポリシーやルールを細かく設定できます。例えば、組織内でのメールフローに条件を設けて「特定のヘッダー情報に該当するメールは破棄する」「メール本文や件名に社外秘情報が含まれている場合は自動的にヘッダーにタグを追加し、警告を添付する」といった制御が可能です。

例えば、Power Automate からのメール送信を管理する場合でも、Exchange 側でメールフロールールを作成して、特定のヘッダー値が付与されているメールのみを許可するといった運用が考えられます。以下が実際にメールをPower Apps もしくはPower Automate で送信した場合に含まれるSMTPヘッダーの一部です。この通り、x-ms-mail-application:が「Microsoft Power Automate」に設定されていることがわかります。

```
x-ms-mail-application: Microsoft Power Automate; User-Agent: azure-logic-apps/1.0 (workflow 544817ff55ea4a58176345cdfd040ed72; version 085846253797045825406) microsoft-flow/1.0 x-ms-mail-operation-type: Send
```

自分で確認する場合は、Power Automate / Power Apps で生成されたメールを開き、Outlook からメッセージの詳細を開くと、SMTPヘッダーが確認できます。

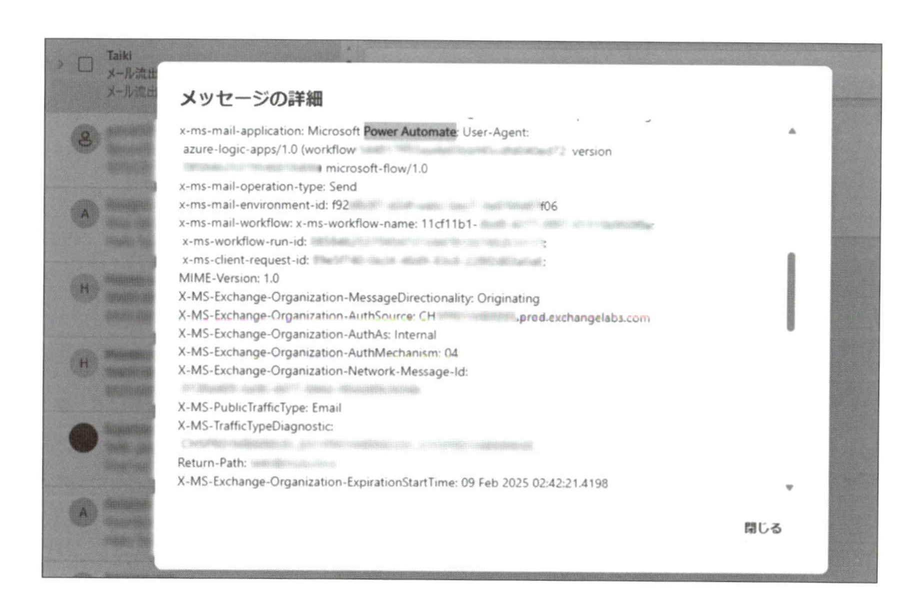

これにより、Power Automate が生成するメールであることをヘッダー上で自動的に識別し、問題のあるフローや不審な送信を早期に発見できます。それでは実際の設定方法について説明していきます。

メール流出制御の設定方法

仕組みが分かったところで、実際にExchange 管理センターから、メール流出制御の設定を行い、Power Automate からのメールに関しては、組織外のアドレスへ送信できないようにしてみましょう。

1. Exchange 管理センター（https://admin.cloud.microsoft/exchange#/transportrules）を開き、メールフロー＞ルール＞「ルールの追加」をクリックします。

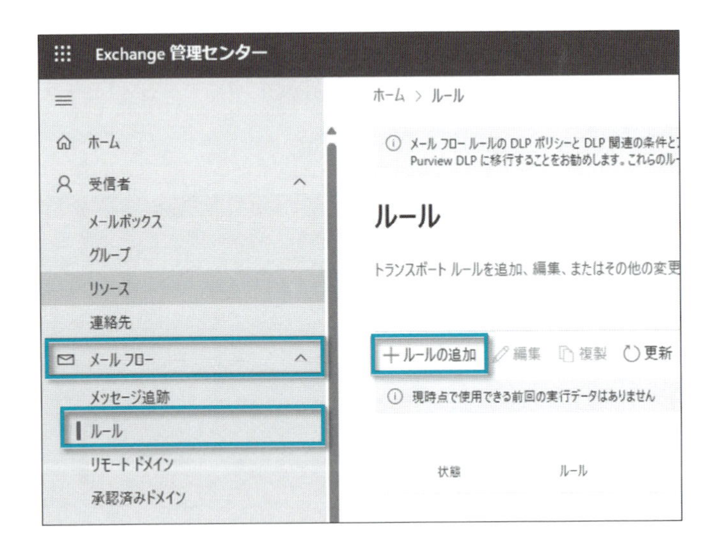

2. わかりやすい名前を設定します。例では「Power Platform 外部メール送信ブロック制御」と設定しました。
3. 「このルールを適用する」の項目では、設定を「受信者」が「外部/内部である」を選択し、「Outside the organization」を設定することで、外部の場合に適用されます。
4. さらに＋ボタンをクリックし、今度は「メッセージヘッダー」が「これらの単語を含む」に設定し、ヘッダー名を「x-ms-mail-application」、単語または語句の指定で「Microsoft Power Automate」を入力し、「追加」をクリックします。

5.「保存」をクリックします。正しく設定していれば、以下のような表示になっています。

6. 次に、上記で設定した条件に対する動作を指定します。「次を実行します」の項目で「メッセージをブロックする」を選択し、「メッセージを拒否してその説明を含める」を設定することで、送信者に理由を伝えられます。以下の例では「組織のPower Platform 運用ルールにより、Power Automate やPower Apps から外部へメールは送信できません」と指定しました。
7. 次の場合を除くでは、例外処理の設定が可能です。例えば人事担当が採用合否の通知をPower Automate で自動送信しているとします。そのような場合には「送信者」を指定し、「この人物である」を選択、例外となる送信者を指定します。
8. 上記の設定を完了したら、「次へ」をクリックします。正しく設定していれば、以下のような構成になっています。

9. 次に、ルールの設定を行います。ルールモードを「適用」に設定し、重要度を設定します。
10. 「このルールをアクティブ化する日にち」を指定することで、特定の日時から開始することもできます。同じく、非アクティブ化する日も指定できます。
11. 設定を終えたら「次へ」をクリックし、設定内容を確認し終えたら「完了」をクリックします。
12. 設定後の動作その条件に該当しブロックされた場合には、送信者に以下のようなエラーメールが送信されます

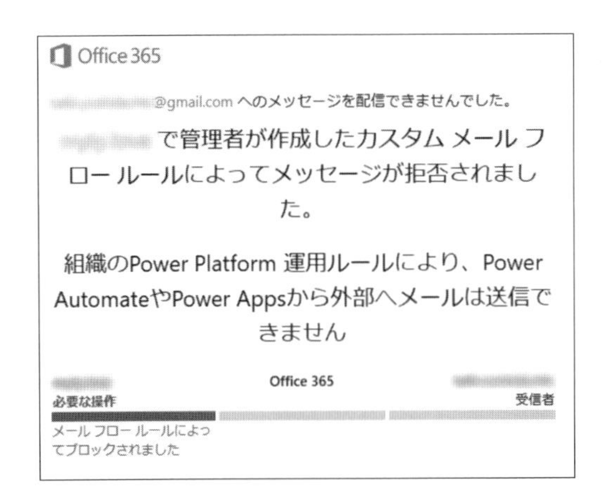

4-3 個々の環境に対するセキュリティ

テナントレベルでのセキュリティ設定に加え、個々の環境に対して設定可能なセキュリティ設定も用意されています。例えば、Dataverse のセキュリティ ロールを利用してアクセス範囲を制御したり、IPアドレス単位の接続を制限して外部からの不正アクセスを防ぐといった仕組みを環境ごとに設けたりすることができます。加えて、Azure VNET ポリシーを活用することで、ネットワーク経路を明確に制御できるようになり、機密性の高いデータを取り扱う環境に対して強固な防御策を講じることが可能です。

こうした環境単位のセキュリティ設定を行う最大のメリットは、テナント全体のルールに加えて、各環境の用途やデータの重要度に合わせた柔軟な保護を実現できる点にあります。すべての環境を一律で管理すると運用は簡潔になる一方、それぞれの運用目的やリスクレベルを細かく反映しにくいという課題が生じる場合があります。しかし、環境単位でセキュリティ設定を最適化すれば、必要な場所にのみ厳格なポリシーを適用し、アプリ開発や運用が円滑に進むところにはある程度の自由度を持たせるといったバランスの取れた管理が可能になります。また、このアプローチによって、データ漏えいや不正アクセスが発生した場合の影響範囲を最小限にとどめるリスク軽減策にもつながります。結果として、管理者の負担を抑えながら、組織全体の生産性とセキュリティを両立させる土台となるのです。

個々のセキュリティの具体例 ― 人事部門の環境

1つ具体的な例で説明します。人事部門専用の環境を例にして、どのようにセキュリティ設定を詳しく活用できるか考えてみましょう。まず、この環境を作る際、人事業務で扱うデータの重要性を考慮して、テナント全体のガバナンスポリシーに加え、さらに厳格な環境固有のセキュリティ要件を定義します。Dataverse のセキュリティ ロールを細かく設定すると、人事担当者や管理者が必要なテーブル（エンティティ）にのみアクセスできるようになります。ここで意識したいのは、同じ人事部門内でも役職や担当業務によってアクセスできる情報が異なる場合があるという点です。例えば、人事情報の中でも給与データや個人情報を「全員が閲覧できるべきではない」領域と捉え、別のセキュリティ ロールを用意すれば、部門内であってもデータアクセスを最小限に留めることができます。こうした細分化ができるのが Dataverse のセキュリティ設計の大きな利点です。

さらに、人事専用環境に対して IP アドレスベースのアクセス制限を設定すると、社内ネットワークか特定の VPN（仮想プライベートネットワーク）からのみ接続を許可することが可能になります。これにより、たとえユーザーの資格情報が外部に漏れたとしても、許可されていない IP アドレスからのアクセスはブロックされるため、不正アクセスのリスクを大幅に抑えられます。特に人事データには個人情報や機密情報が含まれるので、外部からの攻撃に対して強固な防御策を敷くことは、組織としてのコンプライアンス要件を満たす上でも有効な手段となるのです。

加えて、Azure VNETポリシーを活用することで、ネットワーク経路の制御をさらに厳密に行うことができます。例えば、人事環境で動作するアプリケーションやサービスは Azure 上の特定のサブネットを経由し、そこに設定したセキュリティ ルールによって通信が制限されるように設計すれば、外部の不審なネットワークから直接的な接続を試みても遮断される仕組みを作れます。こうしたネットワーク レベルでの保護があることで、仮に他の部門の環境がリスクにさらされた場合でも、人事環境への攻撃ルートを早期に断つことが期待できます。

このように複数のセキュリティ設定を組み合わせることで、人事環境のデータをより厳重に管理しながら、運用のしやすさや生産性も確保できます。例えば、データにアクセスが必要な部門メンバーには適切なセキュリティ ロールを適用し、社内ネットワーク経由であればいつでもスムーズに業務が行えるようにしつつ、それ以外の経路や不要なアクセスは徹底的にブロックするという運用方針がとれます。結果として、重要な個人情報を漏えいから守るだけでなく、部門内でのデータ参照や更新のプロセスを無理なく実施できるようになり、組織の信頼性やコンプライアンス上の安心感を高めることにつながるのです。

» IPアドレス関連の各種設定

▶ IPファイアウォール（マネージド環境）

IP ファイアウォールは、Power Platform へのアクセスを特定の IP アドレスや IP レンジに制限するセキュリティ機能です。環境ごとや環境グループごとに、アクセスを許可する IP アドレスのリストを定義することで、社内ネットワークや特定の VPN からのみ接続を許可するといった高度な制御が可能になります。外部からの不正アクセスリスクを大幅に下げられるため、機密性の高い業務データを取り扱うアプリを運用する際には必須の設定となります。

Power Platform はクラウドベースのサービスであるため、インターネット経由でアクセス可能ですが、組織のポリシーによっては「特定の拠点ネットワークや VPN 経由からのみ接続を許可したい」という要件があるでしょう。「IPファイアウォール」によって、許可された IP アドレスや IP レンジのみに制限すれば、たとえ悪意ある第三者がユーザー認証情報を何らかの形で入手しても、許可リストに含まれない場所からはアクセスできないようにできます。これは、ユーザー名・パスワードや MFA（多要素認証）といった認証手段に加え、ネットワークレベルでもさらに頑強な防御を敷くという意味で、セキュリティを多層化する上で非常に効果的です。

また、運用ポリシーの一貫性を確保できる点も見逃せません。例えば、組織では「社内ネットワークに接続している端末からのみ機密データにアクセスを許可する」といった規定を設けていることがよくありますが、Power Platform 上のアプリやフローにまでそうしたルールを適用するのは意外と忘れがちです。IP ファイアウォールを導入することで、こうしたルールを Power Platform に対しても明確に反映しやすくなります。環境やアプリをまたがって一貫したネットワークレベルのコントロールを行うことで、組織全体のセキュリティポリシーとの整合性を保ちやすくなります。

IPファイアウォールは環境単位で設定できるため、きめ細やかな制御が可能になります。例えば極めて機密性の高いデータを扱う部門の環境については、厳格に IP レンジを制限し、一方で、SIerなどの外部の開発者がリモート開発するような開発環境ではもう少し広い範囲を許可するといった柔軟な運用ができます。

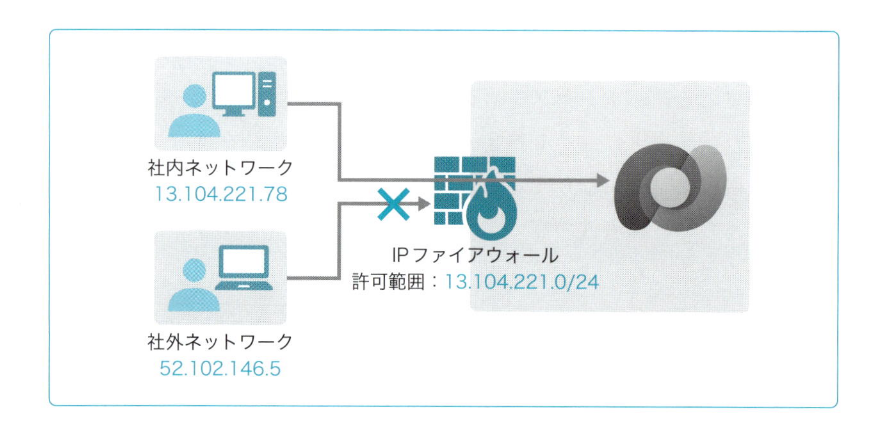

また、ユーザー教育やガバナンス推進の点でもIPファイアウォールは大きな役割を果たします。組織が「社内ネットワークを利用していない端末からのアクセスを避けたい」といった方針を持っているならば、利用者は自然に「このアプリやフローを使うには社内 VPN へ接続する必要がある」という認識を持つようになります。これは明文化されたルールだけではなく、"仕組み"でアクセス制限をかけることでユーザーに意識付けを行う、いわゆるポリシーの技術的担保を実現するという意味でも非常に有効です。全体のポリシー管理と連動させれば、各環境グループに対して最適なIP 制限を一元的に更新・管理できるようになり、組織全体としての運用効率とセキュリティレベルが両立しやすくなります。

特に、大規模組織や機密性の高いデータを扱う部門においては、アプリやフローに外部から安易にアクセスされないようにするための必須機能となり得ます。セキュリティと運用効率を両立させながら Power Platform を安全に活用するには、早い段階からこのようなネットワークレベルの制御を取り入れ、組織のガバナンスフレームワークを強固にしておくことが重要です。

IPアドレスベースのCookieバインド（マネージド環境）

この機能は、ユーザーセッションが開始された IP アドレスとクッキーを関連付けて管理する、Dataverse のための機能です。ログインした直後と異なる IP アドレスからのアクセスを強制的に再認証させることで、セッションハイジャック攻撃を防ぐ仕組みです。これにより、エンドユーザーのセッションが盗み取られて別のネットワークから不正アクセスされるリスクを低減できます。

有効化すると以下のようにエラーが表示されます。

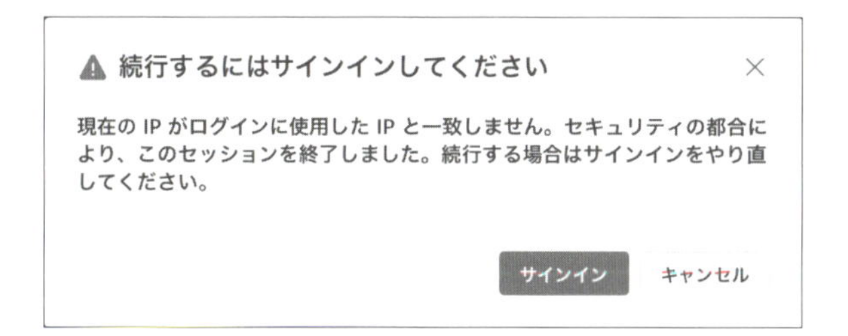

IPアドレス関連の各種設定方法

1. Power Platform 管理センターから、管理＞環境をクリックします。
2. 設定したい環境を選択し、「設定」をクリックします。

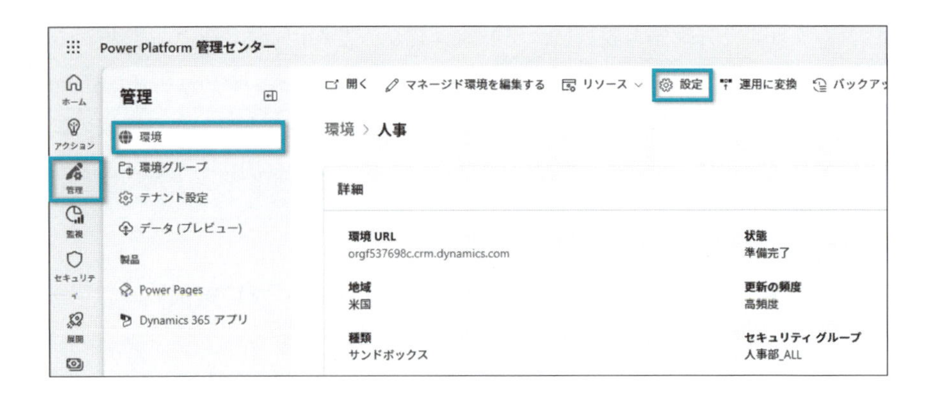

3. プライバシーとセキュリティを開きます。
4. IPアドレス設定のセクションの中にある「IP アドレスに基づく Cookie バインドを有効化します」をONにすることで、Cookieバインドの設定が有効になります。
5. 「IP アドレスに基づく Cookie バインドを有効化します」をONにするといくつかの項目が追加で表示されるようになります。
6. 「許可された IPv4 および IPv6 の範囲をコンマ (,) で区切って入力したリスト」の項目には、許可したいIPアドレスの範囲を指定します。
7. 各種マイクロソフトのサービスとの連携を許可させるには「許可されたサービスタグの一覧」から選択します。

以下の例では、55.35.65.1-254のアドレス範囲と、Azure Storage 、Azure SQL がアクセス可能となっています。

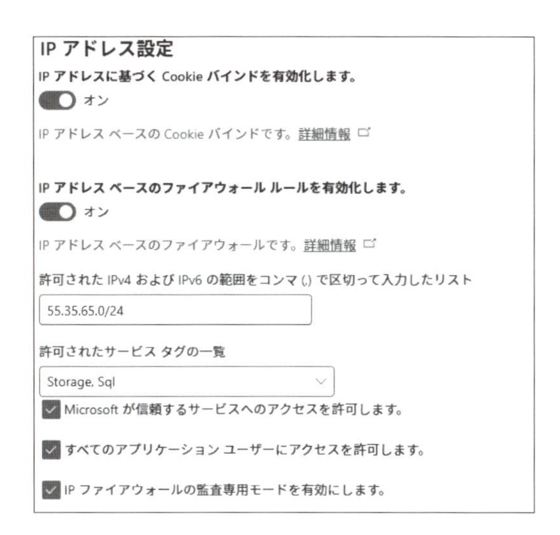

Azure 仮想ネットワークのポリシー (マネージド環境)

「Azure 仮想ネットワークのポリシー」(以下、Azure VNET のポリシー)とは、Power Platform の環境を Azure の仮想ネットワーク(VNet)と統合し、ネットワークレベルで強化されたセキュリティを実現するための機能です。これにより、オンプレミスや仮想ネットワーク内部にあるデータソースに対しても、安全かつプライベートな経路でアクセスできるようになります。Azure VNET 経由での通信を許可・制御できるようになることで、組織の資産(データベースや REST API、ファイルサーバーなど)をインターネットに直接公開せずに Power Platform から利用可能になります。VNETサポートが提供されるまで、インターネット経由の接続しか選択肢がなかったため、機密性の高いデータを扱うにはセキュリティリスクが懸念されました。しかし、Azure VNET のポリシーを設定すれば、限定された安全な経路を通じてデータにアクセスできるため、外部からの不正アクセスやデータ漏えいのリスクを大きく低減できます。

加えて、ネットワークレベルでアクセスの可否をきめ細かくコントロールできる点も大きな利点です。組織のセキュリティ要件によっては、同じ Power Platform のアプリであっても、利用できるデータソースや通信可能な宛先が異なる場合があります。Azure 仮想ネットワークのポリシーを併用することで、特定の Azure VNET やサブネットからの通信しか認めないようにしたり、ローカルネットワークとの接続条件を厳格に制限したりできます。例えば、機密データを扱うアプリは特定サブネットのみアクセス許可とし、開発・検証用のフローは別の VNET を使って実験的なサービスと連携させる、といった運用が容易になります。

VNET を利用する場合、Power Platform の環境とエンタープライズポリシーはサポートされたPower Platform リージョンとAzure リージョンである必要があります。日本リージョンのPower Platform である場合、Azure のリージョンは西日本または東日本リージョンであることを確認してください。

以下のテーブルでは、Power Platform においてAzure VNET を利用する主なシナリオを列挙しました。

Dataverse プラグインによるクラウドデータソース接続	Dataverse プラグインを利用して、Azure SQL や Azure Storage、Blob Storage、Azure Key Vault といったクラウドのデータソースに直接接続できます。インターネット上にデータを露出しなくても、Power Apps や Power Automate、Dynamics 365 アプリから安全にやり取りが可能です。これによりデータ流出(exfiltration)やその他のセキュリティインシデントを防止できます。
Dataverse プラグインによるプライベートリソース接続	Dataverse プラグインを介して、Web API やオンプレミスの SQL、プライベートネットワーク内のサービスなど、Azure 上のプライベートエンドポイントで保護されたリソースに安全にアクセスできます。インターネットを経由せずに通信を行うため、外部からの不正侵入やデータ漏えいリスクを大幅に低減でき、機密性の高い情報を取り扱うシナリオでも安心です。
SQL Server コネクタ	SQL Server コネクタをはじめとした VNet 対応コネクタを使えば、Azure SQL や SQL Server のようにクラウド上にホストされたデータソースやプライベートエンドポイントを有効化した Azure SQLへのセキュアな通信を確立できます。インターネットへの公開を避けたい場合に有効です。

Azure Key Vault コネクタ	Azure Key Vault コネクタを活用することで、プライベートエンドポイントで保護された Key Vault に安全にアクセスできます。パスワードや秘密キーなどの機密情報を安全に保管しつつ、必要に応じてアプリやフローから参照できるようにすることで、セキュリティ要件を高い水準で満たせます。
カスタムコネクタ	カスタムコネクタを作成すれば、Azure 上でプライベートエンドポイントにより保護されているサービスや、オンプレミスやプライベートネットワーク内でホストされているサービスにもセキュアにアクセス可能です。自社独自の API やレガシーシステムを安全に統合し、既存の業務フローを Power Platform 上で拡張できます。
Azure File Storage コネクタ	VNetサポートを利用することで、プライベートエンドポイントが有効化された Azure ファイルストレージに対しても、安全に接続できます。ファイルのアップロードやダウンロードを含む操作を、外部に公開せずに行えるため、機密データの取り扱いにも適しています。
HTTP（Microsoft Entra ID認証）コネクタ	Microsoft Entra ID（旧称: Azure AD）で認証されたクラウドサービスへ、安全な通信を確立できます。VNet 経由での HTTP リクエストに対し、Microsoft Entra ID で事前に認証を済ませる形でやり取りするため、ID 認証とネットワークセキュリティの両面を強化した運用が可能です。

Azure 仮想ネットワークのポリシー事例

トヨタ自動車がこの技術を用いて社内ネットワークのセキュリティを維持しながら新たなビジネス価値を生み出しているという活用事例が、2024年に開催されたイベントMicrosoft Ignite で発表されました。トヨタでは最近、社内ハッカソンを開催して、生成AIを活用し自動車製造に関する膨大な知識ベースを社内の作業員同士で共有できるようにする取り組みを行いました。そのハッカソンで優勝したプロジェクトの一つがPower Apps とPower Automate を組み合わせて作成したAIエージェントソリューションでした。この AIエージェントは膨大な自動車製造ノウハウをリアルタイムで参照できるように設計されており、作業者が必要な手順や改善策を、AIエージェントとの対話を通じて簡単に取得できる仕組みを想定していました。

しかしながら、プロジェクトを本番運用へと移そうとした際、チームは社内ネットワークのファイアウォール内に蓄積されたデータを直接参照する必要があることに気が付きました。そこでネットワーク管理チームから「企業ポリシーを遵守しなければならない」という条件が提示されましたが、過去の経験から社内ゲート上を複数設定する手間や運用上の課題を避けたいという意向がありました。そこでこのチームは Azure 仮想ネットワークのポリシーを活用することにより、エージェントソリューションとファイアウォール内部に存在するリソースをシームレスに接続することを選択しました。

この結果、トヨタでは社内の知識共有が大きく促進され、チームの試算によるとすでに3000時間分の工数削減効果が見込めるとされています[1]。まだ導入初期段階とのことですが、既に有意義な成果が現れ始めており、トヨタ内部では今後さらに活用範囲を広げていく見通しです。Azure 仮想ネットワークのポリシーの仕組みを使うことで、企業のセキュリティポリシーに合致したままクラウドベースの AI 技術を導入できる好例といえます。こうした実践例を踏まえると、ネットワーク管理者やセキュリティチームの要件に応じつつ、高度な対話型エクスペリエンスを社内業務へ取り込むことが十分に可能であることがわかります。

Azure 仮想ネットワークのポリシーの設定方法

設定するための前提条件として、以下が必要となります。

- Azure サブスクリプションへの管理者権限
- Azure でのネットワーク共同作成者権限
- Power Platform 管理者権限
- 各種接続先のAzure サービス、VNET の知識
- Azure PowerShell のインストールされた端末（インストールしていない場合は https://go.myty.cloud/book/install-azure-powershell を参照し、準備してください）

1：Microsoft Ignite 2024 - BRK180 - Enterprise Scale: The Future of Power Platform Governance + Security

設定手順

1. Azure のサブスクリプションに対してPower Platform をリソースプロバイダーとして登録します。設定するには、Azureポータル＞サブスクリプション＞リソースプロバイダーへアクセス。Microsoft.PowerPlatform を選択し、「登録」をクリックします。

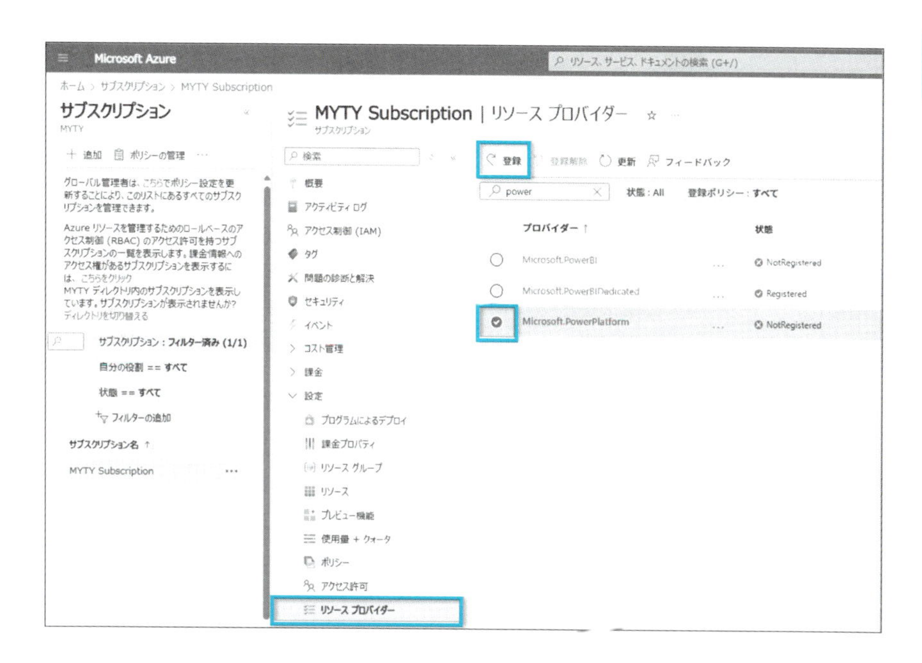

2. Azure ポータルから該当の仮想ネットワークを開き、設定＞サブネットを選択、「＋サブネット」をクリックします。

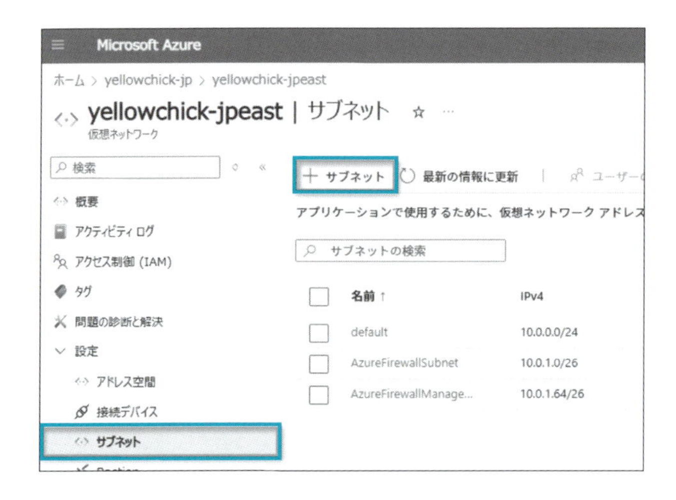

3. サブネットの名前を「PowerPlatform」など任意の名前を設定します。

4. 「サブネットの委任」設定項目から、「Microsoft.PowerPlatform/enterprisePolicies」を選び、「追加」をクリックします。

5. 仮想ネットワークのリソースIDを取得するため、「JSONビュー」をクリックします。

6. 表示されたリソースIDを後に利用するため、メモ帳などにメモします

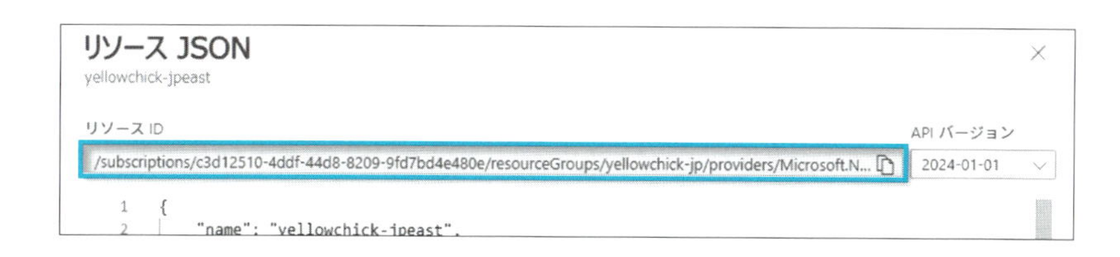

7. URL「https://go.myty.cloud/book/powerapps-github」へアクセスし、Code＞Download ZIPでZIPファイルをダウンロードし、任意の場所に保存します。※ファイルサイズは300MBほどあります

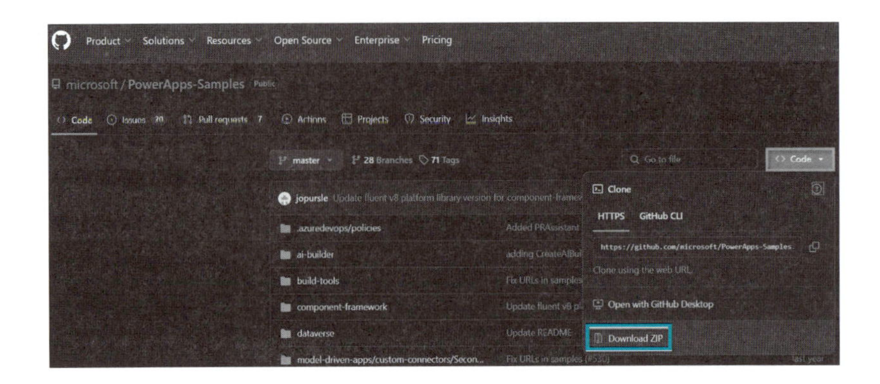

8. お使いの端末からPowerShell を開きます
9. 以下のコマンドを実行します

```
Update-AzConfig -DefaultSubscriptionForLogin <VNETが含まれているサブスクリプションID>
```

10. (エラー発生時のみ) 以下のコマンドを実行します。

```
Set-ExecutionPolicy -Scope Process -ExecutionPolicy Bypass
```

11. 先ほどダウンロードしたZIPファイルを展開し、展開先のディレクトリへアクセスします。

```
cd <ダウンロード先>\PowerApps-Samples-master\powershell\enterprisePolicies\SubnetInjection
```

12. ディレクトリ内のPowerShell を以下のコマンドで実行します。

```
.\CreateSubnetInjectionEnterprisePolicy.ps1
```

```
cmdlet CreateSubnetInjectionEnterprisePolicy at command pipeline
position 1
Supply values for the following parameters:
(Type !? for Help.)
subscriptionId: <サブスクリプションのID>
resourceGroup: <ソースグループ名>
enterprisePolicyName: <任意のポリシー名>
enterprisePolicylocation: japan (日本の場合)
primaryVnetId: <手順6のID>
primarySubnetName:<サブネット名>
secondaryVnetId: <2つ目のVNETのリソースID>
secondarySubnetName: : <2つ目のVNETのサブネット名>
```

13. 実行すると以下の様に「Policy Created」と表示されます。

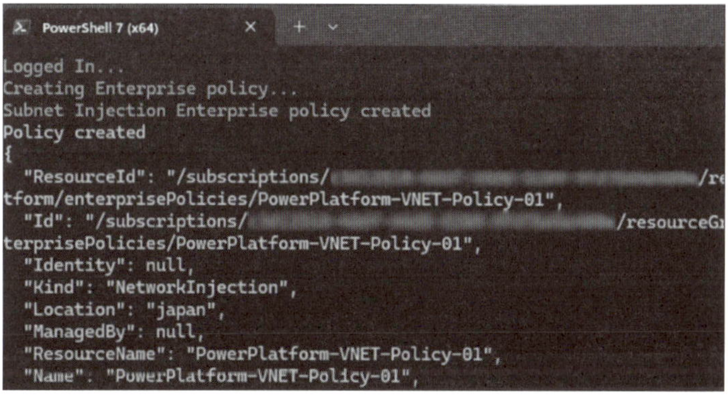

```
PowerShell 7 (x64)
Logged In...
Creating Enterprise policy...
Subnet Injection Enterprise policy created
Policy created
{
  "ResourceId": "/subscriptions/                    /re
tform/enterprisePolicies/PowerPlatform-VNET-Policy-01",
  "Id": "/subscriptions/                    /resourceGr
terprisePolicies/PowerPlatform-VNET-Policy-01",
  "Identity": null,
  "Kind": "NetworkInjection",
  "Location": "japan",
  "ManagedBy": null,
  "ResourceName": "PowerPlatform-VNET-Policy-01",
  "Name": "PowerPlatform-VNET-Policy-01",
```

14. Power Platform 管理センターから、セキュリティ＞データとプライバシーを開き、「Azure 仮想ネットワークのポリシー」をクリックします。

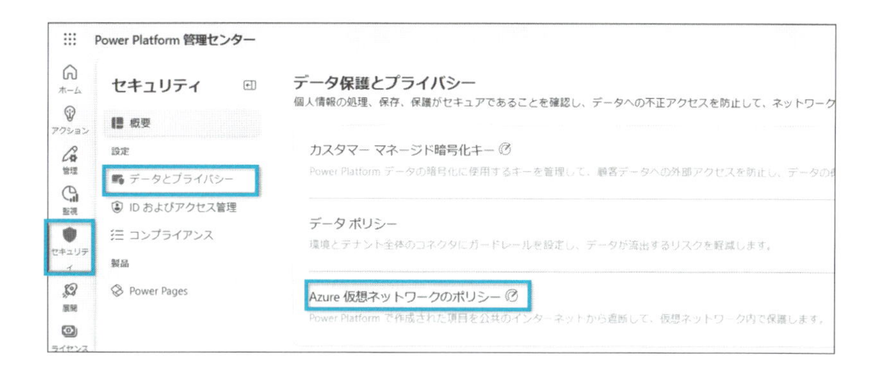

15. 設定したい環境を選択し「次へ」をクリックします。

16. ポリシーを選択し、「保存」をクリックします。

仮想ネットワークのポリシー

Azure Virtual Network は、一般のインターネット経由で公開することなく、リソース間のト

⚠ この PowerShell スクリプトを使用することが、割り当て済みのポリシーを削除する唯一の方法です。

ポリシーの選択

ポリシー	地域
PowerPlatform-VNET-Policy-01	日本

17. 確認画面が表示されるので、「割り当てる」をクリックします。

18. ポリシーが正常に割り当てられました。と表示されたら完了です。

ゲストアクセスの無効化

環境への外部からのアクセスを制御する上では、組織外のユーザーを招待する機能(ゲストアクセス)を無効にしておくことも有効です。必要がない場合にはゲストアクセスそのものをオフにし、ゲストユーザーに対する招待を受け付けない設定をデフォルトとすることで、意図しない外部共有のリスクを低減できます。

ゲストアクセス無効化の設定方法

1. Power Platform 管理センターからセキュリティ＞IDおよびアクセス管理＞ゲストアクセスをクリックします。

2. ゲストアクセスを無効化（もしくは有効化）したい環境を選択し「ゲストアクセスを管理する」をクリックします。

3.「ゲストアクセスをオフにする」を有効化し、「保存」をクリックすれば完了です。

※ゲストアクセスをオフにするという説明がわかりづらいですが、設定をONにすると、ゲストアクセスが無効化され、OFFにするとゲストアクセスが有効になります。間違えないようにしましょう。

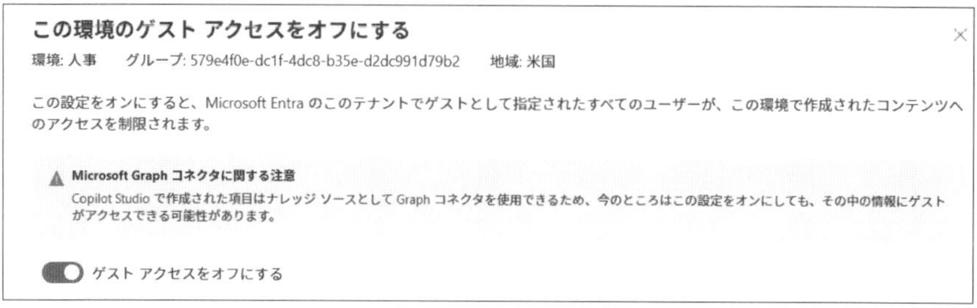

この環境のゲスト アクセスをオフにする

環境: 人事　グループ: 579e4f0e-dc1f-4dc8-b35e-d2dc991d79b2　地域: 米国

この設定をオンにすると、Microsoft Entra のこのテナントでゲストとして指定されたすべてのユーザーが、この環境で作成されたコンテンツへのアクセスを制限されます。

Microsoft Graph コネクタに関する注意

Copilot Studio で作成された項目はナレッジ ソースとして Graph コネクタを使用できるため、今のところはこの設定をオンにしても、その中の情報にゲストがアクセスできる可能性があります。

ゲスト アクセスをオフにする

4-4 Dataverse の データセキュリティ

そもそもDataverse とは？

Dataverse は、Power Platform の中心的なデータ管理基盤として、アプリケーションの開発効率を高めるだけでなく、セキュリティやガバナンス面での利点も数多く備えています。まず、データ構造がリレーショナルであるため、テーブル（エンティティ）同士の関係を自然に設計・運用できる点が大きな強みです。この仕組みのおかげで、データを整理するだけでなく、権限設定も論理的に行いやすくなっています。

さらに、Dataverse ではロールベースのセキュリティ モデルが用意されており、業務内容や役職に応じてアクセス権をきめ細かく設定できます。例えば、人事部門のユーザーは自分が所属する部門データにはフルアクセスできる一方、他の部門のデータには閲覧不可とするなど、組織の運用ポリシーに合わせた権限割り当てを容易に行えます。これは Microsoft Entra ID（旧名Azure AD）との統合により、ユーザーやグループを一貫して管理できることも相まって、セキュリティ レベルの高い運用を実現しやすい大きなポイントです。

また、本書では詳しく触れませんが、Dataverse ではビジネス ロジックを一元的に管理・再利用できる仕組みがあり、データの整合性を標準化することで、アプリ全体を通じたデータガバナンス強化につながります。具体的には、入力データを自動検証するルールを設定し、誤った情報がシステムに入り込むリスクを減らす、あるいは機密情報を扱うテーブルへのアクセスを制限するワークフローを組むといった形で、ガードレールを容易に構築できます。

さらに、監査ログをはじめとするログ管理機能が充実していることも、Dataverse を選択する上で大きなメリットです。重要な操作や変更履歴を自動的に蓄積できるため、コンプライアンス要件への対応や、不正アクセスが疑われる場合のトラブルシューティングをスムーズに行えます。大規模になっても監査ログを含めたデータを一元的に保管しやすい仕組みがあるのは、ガバナンス面で非常に有用です。

また、環境ごとのバックアップや復元が容易にできる点も優れています。万一の障害や誤操作があったとしても、特定の環境だけを迅速にリカバリーできるため、ビジネスの継続性を高い水準で維持しやすいでしょう。さらに、ソリューション管理が充実しているため、開発からテスト、本番への移行を安全かつスムーズに行えるように設計されており、アプリケーションやデータそのもののライフサイクルを通して、安定したセキュリティ体制を保ち続けることが可能です。

Dataverseのデータアクセス管理

レコード・行について

Dataverseでは、Power Platformの基盤となるデータストレージであるMicrosoft Dataverse上の「1行」分のデータを「レコード」または「行」と言います。そしてデータを格納するために「テーブル」と呼ばれる構造を用意しており、各テーブルの中に複数のレコードが保存されます。例えば、顧客情報を管理するテーブルがあれば、その中に「顧客ごとに1レコードずつ」を登録していくイメージです。一般的なリレーショナルデータベースの概念と似ていますが、DataverseにはPower Platform全体での統合管理を想定した便利な機能が備わっている点が大きな特徴です。

レコードには「列（カラム）」とも呼ばれる属性がいくつも定義され、それぞれが顧客名やメールアドレス、日付などのデータを保持します。列のデータ型としては、テキストや数値、日付時刻などの基本的なものだけでなく、参照（別のテーブルのレコードを参照する）や選択（事前定義された選択肢を用いる）といった、アプリの操作性を向上させるための型も存在します。また、Dataverse内でセキュリティ ロールや行単位のアクセス制御を設定できるため、企業内で機密性の高いデータを扱う場合でも、レコード単位で権限を細かく制御することが可能です。その中でもデータのアクセス管理は、組織内の利用者やチームが正しくデータを扱えるように権限をコントロールし、安全性と業務効率の両立を図ることができます。そして、Dataverse でデータの所有権やアクセス制御を考えるとき、所有者、部署、チームという3つの要素がとても重要になります。これらはデータセキュリティの基本的な仕組みであり、誰がどのようなデータにアクセスできるのか、どの範囲で操作を許可するのかを柔軟にコントロールするために活用されています。ここでは、それぞれの概念について詳しく解説します。

所有者について

行・レコードには所有者という考え方があり、「ユーザー」または「チーム」を設定できます。これがセキュリティやアクセス制御の仕組みに深く関わっています。まず、「ユーザー所有」のレコードは、特定のユーザーが所有者として紐づく形になり、そのユーザーの所属するビジネスユニットやチーム構成、さらに付与されているセキュリティ ロールなどによってアクセス範囲が決まります。一方、「チーム所有」の場合は、あるチームがレコードの所有者として管理権限を持ち、チームに参加しているメンバー全員がそのレコードに対して一定の操作を行えるようになっているのが特徴です。

例えば、ユーザー所有のレコードだと、個人が所有権を持つため、そのユーザーの権限設定次第でレコードの閲覧・編集範囲が変わります。単純な組織体制であればユーザー所有でも管理しやすいのですが、大規模な環境や複雑な組織構造、または複数人で共同管理したいレコードが増えてくるケースでは、チーム所有の仕組みを活用すると権限管理がしやすくなることもあります。チームがレコードの所有者になることで、レコード単位でメンバーを切り替える必要がなく、チームメンバーを追加・削除するだけでアクセス権を切り替えられるようになります。

▶ 部署について

「部署」は組織を階層的に分けるための単位です。会社組織で言えば、部署や支店、子会社など、業務範囲や担当領域が異なるグループを表現するイメージに近いです。Dataverse では、最上位にルート部署（通常は組織全体に当たる単位）があり、その下に複数の部署を階層構造で作ることが可能です。部署がどのように役立つかというと、例えば「営業部門のデータには営業部門だけがフルアクセスできるようにしたい」「経理部門のデータは経理部門と一部の管理部門だけが閲覧できるようにしたい」といったシチュエーションで、部署ごとにセキュリティ ロールの範囲を制御できることです。つまり、ユーザーがどの部署に属しているかによって参照や編集が許可される範囲を自動的に分けられます。ただし、部署は階層が増えれば増えるほど管理が大変となるので、最大でも三階層（例として、会社→事業部／本部→部→課）程度に抑えておき、別途細かく制御が必要な場合はチームを利用しましょう。

▶ チームについて

チームは、Dataverse 上のユーザーをグルーピングする単位であり、セキュリティ ロールをチームに直接紐づけることで、チームのメンバー全員に同じ権限を付与することが可能です。メンバー個別にロールを与える必要がないため、組織再編やプロジェクトの進行に合わせてメンバーを変動させる場合にも対応しやすいというメリットがあります。チームの種類には大きく分けて「所有者チーム」と「アクセスチーム」の 2 つのモデルが用意されています。所有者チームとしてレコードを所有すると、チームの属するユーザー全員がそのレコードを操作できるようになり、レコード単位のセキュリティ設定を簡素化できます。アクセスチームはさらに3種類があり、「アクセスチーム」「Microsoft Entra ID セキュリティグループ」「Microsoft Entra ID オフィスグループ」に分かれます。いずれもチームとしての機能は同じで、チームに属するユーザーに対して一括でセキュリティ ロールを付与するために利用します。それぞれの特性と、主な利用シナリオを以下の表にまとめています。

種別	概要	主な利用シナリオ	メリットと考慮点
所有者チーム	Dataverseで「チームがレコードを所有する」形態を取るチームです。所有者チームにはセキュリティ ロールを割り当てられるため、そのチームに所属しているメンバー全員が同じ操作権限を共有できます。チームをレコードの所有者として設定しておくと、個々のユーザー単位ではなくチーム単位で所有管理が行え、担当メンバーが入れ替わってもスムーズに引き継ぎが可能です。	部門や業務単位、プロジェクト単位でレコードを一括管理する場合に適しています。例えば「営業チーム」「経理チーム」などのように組織の役割に沿ったチームを作り、担当するレコードをチーム所有にすることで、権限管理や閲覧範囲が明確になり、運用コストが下がります。	大量のレコードを同じ単位で所有する際に便利であり、組織変更や人事異動が発生しても、ユーザーの追加・削除だけでレコード所有の体制を維持できます。一方、所有者チームにセキュリティ ロールを設定した後に範囲を微調整したい場合などは、所有者チーム単位と個別共有の両面で管理する必要があるため、設計段階でチームとロールの使い方を慎重に検討しておくとよいでしょう。
アクセスチーム	Dataverse独自の仕組みで、レコードに対して個別にアクセス権を付与するために使われるチーム形態です。所有者チームとは異なり、チーム自体がレコードを所有するのではなく、レコードへのアクセスをコントロールする目的で存在します。セキュリティ ロールはチームに直接割り当てませんが、アクセスチームテンプレートを通じて必要な権限(読み取り、作成、更新など)を設定し、ユーザーを追加することでレコード単位の柔軟な共有を実現します。	特定のレコードを一時的に限られたメンバーで閲覧・編集したいケースでアクセスを与えたい場面で効果的です。例えば、案件ごとに別のアクセスチームを作成し、担当者を追加・削除することで、レコード単位で権限をきめ細かく管理することができます。問い合わせケースのアサインや、稟議プロセス等、都度レコードを操作する担当が変わったりするようなシナリオに向いています。	細かなレベルでアクセスを制御できるため、過度な権限の付与を避けたい場合に有効です。一方、レコードごとに多数のアクセスチームを生成すると管理が煩雑になりやすくなります。そのため、アクセスチームの乱立を防ぐための運用ルールやメンテナンス手順を事前に決めておくことが望ましいです。

種別	概要	主な利用シナリオ	メリットと考慮点
Entra ID セキュリティグループ	Entra IDで管理されるセキュリティグループと紐づけられるチームです。組織内のユーザーを一括で管理することができ、Dataverse だけでなく、Microsoft 365 や他のサービスとの連携にも使えます。	大規模組織や部門横断的なユーザー管理の際に活用されることが多いです。例えば「営業部門全体」や「サポート部門全体」のように単位を定義しておくと、追加・削除されるユーザーが自動的に同じ権限を継承できるため、人事異動や組織変更が頻繁にある企業にとっては有用です。	一度グループを作成すると、Dataverse だけでなく、ほかの Microsoft サービスにおいても同じグループを再利用できます。特に人事異動が多い組織に適しています。ただし、運用がシンプルになる半面、組織全体のグループ管理ポリシーや命名規則をしっかり決めておかないと、重複したグループが乱立したり、利用目的が不明確になったりしやすい点には注意が必要です。
Entra ID オフィスグループ	Microsoft 365 Groups（旧称：Office 365 Groups）と紐づけられるチームで、メールボックス、SharePoint、Teams などのコラボレーション機能と紐づいたグループです。	プロジェクト単位や部門単位で共同作業する場合に用いられます。Teams のチームチャネルや SharePoint サイトが自動的に作成されるため、コミュニケーションとデータ共有を一体的に行う必要があるグループに適しています。また Dataverse と連携して、アプリやエージェントへのアクセス権を簡易的にコントロールできる場合もあります。	Microsoft 365 Groups と連動するため、プロジェクトメンバーの管理など、連動させて管理したい場合にメリットがあります。ただし、組織によっては大量のMicrosoft 365 Groupが存在していて分かりにくかったり、グループを削除すると関連付いた Teams や SharePoint サイトのデータにも影響が及ぶため、ライフサイクル管理が課題となりやすいです。

チームの作成方法

1. Power Platform 管理センターから、管理＞環境へアクセスし、設定したい環境を選びます。
2. 特定の環境を開いたら、「設定」をクリックします。

3. 「ユーザーとアクセス許可」の中にある、「チーム」をクリックします。
4. 「＋チームの作成」をクリックします。

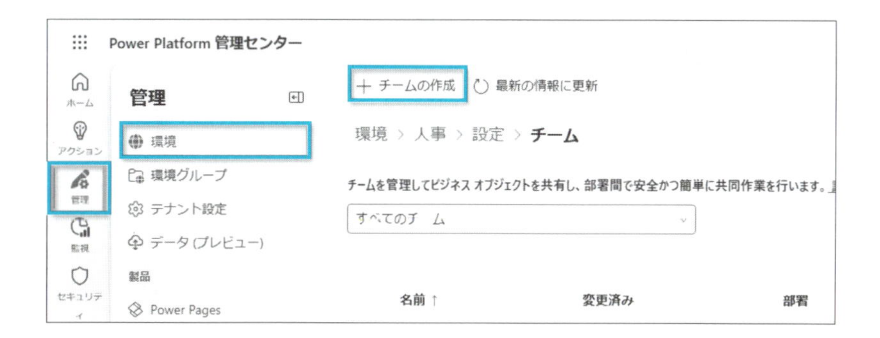

5. チーム名を入力、部署と管理者を指定します。ここから先はチームの種類によって異なります。

チームの作成方法（所有者チーム）

1. チームの種類を「所有者」にし、「次へ」をクリックします。

2. チームメンバーを追加します（任意）
3. このチームに割り当てられた場合のセキュリティ ロールを設定します（任意：この後セキュリティ ロールの作成方法等について触れます）

チームの作成方法（アクセスチーム）

1. チームの種類を「アクセス」にし、「次へ」をクリックします。

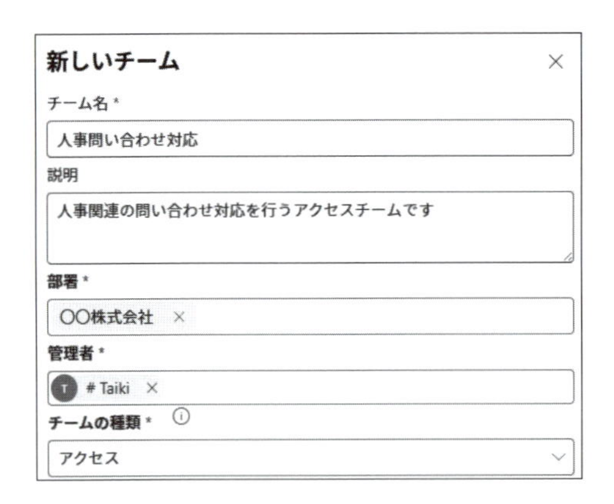

2. チームメンバーを追加します（任意）

チームの作成方法（Entra ID セキュリティグループ）

1. チームの種類を「Microsoft Entra ID セキュリティグループ」にし、Entra ID のセキュリティグループ名を指定します。
2. メンバーシップの種類を選択します。

新しいチーム
チーム名 *
人事部社員
説明
人事部社員全員
部署 *
〇〇株式会社
管理者 *
Taiki
チームの種類 *
Microsoft Entra ID セキュリティ グループ
グループ名 *
人事部_ALL
メンバーシップの種類 *
メンバーとゲスト

3. セキュリティ ロールを選択します（任意）

メンバーシップのそれぞれの違いと利用用途は以下の通りです。

メンバー

メンバーとは、Entra ID セキュリティグループに所属する通常の社内ユーザーを指すものです。グループのメンバーとして追加されたユーザーは、Dataverse チームとして同じくグループを取り込んだ際に、チーム内の権限を自動的に継承します。具体的には、Dataverse チームに割り当てられたセキュリティ ロール（またはチーム全体に与えられているアクセス権）が、そのままメンバーに対して適用されます。大半の利用シナリオでは組織内の従業員がこれに該当し、最も一般的なメンバー種別といえます。

メンバーとゲスト

Entra ID セキュリティグループ内に社内ユーザーだけでなく、外部のゲストユーザーも混在している構成を指します。ゲストユーザーは組織外部のメールアドレスを招待して作成されるため、通常の社内ユーザーとは異なるライセンス状態や機能制限が適用される場合があります。それでも、グループとしては一元管理できるため、Dataverse チームにまとめて取り込めば、社内外のユーザーを一括で管理しやすくなります。

ゲスト

ゲストのみで構成されたグループは、完全に外部ユーザー向けの集まりとなります。例えば、パートナー企業や外部のコンサルタントなどに一時的に Dataverse のデータやアプリを共有したい場合は、ゲスト専用グループを作り、それを Dataverse チームとして取り込むやり方が考えられます。こうした構成により、外部ユーザーだけを集約して管理するので、組織内ユーザーとは別に権限を調整しやすいメリットがあります。

所有者

Owners とは、Entra ID セキュリティグループ自体を管理する立場のユーザーを指します。グループに追加・削除されるメンバーやゲストの管理、グループ名や説明文といった属性の編集などを実行できるため、管理者的役割を果たします。Dataverse チームとして取り込む場合にも、Entra ID 上でグループの管理者として設定されているユーザーが、実質的にチームの構成をコントロールする立場になります。

■ チームの作成方法（Entra ID オフィスグループ）

1. チームの種類を「Microsoft Entra ID セキュリティグループ」にし、Microsoft 365 グループ名を指定します。

新しいチーム ×
チーム名 *
給与グループ
説明
チームの説明を追加します
部署 *
〇〇株式会社 ×
管理者 *
T # Taiki ×
チームの種類 * ⓘ
Microsoft Entra ID オフィス グループ
グループ名 *
給与グループ ×
メンバーシップの種類 *
メンバーとゲスト

2. メンバーシップの種類を選択します。上記のEntra ID セキュリティグループで述べたものと同じ種類です。
3. セキュリティ ロールを選択します（任意）

Dataverse のセキュリティ ロール

どのユーザーがどのテーブルに対して「読み取り」「作成」「更新」「削除」（いわゆるCRUD）などの操作を行えるかを「セキュリティ ロール」で定義し、必要に応じて行（レコード）ごとの細やかな共有設定も行うことで、誤操作や情報漏えいのリスクを抑えながら、適切なユーザーが円滑に業務を進められるようにします。管理者は「ビジネス ユニット」（部門や組織構造に応じた管理単位）を活用して、部門やプロジェクトごとに異なるアクセス ポリシーを定めることもできます。また、どのユーザーがいつ、どのデータを扱ったかを「監査ログ」で追跡できるため、コンプライアンスの観点でも重要な役割を担います。

こうしたアクセス管理を導入することによって、組織全体のデータが混在する環境でも必要最小限の権限だけをユーザーに付与でき、セキュリティを確保しつつ作業の効率を高めることが可能です。また、Power

Apps のアプリや、Power Automate で設定した自動化フロー、Copilot Studio で構築したエージェントが Dataverse のデータを使う場合にも、この権限設定を通じて安心して利活用できます。

Dataverse のセキュリティ ロールは、Power Platform 全体のガバナンスを考える上でも非常に重要です。誤って権限を付与しすぎると、機密データの漏えいや不適切な操作が起こりやすくなり、逆に権限を絞りすぎると業務アプリの利用が煩雑になってしまいます。そのため、役割ごとに適切なロールを割り当て、どこまでのデータ操作を許可するのかを丁寧に設定することが肝心です。組織やチームの体制やデータの重要度に合わせたセキュリティ ロールを作り、定期的に見直しを行うことで、安全性と利便性のバランスを保ちながら運用できます。それでは、より深堀りして解説していきます。

セキュリティ ロールは、「組織」「部署」レベル、「ユーザー」レベル（ユーザー自身が所有するレコード）といった様々な範囲で権限を与えることが可能です。以下の表では、それぞれのアクセス可能なレベルをテーブル形式にまとめて説明しています。

アクセス レベル	説明
なし	指定した操作（作成・読み取りなど）に対してアクセス権が一切ありません。該当テーブルのデータを操作することができない状態です。
ユーザー	ロールを持つユーザーが「所有、または共有権限を持つレコード」のみ操作できます。例えば、自分が作成したレコードや、他ユーザーから共有されたレコードだけに対して読み取りや編集といったアクションを取れる設定となります。
部署	ロールを持つユーザーが所属する部署内に存在するレコードまで操作できます。組織内を複数の部門に分割し、それぞれの部署内のレコードだけを閲覧・更新できるようにする場合に有効です。
部署配下	ロールを持つユーザーが所属する部署だけでなく、その下位に連なる部署のレコードにまで操作権限が及びます。大きな組織で階層構造を使ってデータ アクセスを管理する際に活用されることが多いです。
組織	同じ環境（テナント）に含まれるすべてのレコードを操作できる最高レベルの権限です。主に管理者が利用する設定であり、すべての部署やユーザーが持つデータに対してアクセスが可能になります。

上記のアクセスレベルに加え、各テーブルや設定、機能に対しては「作成」「読み取り」「書き込み」「削除」と、どのデータベースシステムにもある処理に加え、Dataverse 特有の「アペンドする」「アペンドする先」「割り当てる」「共有」の合計8種類の操作が存在し、それぞれにアクセスレベルを細かく設定できます。以下の表では、各操作がどういうものかについて説明します。

操作	説明
作成	新しいレコードを作成する操作です。例えば、顧客管理アプリで新規顧客の情報を入力するときに必要になります。
読み取り	既存のレコードを読み取り、表示するための操作です。ユーザーがデータを閲覧できるかどうかを制御します。
書き込み	既存のレコードを編集・更新する操作です。誤って不要な変更を許可しないように権限設計を慎重に行うことが重要です。
削除	レコードを削除する操作です。ビジネス上の重要データを消されないように、削除権限を付与する際は最小限に絞り込むことが推奨されます。
アペンドする	他のテーブルの行と関連付け（「アペンド」）を行う操作です。具体的には、「アペンドする」の権限を持つレコードに対して、自分が「アペンドする先」権限を持っているレコードを関連付けることが可能になります。
アペンドする先	レコードを「アペンドされる側」として扱える操作です。あるテーブル A が「アペンドする」権限を持ち、テーブル B が「アペンドする先」権限を持つ場合、B のレコードを A のレコードに関連付ける（A が受け入れる）ことができます。
割り当てる	レコードの所有者を変更する操作です。ユーザーまたはチームが所有するレコードを、別のユーザーやチームへ割り当てる際に使用します。
共有	単一の行へのアクセスを他のユーザーやチームと共有する操作です。OneDrive から1つのファイルを共有するのと同じようなイメージです。共有時には「読み取りだけ許可」「更新まで許可」など細かく制御することが可能で、チームや共同作業者の間での柔軟なコラボレーションを実現します。

セキュリティ ロールを設定する際には、この各テーブルに対して、「操作」とそれぞれの操作に対する「アクセスレベル」を設定することが可能となるのです。

テーブル ↑		名前	レコードの所…	アクセス許可…	作成	読み取り	書き込み	削除
Business Management (17)								
セキュリティ ロール	…	role	部署	カスタム	なし	部署	なし	な
チャネル プロパティ グループ	…	channelpropertygroup	組織	カスタム	なし	組織	なし	な
チーム	…	team	部署	参照	なし	組織	なし	な
ドキュメント テンプレート	…	documenttemplate	組織	参照	なし	組織	なし	な
ポジション	…	position	組織	参照	なし	組織	なし	な
メールボックス	…	mailbox	ユーザーまたはチ…	カスタム	なし	ユーザー	ユーザー	な
メールボックス自動追跡フォルダー		mailboxtrackingfolder	ユーザーまたはチ…	カスタム	ユーザー	ユーザー	ユーザー	ユ
ユーザー	…	systemuser	部署	カスタム	なし	組織	なし	な
ユーザー設定	…	usersettings	部署	カスタム	部署	組織	部署	部
ロールアップ クエリ	…	goalrollupquery	ユーザーまたはチ…	カスタム	なし	ユーザー	なし	な

標準で用意されているセキュリティ ロールには、System Administrator や System Customizer 、Basic User などがあり、主要な操作を行うための権限があらかじめまとまっています。System Administrator ロールは、Dataverse のすべてを管理する最高権限を持つため、その特定の環境管理者や、アプリやフローの大規模な管理を担う人に付与されることが多いです。また、必要に応じて独自のセキュリティ ロールを複製して調整すれば、各部署やチームに最適化された権限モデルを設計できます。例えば、読み取り専用のロールを作成してテーブルを参照だけできるユーザーを増やす一方、大きな変更や管理者権限は限られたロールにだけ与える、といった運用ルールを作成できます。

セキュリティ ロールの構成例

経費精算アプリを例に挙げると、まず Dataverse 上に「Expense Report」という申請書の親テーブルと、「Expense Report Details」という明細行の子テーブルを用意します。ユーザーは「Expense Report」を作成し、そこに複数の「Expense Report Details」を関連付けることで、交通費や宿泊費など複数の明細を一つの申請書にまとめる仕組みを構築できます。こうしたテーブル構造を設計した上で、関わる担当者ごとに適切なセキュリティ ロールを設計すると、データの閲覧や更新、承認といった操作を安全かつ効率的に行えます。

経費精算申請者セキュリティ ロールの構成例

例えば、このアプリには大きく分けて3つの役割（ペルソナ）が存在するとします。まず、申請者は実際に経費を立て替えて払い、精算を申請する立場です。彼らがアプリにログインすると「経費精算」を新規作成し、その中に「経費精算明細」で具体的な費目や金額を入力し、最終的には送信ボタンから承認フローを回します。このとき、申請者自身は自分が作成したレコードの読み取り・更新・削除ができ、他のユーザーのレコードは閲覧できないようにすることで、機密性を確保できます。

テーブル	経費精算	経費精算明細
作成	ユーザー	ユーザー
読み取り	ユーザー	ユーザー
書き込み	ユーザー	ユーザー
削除	なし	なし
アペンドする	ユーザー	ユーザー
アペンドする先	ユーザー	ユーザー
割り当てる	なし	なし
共有	なし	なし

経費精算承認者者セキュリティ ロールの構成例

次に、承認者は部下が作成した報告書を確認し、適切かどうかを判断して承認または却下します。彼らは自分の部下が所有する「経費精算」および「経費精算明細」を読み取り、そのステータスを更新できる必要があります。一方で、部下ではない他部署の申請書にはアクセスできない、あるいは読むだけで編集はできない、という制限をかけることが一般的です。組織やビジネス ユニット単位のセキュリティ モデルを利用すると、承認者が所属する部門内のレポートだけを編集できるようにし、他部門には閲覧権限を与えない、という運用が実現しやすくなります。

テーブル	経費精算	経費精算明細
作成	ユーザー	ユーザー
読み取り	部署配下	部署配下
書き込み	部署配下	部署配下
削除	なし	なし
アペンドする	ユーザー	ユーザー
アペンドする先	ユーザー	ユーザー
割り当てる	なし	なし
共有	なし	なし

経理担当者セキュリティ ロールの構成例

最後に、経理担当者は承認済みの経費精算書を受け取り、実際に支払処理を行います。経理チームには、組織全体の精算情報を横断的に参照する必要があるため、全員の「経費精算」を読み取れるように設定するケースが多いです。一方で、経理チームだけに更新権限を与えるかどうかは組織の方針に左右されます。例えば、支払確定日や振込ステータスなどの項目を更新する操作は経理チームだけが可能にしたい場合には、更新権限を「組織レベル」に設定し、他のユーザーにはその項目の編集権限を付与しないようにすることで、誤更新や不正を防ぐことができます。これにより、申請者や承認者は経費レポートのステータスを参照できるだけで、支払処理のレコード自体を変更できないようにセキュリティを確立できます。以下の例では経理担当者はどのユーザーの申請内容も編集できる構成です。

テーブル	経費精算	経費精算明細
作成	組織	組織
読み取り	組織	組織
書き込み	組織	組織
削除	なし	なし
アペンドする	組織	組織
アペンドする先	組織	組織

テーブル	経費精算	経費精算明細
割り当てる	組織	組織
共有	組織	組織

セキュリティ ロールのベストプラクティス

Dataverse のセキュリティ ロールをカスタマイズする際に、初心者が陥りやすい落とし穴の一つに「ゼロから自力で全部作ろうとしてしまう」というケースがあります。理想のロールをイチから定義して細かい権限まで付けたくなる気持ちはわかりますが、実際には想定外の権限を与えすぎてしまったり、逆に必要な権限を漏らしてしまったりといったミスを招きやすくなります。こうした失敗を避けるためには、まず標準で用意されているセキュリティ ロールである「Basic User」を複製し、利用用途に応じて変更を加えることをお勧めします。

「Basic User」のような最小構成のロールをベースにすると、まず最低限の読み取り権限や自身が所有するレコードの編集権限といったコア機能が包含されているため、「アプリにまったくアクセスできない」「必須テーブルを参照できない」といったトラブルが起こりにくくなります。一方で、高い権限を持つロールから出発してしまうと、思わぬところで管理者級の操作が許可される可能性があるため、運用上のリスクが高まる傾向があります。「Basic User」をベースとして作成すれば、ロールを見直す際に「どこをカスタマイズしたか」を特定しやすいのです。このように標準ロールを活用することで、開発段階はもちろん、テストや運用におけるトラブルシューティングや追加要件への対応もスムーズに行えます。

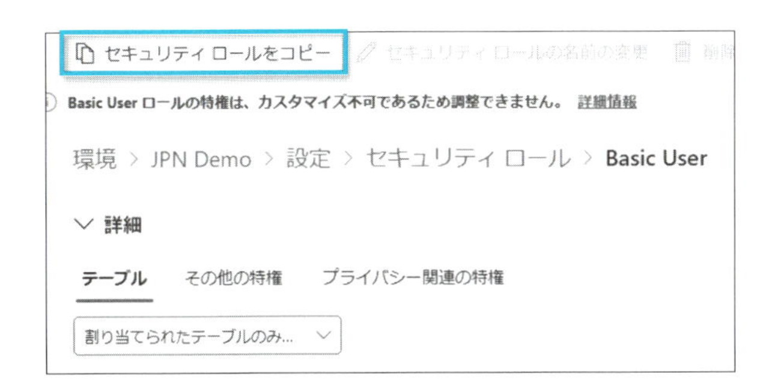

セキュリティ ロールの作成と編集

それでは実際にセキュリティ ロールの設定を行いたいと思います。Dataverseには様々な標準装備のテーブルが存在するため、この例では標準のテーブル「取引先企業」を閲覧、編集できる「営業マネージャー」のロールを作っていきます。

1. Power Platform 管理センターから、管理＞環境へアクセスし、設定したい環境を選びます。
2. 特定の環境を開いたら、「設定」をクリックします。

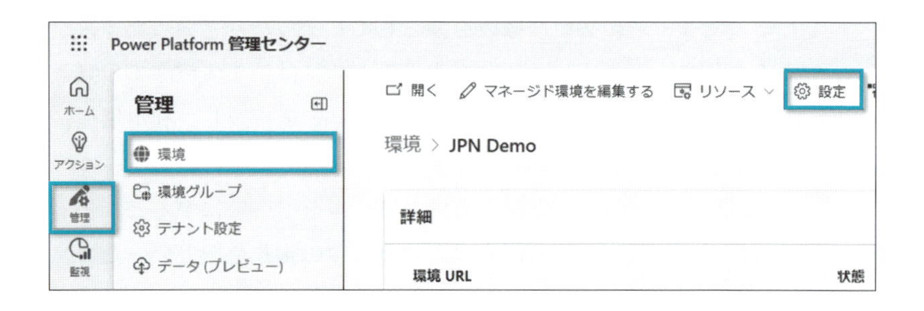

3. 「ユーザーとアクセス許可」の中にある、「セキュリティ ロール」をクリックします。
4. 画面右上の検索バーから「Basic」を検索し、検索結果に出てくる「Basic User」をクリックします。

5.「セキュリティ ロールをコピー」をクリックするとポップアップで「ロールのコピー」の画面が表示されます。
6.「名前」の項目に「営業マネージャー」と入力し、「コピー」をクリックします。これで、Basic User ロールを元に新たなセキュリティ ロールが作成されます。

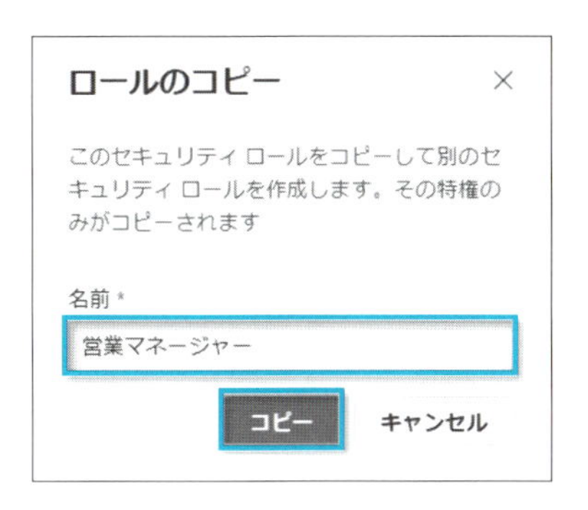

7. セキュリティ ロールの一覧に戻り、いま新しく作成した「営業マネージャー」のロールを開きます。
8. 画面右上の検索バーから「取引先企業」を検索します。
9. 読み取りを「ユーザー」から、「組織」へ変更し、作成・書き込み・削除・アペンドする・アペンドする先・割り当てるの権限をすべて「部署配下」に変更します。正しく設定していれば、以下のような設定になります。

10.「保存＋閉じる」を押して、設定完了です。

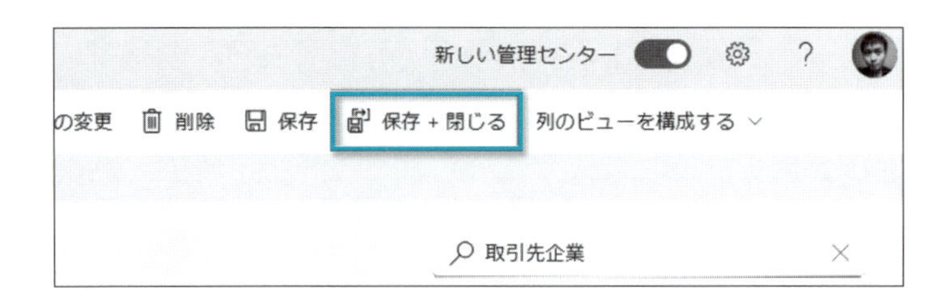

セキュリティ ロールのユーザーへの割り当て

Dataverse では、ユーザーには複数のセキュリティ ロールを同時に割り当てることができます。割り当てられたロールの権限は足し合わせ（加算）で判断されるため、例えば「アプリ閲覧者としてのロール」と「参照テーブルの作成・更新を行えるロール」を両方付与すると、ユーザーはその2つのロールそれぞれに設定された権限をすべて行使できるようになります。特定の操作だけ別のロールで補うといった組み合わせができるので、細かい権限設計を行いたいケースでは非常に便利です。ただし、過度に多くのロールを付与しすぎると合計権限が意図しないほど広がってしまうこともあるので、最小権限の原則を意識して設計する必要があります。

■ 設定手順

1. Power Platform 管理センターから、管理＞環境へアクセスし、設定したい環境を選びます。
2. 特定の環境を開いたら、「設定」をクリックします。

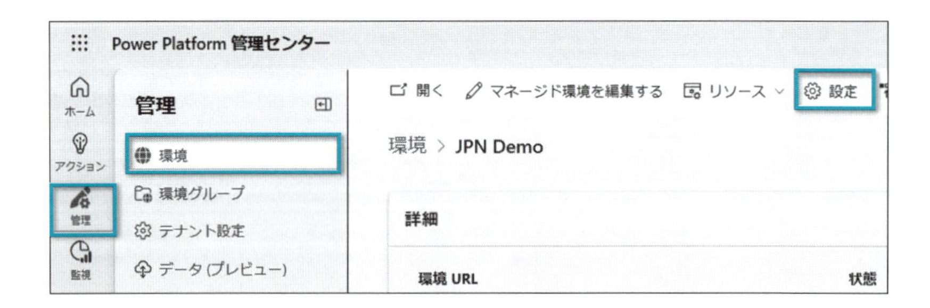

3.「ユーザーとアクセス許可」の中にある、「ユーザー」をクリックします。
4. ロールを割り当てたいユーザーにチェックを入れ、「セキュリティ ロールの管理」をクリックします。

5. 割り当てたいロールにチェックを入れ(複数入れられます)、「保存」をクリックします。確認画面が表示されるので、再度「保存」をクリックします。

■ セキュリティ ロールのチームへの割り当て方法

1. Power Platform 管理センターから、管理>環境へアクセスし、設定したい環境を選びます。
2. 特定の環境を開いたら、「設定」をクリックします。

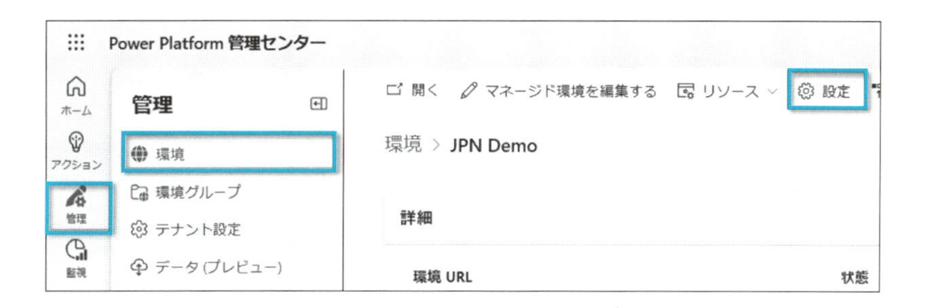

3.「ユーザーとアクセス許可」の中にある、「チーム」をクリックします。
4. ロールを割り当てたいチームにチェックを入れ、「セキュリティ ロールの管理」をクリックします。

5. セキュリティ ロールを選択し、「保存」を押します。
   ※アクセスチームに関しては、直接セキュリティ ロールを設定することはできません。

システム管理者（System Administrator）権限について

Dataverse の中でも、システム管理者ロールは特に強力な権限を持ち、環境内のすべての操作が可能になります。例えば、テーブル（エンティティ）や列の作成・編集・削除、ユーザー管理、セキュリティ設定の変更、ソリューションのインポートやエクスポートなど、データ構造からアプリケーション ライフサイクル管理に至るまで、あらゆる機能にフル アクセスできるため、システム全体をコントロールする最高位の存在といえます。こうした面からもわかるように、System Administrator ロールは便利な反面、誤操作やセキュリティ上のリスクを含めて大きなインパクトを及ぼす可能性があるため、誰に付与するかは慎重に判断する必要があります。現在はその性質からグローバル管理者、Power Platform 管理者等がアサインされていても、Dataverse 上ではシステム管理者権限は自動的には付与されていません。その代わりに、「自己昇格」を行います。自己昇格とは、必要に応じてユーザー自身が強い管理者権限を自分に付与できる仕組みのことで、グローバル管理者・Power Platform 管理者・Dynamics 365 管理者がセルフサービスで行えます。

自己昇格する方法

1. Power Platform 管理センターから管理＞環境＞昇格させたい環境を選択します。
2. 画面右上の「…」のボタンを選択し、「メンバーシップ」をクリックします。

3.「自分を追加する」をクリックします。

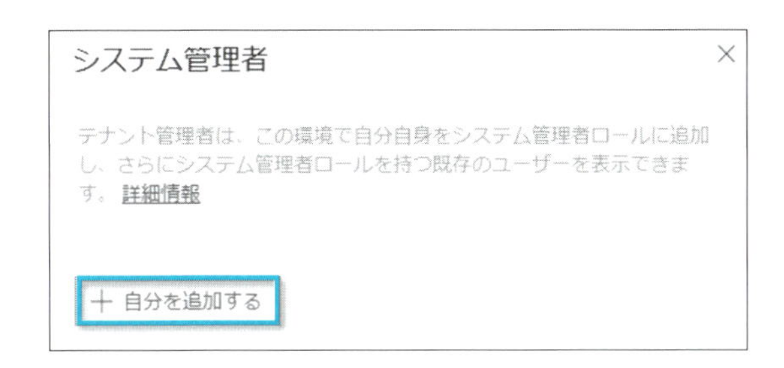

※2025年2月執筆時点、この後触れるMicrosoft Entra PIM を利用している場合に、セキュリティグループをベースとしたロール割り当てが行われている場合には、上記の自己昇格が利用できない制約があります。現時点で利用したい場合は、ユーザー単位での指定が必要です[2]。

2：サービス管理者のロールを使用してテナントを管理する
- https://learn.microsoft.com/ja-jp/power-platform/admin/use-service-admin-role-manage-tenant#assign-a-service-admin-role-to-a-user

4-5 Microsoft Entra と組み合わせた強固なセキュリティ

Microsoft Entra ID の条件付きアクセスとの組み合わせ

Microsoft Entra の条件付きアクセスポリシーは、ユーザーがアプリケーションやサービスにアクセスする際、特定の条件下で追加の認証やアクセス制限を課すことでセキュリティを高める仕組みです。一般には、ユーザーの端末が社内ネットワークに接続しているかどうか、MFA（多要素認証）の利用有無、利用している端末が準拠済みかなどの条件を満たさなければアクセスさせないといった使い方が知られています。Power Platform でこの 条件付きアクセスポリシー を活用することで、特に組織として一元管理したい環境へのアクセス制限を柔軟に行い、同時に不必要なリスクを低減することが可能になります。

Power Platform の利用シナリオでは、アプリやフロー、エージェントにアクセスするユーザーが組織の外部ネットワークから接続する場合もあれば、パーソナルデバイスから業務アプリケーションにアクセスするケースもあるかもしれません。こうした状況で 条件付きアクセスポリシー を適切に設定すると、例えば「社内ネットワークかつ準拠済み端末からのみアプリにアクセスを許可する」「MFA による追加認証が完了していなければデータ接続を利用させない」といった制御を行うことができます。このように組み合わせてポリシーを設定しておくことで、万が一のアカウント乗っ取りやデバイス紛失などのリスクを軽減し、Power Platform 上で扱う重要なデータの不正アクセスを防ぐことが可能になります。

条件付きアクセスポリシー を使う際には、あらかじめ想定される利用シナリオを整理しておくことが重要です。Power Platform を導入すると、ユーザーによるアプリ作成や共有が活発化し、アクセス経路が増える可能性があります。そこで一律に厳格なポリシーを適用しすぎると利用者の利便性が損なわれ、生産性の低下につながる懸念もあるため、利用パターンを分析しながら無理のない範囲で段階的に 条件付きアクセスポリシー を導入していくことがベストプラクティスとなります。

条件付きアクセスの設定方法

これから設定するシナリオは、人事部門のユーザーを対象に、信頼できるIP以外からアクセスし、Power Apps 、Power Automate を利用しようとした場合はブロックする設定を行います。

前提条件

- Microsoft Entra ID P1 、Microsoft Entra ID P2 、Microsoft 365 Business Premium 、Microsoft 365 E3 またはMicrosoft 365 E5 ライセンスの保有
- グローバル管理者権限

1. Azure Portal（https://portal.azure.com）からMicrosoft Entra ID の設定に入ります。
2. 管理＞プロパティを選択し、「セキュリティの既定値の管理」をクリックします。
   ※セキュリティの既定値を無効にする手順です。既に条件付きアクセスポリシーを利用しており、無効にしている場合は、手順5に進みます。
3. セキュリティの既定値群を「無効」にし、無効にする理由には、「組織では、条件付きアクセスの使用を計画しています」を選択します。
   ※条件付きアクセスポリシーを利用するには、セキュリティの既定値を並行利用することができないため、無効化する必要があります。

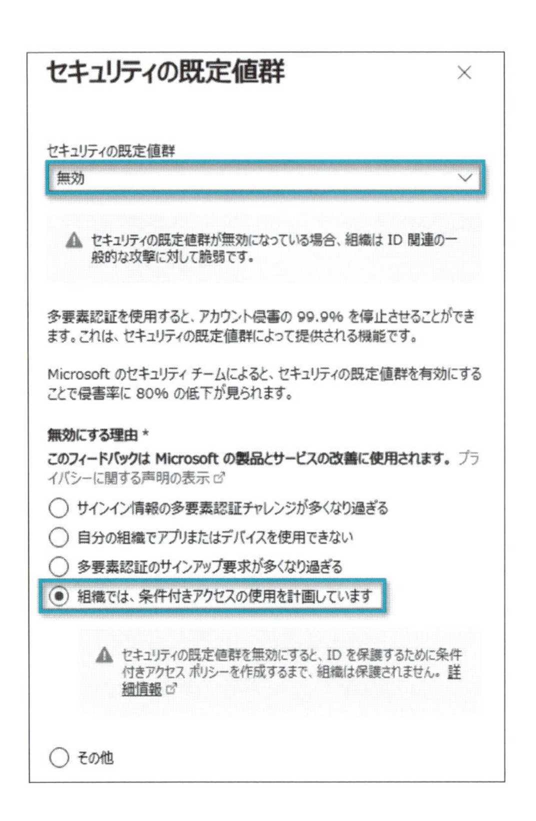

4. 再度確認が求められるので、「無効化」をクリックします。

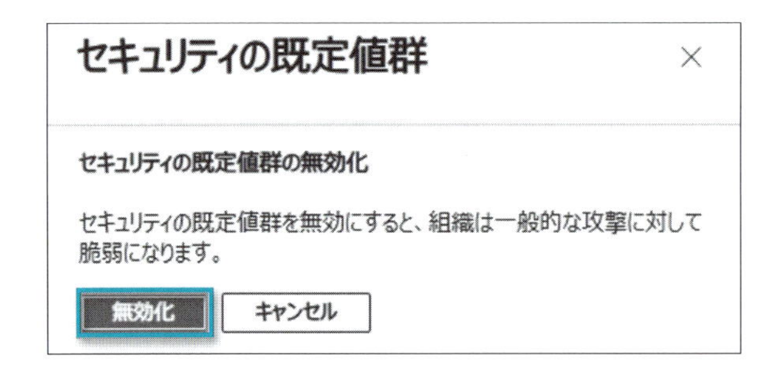

5. 条件付きアクセスポリシーの設定画面に移動します（セキュリティの既定値の無効化を設定した場合、自動的に移動します）。「新しいポリシーの作成」をクリックします。

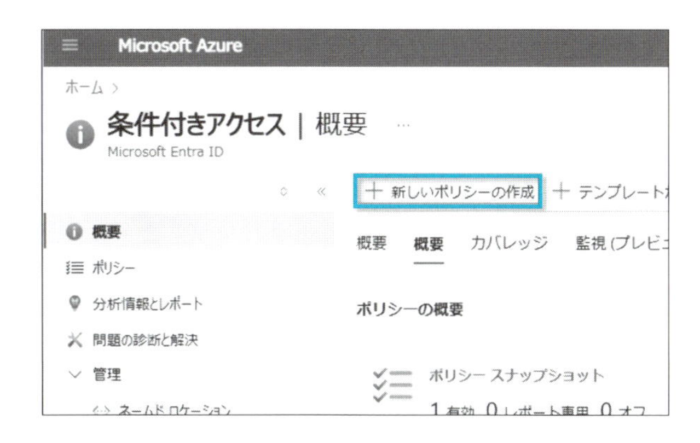

6. ポリシーの名前を入力します。
7. ユーザーの「0個のユーザーとグループが選択されました」をクリックし、対象を「ユーザーとグループの選択」を選択し、「ユーザーとグループ」にチェック入れます。この例では「人事部_ALL」セキュリティグループを選択しています。

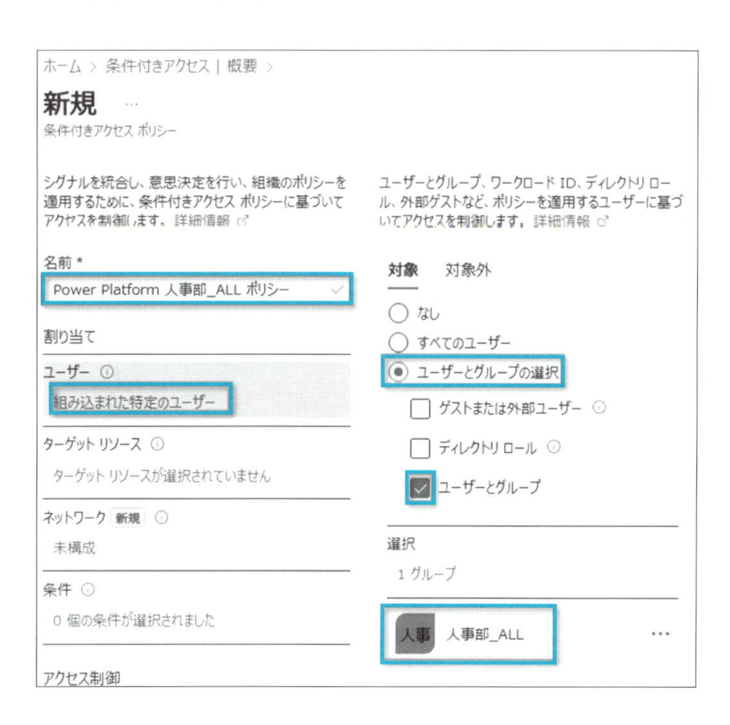

8. 次に、対象となるリソース(つまり利用するサービス)を選択します。「ターゲットリソースが選択されていません」をクリックし、「このポリシーが適用される対象を選択する」の項目は「リソース(以前のクラウドアプリ)」を選びます。
9. 「リソースの選択」を選択し、「選択」の項目をクリックしたら、以下3つを選択します。
   a. Dataverse
   b. Microsoft Flow Service
   c. PowerApps Service

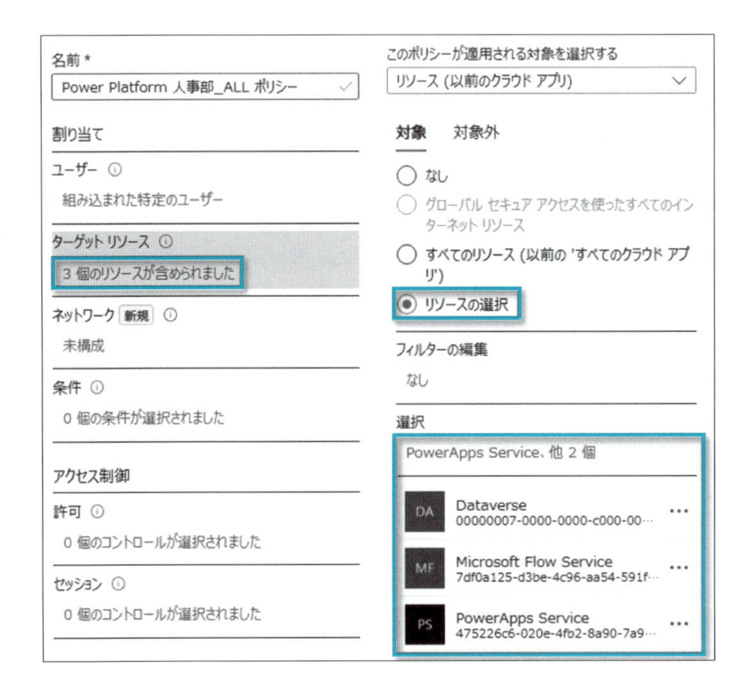

10. 次に「ネットワーク」にある「未構成」をクリックし、構成を「はい」に切り替えます。「対象外」から「選択したネットワークと場所」を選び、信頼するネットワークを選択します。
   ※設定していない場合、事前に条件付きアクセス＞管理＞ネームドロケーションからIPアドレスの範囲を追加しておきましょう。

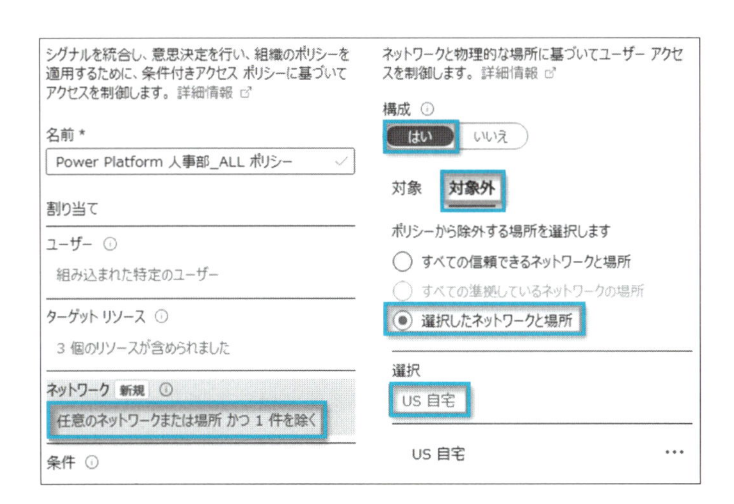

11. 許可の「0個のコントロールが選択されました」をクリックし、「アクセスのブロック」を選択します。

12. ポリシーの状態を「オン」にし、「作成」をクリックすれば完了です。

Microsoft Entra PIM との組み合わせによる特権管理

Microsoft Entra Privileged Identity Management（以下、PIM）は、Microsoft Entra ID（旧Azure AD）上で特権を持つロールを安全に管理し、最小限のリスクで運用できるようにする仕組みです。通常、グローバル管理者やセキュリティ管理者のような特権的なロールを恒久的に付与してしまうと、誤操作や不正アクセスなど、組織全体のセキュリティリスクが高まる可能性があります。PIM を使うと、特定の権限は「必要なときだけ」「必要な間だけ」一時的に付与できるため、過剰な権限の付与を抑制し、組織のセキュリティを大幅に強化できます。

Power Platform においても、この PIM の考え方は非常に有効です。Power Platform のガバナンスを考える際、テナント管理者や環境管理者など、幅広い特権ロールをどう扱うかが大きな課題となります。とりわけ環境の作成や削除、DLPポリシーの設定変更など、運用上の重大な管理作業を行うロールは、通常のユーザーより強い権限を持つため、適切にコントロールしなければなりません。例えば、Power Platform の管理者に恒久的な権限を付与すると、管理者本人が悪意を持っていなくても、アカウントが乗っ取られた場合のリスクが高まります。

PIM を導入して、Power Platform 管理に関わる特権ロール(Power Platform 管理者ロールやDynamics 365 管理者ロールなど)をあらかじめ「有効なロール」ではなく「適格なロール」として設定しておくことで、管理業務が必要になったタイミングでだけ権限をアクティブ化できます。これにより、通常時は権限が付与されていない状態になるため、万一アカウントが不正にアクセスされた場合でも権限の濫用を防ぎやすくなります。加えて、ロールをアクティブ化するときに追加の承認フローや多要素認証(MFA)を必須とするなど、条件を細かく設定することも可能です。こうした仕組みにより、特権ロールを使用する前に管理者側で承認を行ったり、本人確認を強化したりできるため、Power Platform 環境の安全性をさらに高められます。

また、PIM で特権ロールを管理することは、運用チームの作業負荷を一時的に増やすように見えますが、実際にはセキュリティ事故が起こった際の対応や影響を大幅に削減し、長期的なコストやリスクを抑える効果があります。さらに、PIM はロールのアクティブ化や承認履歴などを記録する機能も持っているため、監査ログの観点でも有用です。誰がいつ特権ロールを有効化し、どのような操作を行ったのかを追跡できるので、ガバナンス強化という意味では欠かせない仕組みといえます。

Microsoft Entra PIM の設定方法

ここでは、Power Platform Admins というセキュリティグループに属しているユーザーに対して、Power Platform 管理者ロールをPIMで設定し、管理業務が発生した場合に、都度申請承認のプロセスを経るように設定します。

前提条件

- Microsoft Entra ID P2 またはMicrosoft 365 E5 ライセンスの保有
- 設定するユーザーに特権ロール管理者またはグローバル管理者が割り当てられている
- 事前にPower Platform 管理者用のセキュリティグループを用意する（以下の手順では Power Platform Admins というセキュリティグループを利用）

設定手順

1. Entra 管理センター（https://entra.microsoft.com）を開き、Identity Governance＞Privileged Identity Management をクリックします。
2. 「Microsoft Entra ロール」をクリックし、管理＞ロールから、Power Platform 管理者を選択します。

3.「割り当ての追加」をクリックし、「メンバーの選択」から任意のセキュリティグループを選択します。
(特定のユーザーでも可能ですが、運用面からセキュリティグループを指定することをお勧めします)

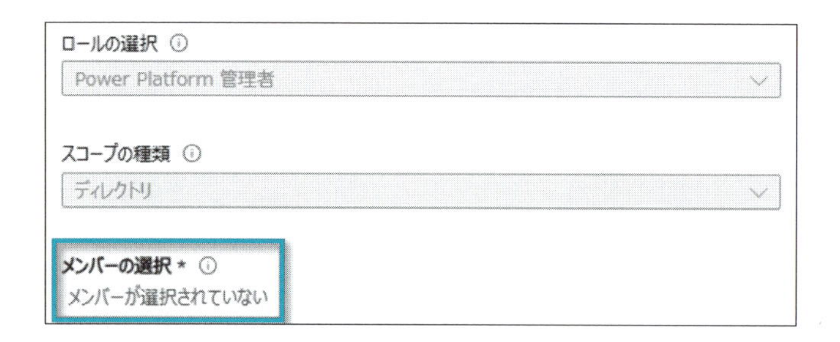

4.「割り当ての種類」を「対象」にします。有効となる期間を指定するか、無期限にする場合は「永久的に有資格」にチェックを入れます。
※アクティブにしてしまうと、指定したグループに対して承認プロセスなくPower Platform 管理者ロールが割り当てられてしまいます。

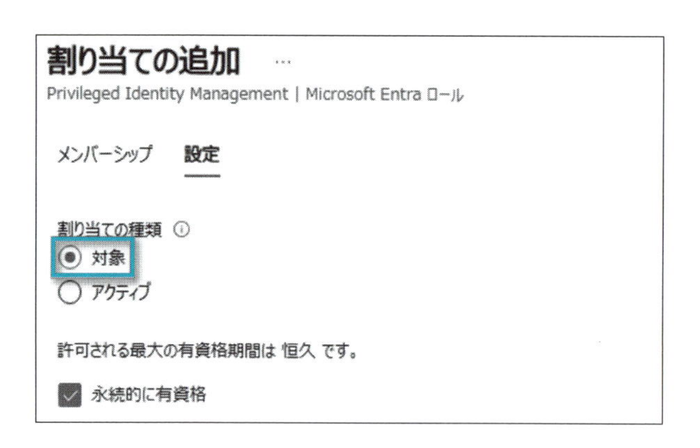

5. 正しく設定している場合は、以下のような構成になっています。次に「設定」をクリックします。

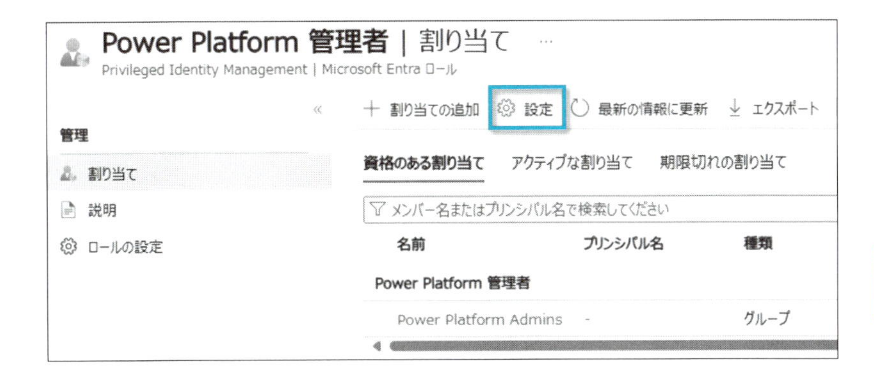

6.「編集」をクリックし、多要素認証を追加する場合には「アクティブ化で必要」項目を「Azure MFA」にします。
7.「アクティブにするには承認が必要です」にチェックを入れます。グローバル管理者もしくは特権ロール管理者以外の人を承認者としたい場合は、「承認者」の項目にユーザーまたはグループを指定します。

以上で設定は完了です。

Power Platform 管理者ロールをリクエストする

設定を終えたところで、今度は実際にPower Platform 管理者ロールが必要となったときに、どのようにリクエストすればよいかを説明します。

1. Entra 管理センターから、管理＞Identity Governance＞Privileged Identity Managementにアクセスし、「自分のロール」をクリックします。

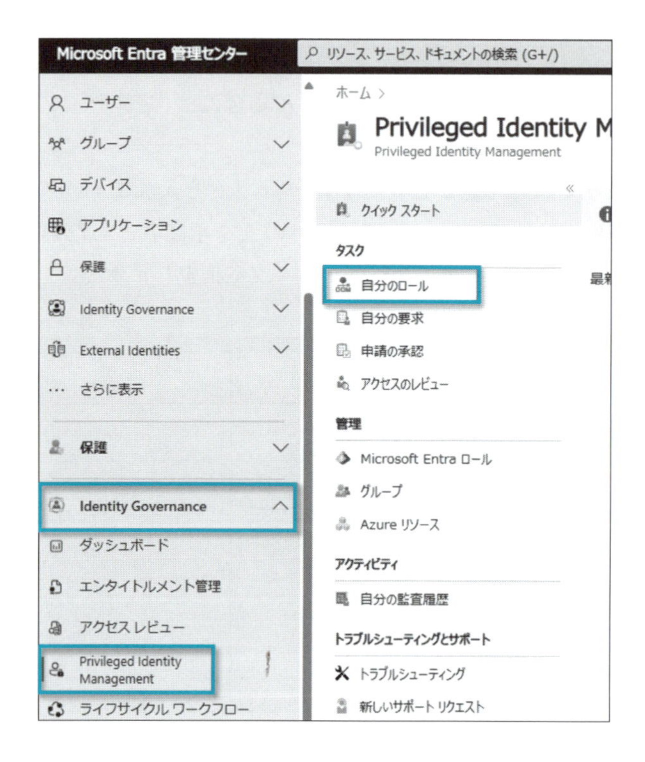

2. Power Platform 管理者の行にある「アクティブ化」をクリックします。

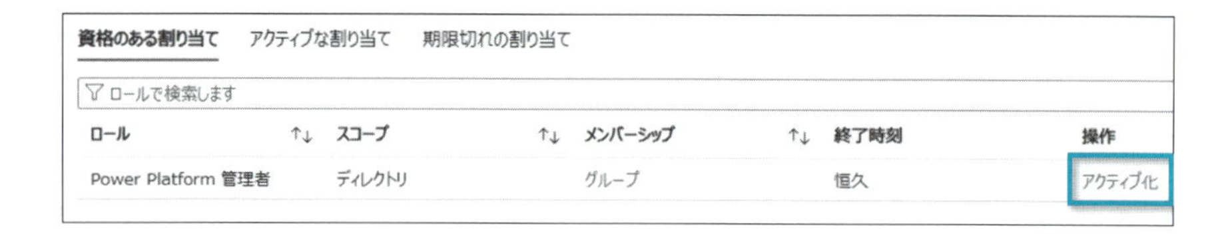

ロール	スコープ	メンバーシップ	終了時刻	操作
Power Platform 管理者	ディレクトリ	グループ	恒久	アクティブ化

3. 必要とする時間、ロールを必要とする理由を入力し、「アクティブ化」をクリックします。

4. 承認者が承認するまで(この例の場合、グローバル管理者または特権管理者)、リクエストは保留となります。

5. 承認者には、以下のようなメールが届きます。「要求の承認または拒否」をクリックします。

6. 申請の承認画面が開きます。承認要求にチェックを入れ、「承認」をクリックします。

7. コメント・承認理由を入力し、「確認」をクリックします。承認者側としてのタスクはこれで以上です。
8. 申請者に対して承認された通知がメールで届きます。

さんからの Directory での Power Platform Administrator ロールのアクティブ化要求が承認されました

設定	値
レビュー担当者:	Taiki

Privileged Identity Management は、Azure リソースへの永続的なアクセスを削減し、必要なときにジャスト イン タイムのアクセス許可か、または期限付きのアクセス許可を提供することで、偶発的または悪意のあるアクティビティから組織を保護します。

9. PIMの画面から、「アクティブな割り当て」に表示されていることが確認できます。

4-6 自社のファイアウォールの設定

企業や組織で Power Platform を導入する際に見落としがちなのが、自社内のファイアウォール越しでの通信の許可設定です。特にゼロトラストの考え方を取り入れたネットワークでは、不要な通信をブロックする方針が徹底されるため、Power Platform が使用する IP アドレスやドメインを正しく許可リストに登録しておくことが重要になります。ファイアウォールが外部への通信を厳しく制限している場合、管理者ポータルへのアクセスや、アプリ・フローでのクラウド連携が想定通りに動作しないケースがあるからです。

まず、マイクロソフトが公開している Power Platform のエンドポイント情報を参照し、必要な通信先や IP 範囲を確認する必要があります。これには Power Apps や Power Automate 、Dataverse 等が利用するサービスのエンドポイントなどが含まれ、利用する地域によって必要な IP 範囲が少しずつ異なる点に注意が必要です。

Power Platform 系のIPアドレス範囲を取得する

Power Platform のインフラとして利用されるAzure のIPアドレス範囲を取得するには、従来は手間がかかりましたが、Azure CLI を用いることで取得が簡単になりました。

前提条件

- Azure CLI がセットアップ済み

取得方法

以下では、JSON結果をファイルに保存するスクリプトとして提供しています。各リージョンのタグはこちらをご利用ください。Power Platform は通常2つのデータセンターのペアリングで構成されているため、日本リージョンの場合は、西日本リージョンと東日本リージョンの両方をホワイトリストしておく必要があります。

- 西日本リージョンのタグ：PowerPlatformInfra.JapanWest
- 東日本リージョンのタグ：PowerPlatformInfra.JapanEast
- 全世界のリージョンのタグ：PowerPlatformInfra

```
# Azure CLI がインストールされていて、ログインしていることを確認する
az login

# サービスタグを取得する
$serviceTags = az network list-service-tags --location eastus2
--output json | ConvertFrom-Json

# PowerPlatformInfra サービスタグを取得するためにフィルタリングする
$powerPlatformInfraTag = $serviceTags.values | Where-Object {
$_.name -eq "ここにタグを入力する" }

# PowerPlatformInfra サービスタグの詳細を JSON に変換する
$powerPlatformInfraJson = $powerPlatformInfraTag | ConvertTo-Json
-Depth 10

# ファイルパスを定義する
$documentsPath = [Environment]::GetFolderPath('MyDocuments')
$filePath = Join-Path -Path $documentsPath -ChildPath
"PowerPlatformInfra.json"

# ファイルにエクスポートする
$powerPlatformInfraJson | Out-File -FilePath $filePath -Encoding
utf8
Write-Output "PowerPlatformInfra サービスタグが以下のパスに出力されました
$filePath"
```

正しく実行されていれば、JSONファイルが出力され、ローカルパソコンのドキュメントフォルダに保存されます。また、以下のようにIPアドレ

スが確認できます。

D: > Private > Documents > {} PowerPlatformInfra.json > {} properties > [ ] addressPrefixes

```
{
  "id": "PowerPlatformInfra.JapanEast",
  "name": "PowerPlatformInfra.JapanEast",
  "properties": {
    "addressPrefixes": [
      "20.18.7.104/29",
      "20.18.7.112/28",
      "20.43.70.206/31",
      "20.43.70.208/28",
      "20.43.70.232/29",
      "20.43.70.240/28",
      "20.43.71.128/25",
      "20.44.130.57/32",
      "20.44.130.222/32",
```

第 5 章

テナントの活動状況を監視する

» **5-1** CoE スターターキット

» **5-2** 資産の一元管理と所有者把握

» **5-3** ライセンスとキャパシティの管理と監視

» **5-4** ログの取り扱いと監査体制

Power Platformを全社規模で展開する際には、アプリケーションやフロー、エージェントの開発環境を用意するだけでなく、それらの利用状況をしっかりと把握し、健全なガバナンスを維持するための「監視体制」を確立することが欠かせません。ライセンスの有効活用やストレージなどのリソース管理を怠ると、思わぬコストの増大やセキュリティリスクにつながる可能性があるからです。また、ユーザーのアプリ使用状況やフロー（クラウドフロー）の稼働状態を適切にモニタリングすることで、不正利用の兆候を早期に発見したり、パフォーマンス上の問題を未然に防いだりすることもできます。

そこで重要となるのが、Power Platform管理センターやCoEスターターキット、Microsoft Purview 、Microsoft 365 のSecurity & Compliance Centerをはじめとしたマイクロソフトの各種ツールの活用です。ライセンス割り当てや環境ごとのキャパシティを管理しながら、実際のアクティビティを可視化して運用状況を把握し、必要に応じてアラートやインシデント管理の仕組みと連携させることで、運用チームの工数を最小化しながら高水準のセキュリティとコンプライアンスを実現できます。

例えば、ある部門のユーザーがPower Platformを使ってデータ収集用のアプリを独自に作成し、組織内で共有したとします。開発者自身は善意で便利なソリューションを作ったつもりでも、ライセンスの要件やデータの保管場所について十分な理解がないまま動かしていた場合、外部へのデータ流出リスクや追加ストレージ費用の発生など、後になって重大な問題が発覚することがあります。こうした状況に早期に気付き対応するためには、テナント全体のライセンス利用やアプリのアクティビティを一括して「見える化」し、問題があればすぐに対処できるよう監視体制を整えておくことが不可欠です。まさに本章で解説する「テナントの活動状況を監視する」仕組みが、そうしたリスクを未然に防ぎ、組織全体のガバナンスと運用コストの最適化を両立させるための基盤となるのです。本章では、こうした多角的な監視の視点を押さえつつ、最適な運用体制を構築するためのポイントを詳しく解説します。

5-1 CoE スターターキット

CoE スターターキット（Center of Excellence スターターキット）は、マイクロソフトが公式に提供している一連のテンプレートやPower Appsアプリ、Power Automate のフロー、Power BI レポートなどを組み合わせたソリューションで、組織全体における Power Platform の管理と普及を体系的に支援する目的で作られています。CoE は「センター・オブ・エクセレンス（Center of Excellence）」の略称で、組織内での標準化やベストプラクティスの共有、さらにはガバナンス運用の成熟度を高めるための仕組みを整える役割を担います。新たに Power Platform のガバナンスを検討する際、何から始めればよいか分からないケースは少なくありませんが、CoE スターターキットを導入することで、運用管理に必要な情報を自動的に収集・可視化しながら、組織が取り入れるべきポリシーや手順を具体化しやすくなります。

このソリューションは、例えば各環境に存在するアプリやフローの数、所有者、利用頻度の高いコネクタの状況、またライセンスの使用状況などを一元的に把握できるアプリケーションを提供します。可視化された情報をもとに、環境管理者やガバナンス委員会がガバナンス・セキュリティポリシーの整備や利用状況の監視をスムーズに行えるようになるため、組織として最初に採用すべきツールセットの一つといえます。また、テンプレートとして準備されたフローやアプリを導入後にカスタマイズすることで、それぞれの組織の方針や運用体制に合わせた拡張が可能です。例えば、新しいアプリやフロー作成後のプロセスとして特定の承認フローを追加したり、新しいダッシュボードを組み込んだりすることで、独自の要件に合わせて柔軟に機能を拡充することもできます。

さらに、マイクロソフトが提唱するガバナンスのベストプラクティスが反映される点も大きな魅力です。自社でゼロからツールを開発するのではなく、既に何千社もの企業で実績のある仕組みを活用して環境構築をスタートできるため、ガバナンス運用の立ち上げスピードを大幅に加速できます。加えて、組織内で Power Platform の利用が増加していく過程で、アプリや エージェントなどの品質維持や不要リソースの整理、利用状況の分析など、定期的なメンテナンスが欠かせなくなりますが、CoE スターターキットがもたらすダッシュボード機能やレポートによって、これらの作業を一元的に実施しやすくなります。

注意事項：

CoE スターターキットはマイクロソフトによって開発されているものですが、通常の製品サポートとは違い、オープンソースのテンプレートであることから、マイクロソフトの製品サポートチームへサポートリクエストを起票することはできません。何か問題があった場合には、GitHub (https://github.com/microsoft/coe-starter-kit/issues) へ起票してください。

CoE スターターキットの構成

CoE スターターキットは、今までにPower Platformを導入してきた数々の組織のベストプラクティスを基に共通のニーズを特定し、あらゆる組織で利用できるテンプレートとして複数のコンポーネントによって構成されており、主に以下のコンポーネントが含まれています。

コンポーネント	用途
資産管理(Inventory)	組織内のアプリやフロー、環境、ライセンスなどのリソースを一元的に収集・可視化し、利用状況を把握するための仕組みです。重複開発の防止やライフサイクル管理を容易にします。
ガバナンス(Governance)	DLP ポリシーの適用やアクセス管理、承認フローなどを通じて、組織全体で統制を保ちながら Power Platform を安全かつ効率的に運用するためのフレームワークを提供します。

コンポーネント	用途
育成 (Nurture)	アプリ作成者やユーザーコミュニティの教育、ベストプラクティスの共有を支援し、学習リソースやトレーニングプログラムなどを通じて、プラットフォーム活用を促進します。
イノベーションバックログ (Innovation Backlog)	新規アイデアや拡張要望を蓄積するためのリストやプランニングツールを提供し、優先度付けや開発計画を策定しながら継続的な機能改善やイノベーションを推進します。
管理・運用計画 (Administration planning)	管理タスクの標準化と効率化を図り、将来的な運用課題の事前対策にも役立ちます。
テーマ管理 (Theming)	アプリやダッシュボードの外観・デザインを統一するためのテーマ設定機能を提供し、ブランドイメージの確立やユーザーエクスペリエンスの改善に寄与します。
投資対効果測定 (Business Value Toolkit)	Power Platform 導入のビジネス的な成果を定量的に評価するため、ROI (投資対効果) やコスト削減、業務効率化などの指標を可視化するツールセットを提供し、経営層への報告や意思決定に活用できます。

CoE スターターキットの前提条件

このキットを利用するに当たり、主に5つの前提条件があります。

1 管理者用のライセンス (必須)

CoE スターターキットは、データを格納・管理するために Dataverse を利用します。そのため、Dataverse を利用できるライセンス(例：Power Apps Premium プラン、Power Automate Premium プラン)が最低限、Power Platform の管理者の人数分必要です。

2 専用のPower Platform 環境 (推奨)

CoE スターターキットはPower Apps アプリ、Power Automate のフローなどを組み合わせたソリューションであるため、それらをインストールするための環境が必要となります。既存の環境でもインストールできますが、実行のためのフローやアプリがたくさん混在するため、どこに何があるかが把握しにくくなります。また、ユーザーに見せたくない場合や、管理者のみにアクセスを限定したい場合には、キット専用の環境を用意することで、その環境にセキュリティグループをアサインするだけで管理面でもアクセスの制御が容易になります。

3 サービスアカウント（推奨）

定期的に実行されるフロー（例：アプリやフローのインベントリ収集）を誰のアカウント（またはサービスアカウント）で所有するかを決める必要があります。フローの所有者に紐づいているライセンスが、そのフローが利用するコネクタの制限を決定するためです。大規模な組織では、サービスアカウントを作成し、このアカウントにPower Automate PremiumとMicrosoft 365 ライセンスを付与して、すべてのフローを統括管理するアプローチがよく採用されます。このサービスアカウントには、キット専用のPower Platform 環境へのシステム管理者権限と、Purview監査ログへの参照権限が必要です。

また、一部キットのフローにはMicrosoft Teamsチャットの自動送信や、承認依頼の送信ステップが含まれているため、その際にもこのアカウントが利用されます。

4 組織用のPower Apps Premium ライセンス（任意）

CoE スターターキットには、Power Apps で作成された管理用のアプリケーションが含まれています。ガバナンスのワークフロー用のアプリなどを搭載しており、そのアプリを利用する場合はユーザー自身も Power Apps の Premium ライセンスを保持している必要がある点に留意してください。もし管理者だけが CoE スターターキットアプリを操作して、一般ユーザーにアプリを公開しないのであれば、主に管理者アカウントがPremium ライセンスを持っていれば運用可能です。

5 ダッシュボード用のPower BI Pro・Premium のライセンス（任意）

CoE スターターキットに含まれるPower BI ダッシュボードをユーザーに公開する場合には、公開先の人数分のPower BI Pro のライセンスも必要となり、データエクスポートにはPower BI Premium がサービスアカウントに必要となります。

CoE スターターキットとPower Platform 管理センターの違い

Power Platform 管理センターは公式の基本管理コンソールとしてシンプルな操作でテナント全体を管理できます。一方、CoE スターターキットは追加のカスタマイズやライセンスが必要になる分、アプリ・フロー・エージェントの資産管理やライフサイクル監視など、より高度なガバナンスを支援する仕組みが整っています。これらは運用方針や組織の規模によって役割が異なるため、両者の利点と懸念点を比較できるよう、下記の表にまとめました。

項目		Power Platform 管理センター	CoE スターターキット
資産管理	メリット	・すべての環境やアプリ、フローなどを マイクロソフト公式の管理画面から一元的に確認できるため、標準的な可視化がすぐに利用可能。 ・ライセンスや容量の使用状況も把握しやすく、コスト管理につなげやすい。	・CoE スターターキットに含まれる各種 Power Apps と Power Automate によって、アプリやフローの所有者・所属部署・利用状況などを細かく把握しやすい。 ・自動的に定期スキャンを行い、組織全体のリソースを可視化する仕組みが整備されている。
	デメリット	・複数テナント、複数環境がある大規模な組織の場合、一覧表示やフィルタリングだけでは複雑度を十分にカバーできないことがある。 ・標準機能以外の詳細なリソース情報を一括で取得・集計する機能が限られている。	・多数のコンポーネントが含まれるため、初期導入時にセットアップやカスタマイズの工数がかかる。 ・定期スキャンによるリソース情報取得が増えてくると、パフォーマンスやライセンスのコストに影響する可能性がある。
ガバナンス	メリット	・マイクロソフトが提供する推奨設定やポリシーを直接適用しやすく、DLP ポリシー設定や環境作成時の制限などをすぐに反映できる。 ・Entra ID と連携した基本的なセキュリティ管理が行いやすい。	・標準テンプレートにガバナンスのベストプラクティスが盛り込まれているため、組織独自のポリシーを定義しやすい。 ・部門やチームごとの申請・承認プロセスなど、より細かいガバナンスフローを CoE のアプリで実装可能。

項目		Power Platform 管理センター	CoE スターターキット
	デメリット	・複雑なガバナンス構造（例えば部門ごとの運用ルールや承認フローなど）を展開しようとすると、Power Platform 管理センターだけでは設定が不足する場合がある。 ・運用ルールの策定・周知は組織独自の仕組みを別途設ける必要がある。	・テンプレートの設定項目やアプリが多岐にわたり、運用担当者にある程度の Power Platform 知識が求められる。 ・組織の要件に合わせてフローやアプリを大幅にカスタマイズする場合、アップデートの追随が手間になることがある。
監視・ログ	メリット	・監査ログやアクティビティログを Power Platform 管理センター から集中的に取得でき、Microsoft 365 管理センターとの連携もスムーズ。 ・公式の監視機能を使うことで変更や操作を追いやすい。	・既にレポーティング用のダッシュボードやアプリが用意されており、重要指標を可視化しやすい。 ・アラートや通知をトリガーする仕組みも柔軟に拡張できるため、統合的なモニタリングが可能。
	デメリット	・ログの可視化は基本的なアクティビティが中心で、詳細な分析やレポート作成には別途 Power BI や PowerShell スクリプトを組み合わせる必要がある。 ・大規模運用においてはログの検索性やフィルタリングに限界がある。	・テンプレート機能を活用するためには、Power BI などの知識や追加の設定が必要になる場合がある。 ・カスタムレポートを作成するには、元のテンプレートを把握し、編集・調整するための開発リソースが必要。
カスタマイズ	メリット	・公式の管理画面であるため、マイクロソフトが継続的に機能追加や更新を行い、標準機能との親和性が高い。 ・REST API や PowerShell コマンドを使えば、一定範囲の自動化や拡張も可能。	・ソリューションとして提供されるため、ベースとなるアプリやフローを簡単に拡張・変更できる。 ・追加開発を行うことで、組織特有の要件や UI デザインに合わせた管理ポータルを構築できる。
	デメリット	・管理画面のレイアウトや機能を自由に拡張できないため、特定のカスタム要件を満たすには工夫が必要。 ・管理タスクやワークフローをユーザー独自の UI でまとめたい場合、追加の開発や他ツール連携が必要になる。	・変更範囲が大きくなると、既存テンプレートとの整合性が崩れたり、アップデート時に競合が発生したりするリスクがある。 ・CoE スターターキット 自体のバージョン管理やライフサイクル管理も考慮する必要があり、導入と運用に熟練度を要する。

上記のように、Power Platform 管理センターはシンプルかつ公式の管理ポータルとして標準的な機能を網羅しており、初期導入のハードルが低いのが強みです。ただし、特定の業務要件や複雑なガバナンスを実装しようとした場合、運用担当者の手間が増加する可能性があります。

一方の CoE スターターキットは、多彩なテンプレートや既成のフローを活用でき、よりきめ細かなガバナンスとモニタリングを実現できる点が魅力です。その代わり、導入・カスタマイズには時間と知識が必要になり、組織の運用レベルに合わせて適切な調整を行う必要があります。

最終的に、どちらか一方を使うのではなく、Power Platform 管理センターを土台にしつつ、組織の複雑な要件には CoE スターターキットの運用を加える形で両方を活用する事例も多く見られます。組織のスケールやガバナンス要件、運用リソースを踏まえて最適なバランスを探ってみてください。

コア コンポーネントの導入

CoE スターターキットをインストールする流れとしては、主に以下7つのステージがあります。

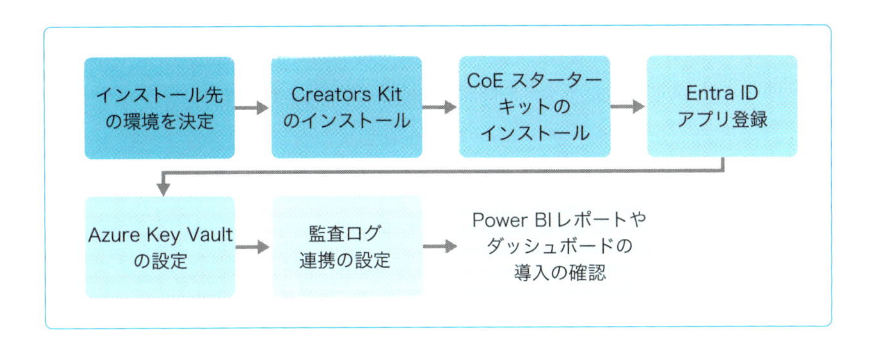

1 インストール先の環境を決定する

どの環境に CoE スターターキットを導入するのかを決めます。多くの場合、ガバナンス用に作成した専用の環境を用意するのが一般的です。

2 Creators Kit のインストール

Creators Kit とは、マイクロソフトが提供するキャンバスアプリ開発用のリソース集で、共通デザインに沿ったコントロールやコンポーネント、テンプレートなどをまとめたものです。開発者はこれらを活用することで、UI の統一感を保ちながら素早くアプリを構築できるようになります。CoEスターターキットをインストールするには、Creators Kit（クリエイターズキット）が依存関係にあるため、CoE スターターキットをインストールする環境と同じ環境へ事前にインストールしておく必要があります。

3 CoE スターターキットのインストール

マイクロソフト公式ドキュメントから最新の CoE スターターキットソリューションをダウンロードします。インポート時には環境変数の初期設定や接続の構成が必要になるため、画面の指示に従って入力を行います。

4 セットアップウィザード の実行

5 Power BI レポートやダッシュボードの導入

CoE スターターキットには、取得したデータを可視化するための Power BI レポートが用意されている場合があります。これらのレポートをダウンロード・インポートし、Dataverse と接続する設定を行い、組織内で共有できるようにします。アプリやフローの使用状況、作成者情報、ライセンス状況などがグラフィカルに可視化されるため、ガバナンス委員会や管理者が現状を把握しやすくなります。

インストール先の環境を決定する

CoE スターターキットは英語でのみ提供されているため、Dataverse 環境の言語は「English (United States)」が設定されている必要があります。

※ユーザー向けに公開する際には、日本語にアプリやダッシュボードをカスタマイズしたりすることもできます。

この環境に対してのデータ損失防止(DLP)ポリシーでは、以下のコネクタを「業務」にする必要があります。

コネクタ	概要	CoE スターターキットでの利用目的
承認	Power Automate の承認フローを作成・管理するためのコネクタです。	ガバナンス関連の承認ステップが必要な場合のワークフローに利用されることがあります。
Azure Resource Manager	Azure 上のサービスやリソースの展開・制御を行います。	Azure 上の関連リソースを制御・監視する際に利用される場合があります。
HTTP	HTTP リクエストを送受信し、REST API や Webhook とやり取りするためのコネクタです。	CoE スターターキットで独自のサービスや外部 API と連携する際に、HTTP リクエスト経由でデータを取得・更新する用途で活用される場合があります。
HTTP with Microsoft Entra ID (preauthorized)	Microsoft Entra ID(旧称 Azure AD)の認証を伴う HTTP リクエストを可能にするコネクタ。安全性を高めた形で API と連携可能。	Power Platform 管理系 API への認証付きリクエストなど、セキュリティが必要な管理操作の自動化に用いられることがあります。

コネクタ	概要	CoE スターターキットでの利用目的
Microsoft Dataverse	Power Platform の標準データベース。データモデリングやテーブル管理を行える重要なサービス。	アプリやフローのインベントリ情報を保存するために中心的に利用します。レポートやダッシュボードのデータ元としても利用。
Microsoft Dataverse (legacy)	従来の Dataverse コネクタ。	互換性維持のために利用されるケースがあります。
Microsoft Teams	Teams 上でのチャット投稿やチャネル管理、チーム管理などを行うためのコネクタ。	CoE スターターキットの通知やアラートを Teams に投稿するフローで利用されることがあり、運用者・管理者とのコミュニケーションを円滑にします。
Office 365 Groups	Office 365 グループの作成や管理、メンバー追加などを自動化するためのコネクタ。	Power Platform の管理者グループへの通知やメンバーシップ管理で活用される場合があります。
Office 365 Outlook	Outlook のメール送受信や予定表管理などを自動化するコネクタ。	CoE スターターキットのフローで特定のアクション発生時にメールを送信する際に利用され、ガバナンス関連のアラート通知などを実装します。
Office 365 ユーザー	ユーザー プロファイルや組織情報を取得するためのコネクタ。	フローやアプリでユーザー情報を参照し、アプリの所有者・メンテナンス担当者の特定や権限管理に役立てます。
Power Apps for Admins	Power Apps 全般の管理タスク(環境、アプリ管理など)を実行するためのコネクタ。	アプリの情報(所有者、バージョン、利用状況など)を収集する際に用いられ、ガバナンスデータを集約します。
Power Apps for Makers	Power Apps の作成者視点(Maker)の操作を自動化するためのコネクタ。	アプリの定期スキャンや更新情報の取得などを行う場合に使用され、作成者ごとのアプリ管理や可視化に役立ちます。

コネクタ	概要	CoE スターターキットでの利用目的
Power Automate for Admins	Power Automate 全般の管理タスクを実行するためのコネクタ。フローの所有者変更や停止などを管理できます。	テナント内のフロー情報を収集・管理する際に使われ、不要フローの停止や所有者の特定を行うなどのガバナンスを支援します。
Power Automate Management	Power Automate の管理・運用を行うための詳細コネクタ。より多彩な操作や監視が可能。	フローの詳細情報を取得・管理し、ライフサイクル管理を効率化するために利用されます。
Power Platform for Admins	Power Platform 全般の管理操作を実行可能にするコネクタ。	環境やリソース全体を俯瞰するために、管理対象の情報を一括取得・監視する際に用いられます。
Power Platform for Admins V2	上記コネクタの改良版、もしくは追加機能を備えた最新バージョン。	より詳細なデータを収集・管理するために活用され、最新機能の運用監視・制御を行いやすくします。
Power Query Dataflows	Power Query を用いてデータフロー（Dataflow）の作成・管理を行うコネクタ。	Dataflow を活用するケースは一般的ではありませんが、大規模なデータ取り込みや変換シナリオで利用される可能性があります。
RSS	RSS フィードを取得し、新着情報などを読み込むためのコネクタ。	Power Platform の更新情報やお知らせを自動取得して表示する場合に利用されることがあります。

Creators Kit のインストール

1. サービスアカウントを利用する場合は、ここでサインインし直すか、ブラウザのシークレットモードで入ります。
2. 依存関係のあるCreators Kit をMicrosoft AppsSource からインストールするため、https://go.myty.cloud/book/creatorskit へアクセスし、「今すぐ入手」をクリックし、必要事項を入力したうえで、再度「今すぐ入手」をクリックします。

3. インストール先の環境を選択し、法的条項・プライバシーに関する声明等のチェックを入れ、「インストール」をクリックします。

※「Dynamics 365 にパッケージをインポートするために…」と書かれていますが、これは元々 Dataverse の技術がDynamics 365 をベースとして作成されたものであるため、その名残りが残っているだけで、実際のインポート先は作成されたDataverse 環境となります。

4. インストールが完了するまで数分から数十分かかります。インストールが完了すると、状態が「インストール済み」になります。

CoE スターターキットのインストール

いよいよCoE スターターキットをインストールしていきます。

1. 作業に入る前に、ログインしているユーザーが、CoE スターターキットで利用したいサービスアカウントになっていることを確認します。なっていない場合は、ブラウザのシークレットモードまたは別のプロファイルでログインしてください。

2. まず、CoE スターターキットで利用する各種コネクタの接続を作成します。Power Automate を開き（https://make.powerautomate.com/）、環境をインストールする先の環境へ開きます

3. 詳細＞接続から「新しい接続」をクリックします。

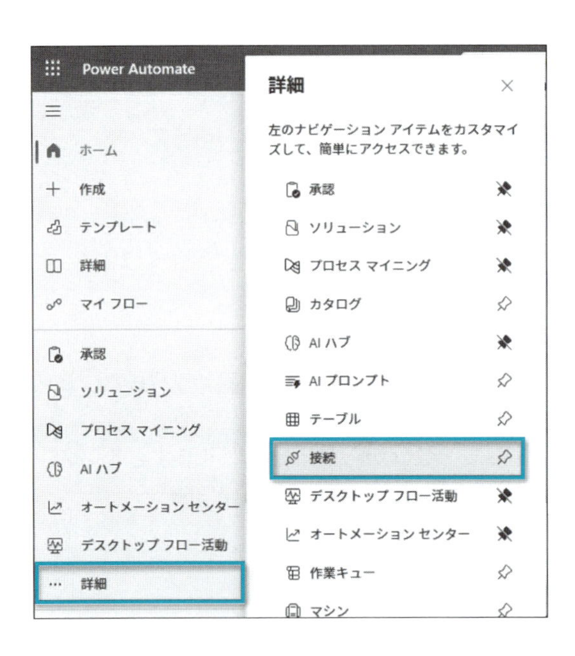

4. 画面右上の検索画面からHTTPと入力すると「HTTP with Microsoft Entra ID（事前承認）」が現れるので、選択します。

5.「基本リソースURL」と「Microsoft Entra ID リソースURI」を「https://graph.microsoft.com/」に設定し、「作成」をクリックします。接続の設定はこれで完了です。

6.「https://aka.ms/CoEStarterKitDownload」へアクセスし、ZIPファイルをダウンロードします。

7. ZIPファイルを任意の場所へ展開します。

※ZIPファイルの中にある各ZIPファイルは**展開しない**ようにしてください。

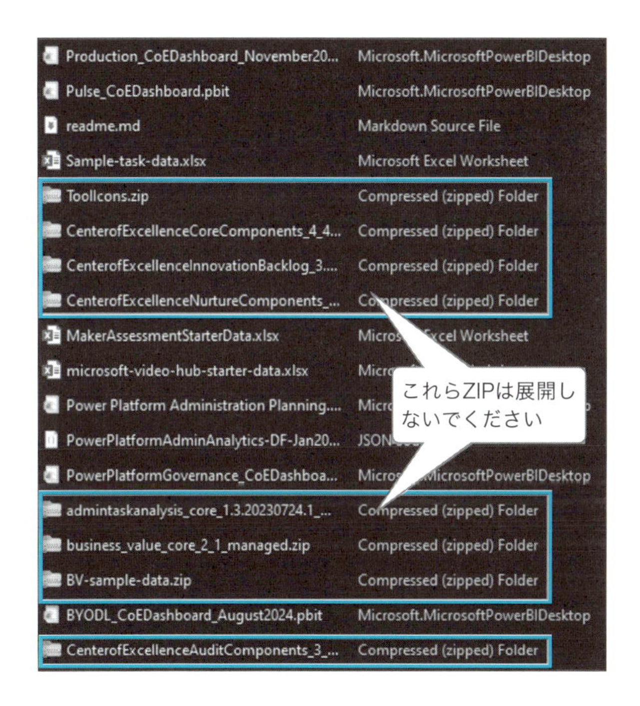

8. Power Apps を開き、(https://make.powerapps.com) インストール先の環境へ切り替え、ソリューション＞「ソリューションをインポート」をクリックします。

9. 「参照」をクリックし、先ほど展開したZIPのフォルダにある、「CenterofExcellenceCoreComponents_X_XX_managed.zip」ファイルを選択し、「次へ」をクリックします。

10. 確認画面が表示されます。「次へ」をクリックします。
11. キットで利用される接続の一覧が表示されます。正しい権限が設定されていれば、すべてに緑色のチェックマークが入ります。「次へ」をクリックします。

12. 環境変数の設定画面が表示されますが、後ほど専用のセットアップウィザードのPower Apps アプリで設定するため、ここでは**すべて空欄のまま**にして、「インポート」をクリックします。
13. インポートが完了するまでに、1時間程度かかります。

セットアップウィザードの実行

1. インポートが完了したら、ソリューション画面を更新します。
2. 「すべて」に切り替え、「Center of Excellence – Core Components」ソリューションをクリックします。

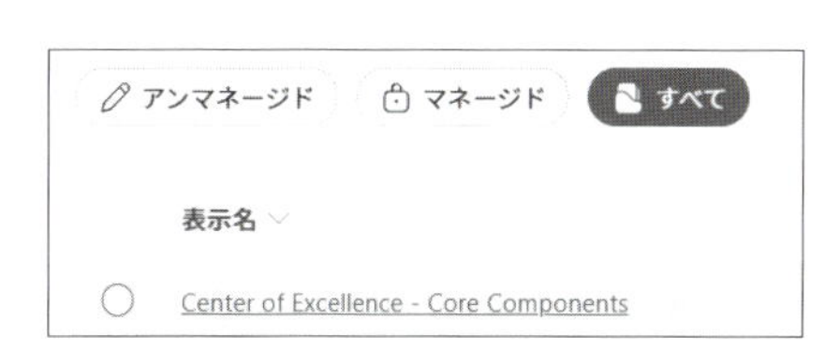

3. 「CoE Setup and Upgrade Wizard」を選択し、「再生」をクリックして、アプリを開きます。

4. アプリの接続許可の画面（App permissions）が表示されるので、「Allow」をクリックするとウィザードが開きます。ウィザードでは、以下の10のステップで構成されています。

表示内容	ステップの説明
Confirm pre-requisites	前提条件の確認を行います。
Configure communication methods	ユーザーなどへの連絡手段等について設定します。
Configure mandatory settings	CoE スターターキットを動作させるための必須項目の記入を行います。
Configure inventory data source	資産管理情報の保管先を構成します。
Run setup flows	セットアップ用のPower Automate フローを実行します。
Run inventory flows	資産管理情報を収集するためのPower Automate フローを実行します。
Configure dataflows (Data export)	データエクスポートのためのDataflow の設定を行います。

表示内容	ステップの説明
Share apps	CoE スターターキットのアプリの共有を行います。
Publish Power BI dashboard	Power BI のダッシュボードを公開します。

5.「Confirm pre-requisites」のステップで特にエラーがなければ「Next」をクリックします。

※Microsoft Power Platform service admin or global tenant adminの項目は「Verify Manually」となっています。ユーザー自身(もしくはサインインしているサービスアカウント)がPower Platform 管理者またはグローバル管理者であれば問題ありません。

6.「Configure communication methods」のステップでは、3つの種類のペルソナ(管理者、作成者・開発者、エンドユーザー)のそれぞれで、どのように通知させるかなどの設定を行います。各グループを利用する場合はそれぞれのペルソナ用のMicrosoft 365 グループを用意することが推奨されます。

a. Admin persona の「Configure group」をクリックします。

b. Select a group for the Admin persona では、既存のMicrosoft 365 グループを指定します。リストから表示されなかった場合は直接「Enter Group eMail Address」の項目に記入します。グループが無い場合は「Create new group」をクリックし、Azure ポータルから作成してください。

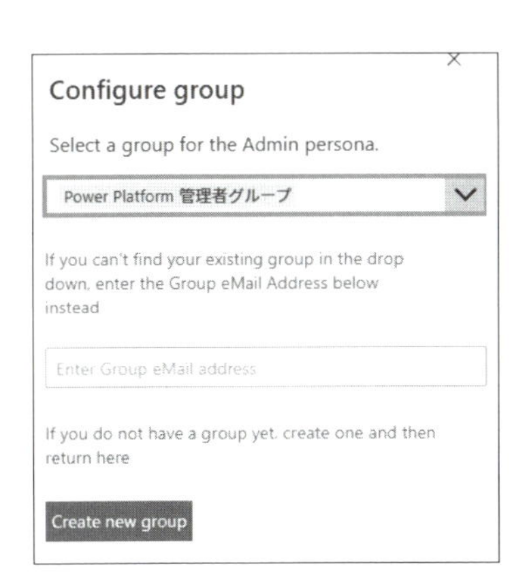

c. 3つのペルソナに設定していれば、以下のような構成となります。問題がなければ「Next」をクリックします。

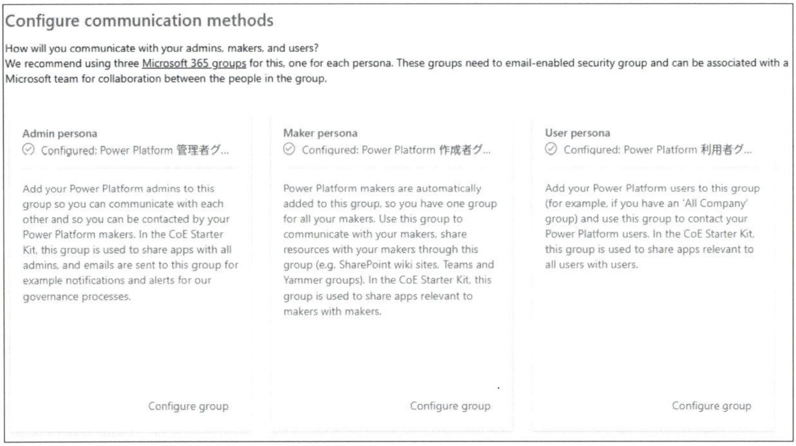

Configure communication methods

How will you communicate with your admins, makers, and users?
We recommend using three Microsoft 365 groups for this, one for each persona. These groups need to email-enabled security group and can be associated with a Microsoft team for collaboration between the people in the group.

Admin persona
Configured: Power Platform 管理者グ...

Add your Power Platform admins to this group so you can communicate with each other and so you can be contacted by your Power Platform makers. In the CoE Starter Kit, this group is used to share apps with all admins, and emails are sent to this group for example notifications and alerts for our governance processes.

Configure group

Maker persona
Configured: Power Platform 作成者グ...

Power Platform makers are automatically added to this group, so you have one group for all your makers. Use this group to communicate with your makers, share resources with your makers through this group (e.g. SharePoint wiki sites, Teams and Yammer groups). In the CoE Starter Kit, this group is used to share apps relevant to makers with makers.

Configure group

User persona
Configured: Power Platform 利用者グ...

Add your Power Platform users to this group (for example, if you have an 'All Company' group) and use this group to contact your Power Platform users. In the CoE Starter Kit, this group is used to share apps relevant to all users with users.

Configure group

7. 「Configure mandatory settings」のステップでは各項目を設定し、最後に「Next」をクリックします。

項目名	設定内容	設定値
Power Platform Region/Cloud	アメリカのユーザーのみCommercial 以外の選択肢があるため、設定する必要がある項目	Commercial を選択。
Tenant ID	テナントID	自動で設定されない場合は、Azure ポータルのEntra IDからテナントIDを取得してください。
Production Environment	この環境が本番環境か否か	本番環境の場合はyes、テスト・開発環境の場合はno。
Individual Admin	承認・Teams チャットの送信元のユーザー	サービスアカウントがある場合はそのユーザーID、ない場合は管理者のユーザーID。

8.「Configure inventory data source」のステップでは、資産情報をどのように取得するかを選択します。アプリやフロー等が1万個以下であれば「Cloud flows」を選択し、「Next」をクリックします。

※2025年2月現在、CoE スターターキットV2 がリリースされることが予定されています。V2 では、大規模にアプリやフローがある組織対応するためのData Export V2 に対応予定となっているため、現在のData Export V1 での利用は推奨しません。

9.「Run setup flows」のステップでは、セットアップのためのPower Automate クラウドフローが自動で実行開始されます。進捗を見るには「Refresh」をクリックします。最大15分ほどかかることがあります。すべての実行が完了すると、「Next」が押せるようになります。以下は実行途中の画面です。より詳細な進捗を見たい場合は「View Flow Details」からPower Automate のフロー実行画面を開くことができますが、終わるまで待ちましょう。

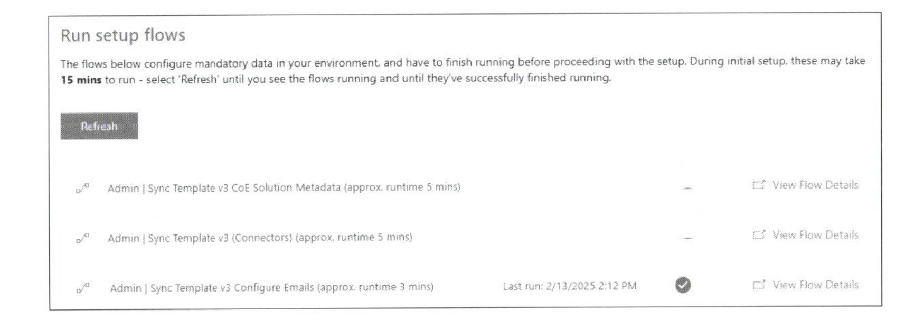

10.「Run inventory flows」のステップは、表示されるまでに時間がかかります。表示されているフローがOFFとなっている場合はONに切り替えます。ONにするフローがなくなり「All inventory flows have been turned on」と緑色の表示が出たら、「Next」をクリックします。

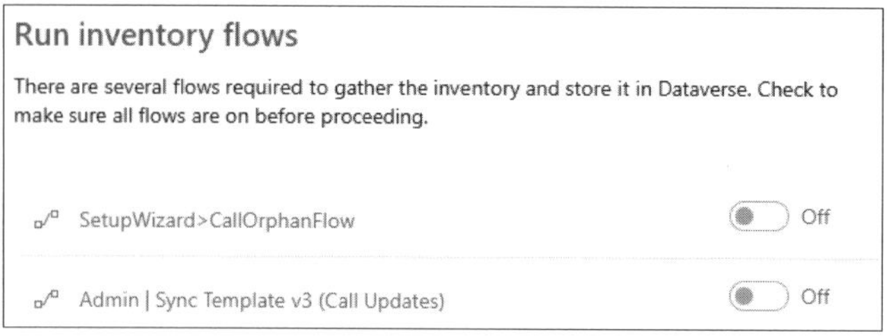

Run inventory flows

There are several flows required to gather the inventory and store it in Dataverse. Check to make sure all flows are on before proceeding.

SetupWizard>CallOrphanFlow Off

Admin | Sync Template v3 (Call Updates) Off

11.「Share apps」のステップでは、CoE スターターキットに含まれる、様々なアプリを設定していた各Microsoft 365 グループに共有します。「Next」をクリックします。
12.「Publish Power BI dashboard」のステップでは、直接Power BI ダッシュボードを発行できるわけではありませんが、公開方法についてのリンク集が表示されます。ダッシュボードの設定方法は後項にて触れます。「Next」をクリックします。
13.「Done」を押して、設定完了です。

   ※この時点でセットアップは完了です。セットアップ完了から資産情報が収集されるまでにおよそ半日程度かかることがあります。進捗状況を確認したい場合は下記の通りに実行します。

   a. Power Automate（https://make.powerautomate.com）から、「マイフロー」から「Admin | Sync Template v4（Driver）」を開きます。
   b.「実行履歴」から、実行中のログをクリックすると、進捗状況が確認できます。

14. 動作確認のため、Power Apps（https://make.powerapps.com）に戻り、CoE 環境へ切り替えます。
15.「Power Platform Admin View」アプリを開き、アプリやフローがリストアップされていたら完了です。

CoE スターターキットと監査ログの連携を設定する

前提条件

- Entra ID アプリ登録のための権限
- 事前に統合監査ログ（Unified Audit Log）を有効にしている
  ※以下のコマンドを実行し、最終行の結果がTrueと表示されていれば、有効化されています。

```
Import-Module ExchangeOnlineManagement
Connect-ExchangeOnline -UserPrincipalName <ユーザーID>
-ShowBanner:$false
Get-AdminAuditLogConfig | Format-List
UnifiedAuditLogIngestionEnabled
UnifiedAuditLogIngestionEnabled : True
```

統合監査ログの有効化（無効の場合のみに必要）

この手順は初めて統合監査ログを有効化する場合にのみ必要な手順です。多くの組織では既にグローバル管理者が有効化していますので、担当者に確認した上で設定してください。

ログの有効化は上記の前提条件で実行したコマンドに加え、以下のPowerShell コマンドで実行できます。

※事前にExchange Online の監査ログのロール（Compliance Management とOrganization Management ）またはそれ以上の権限が付与されていることが必要です。

```
Set-AdminAuditLogConfig -UnifiedAuditLogIngestionEnabled $true
```

APIへの接続許可の登録

1. まず、事前準備としてMicrosoft Entra ID から新規でアプリ登録を行い、Office 365 Management APIs への接続許可を追加します。
2. Microsoft Azure Portal （https://portal.azure.com）を開きます。
3. Microsoft Entra ID＞管理＞アプリの登録から「新規登録」をクリックします。

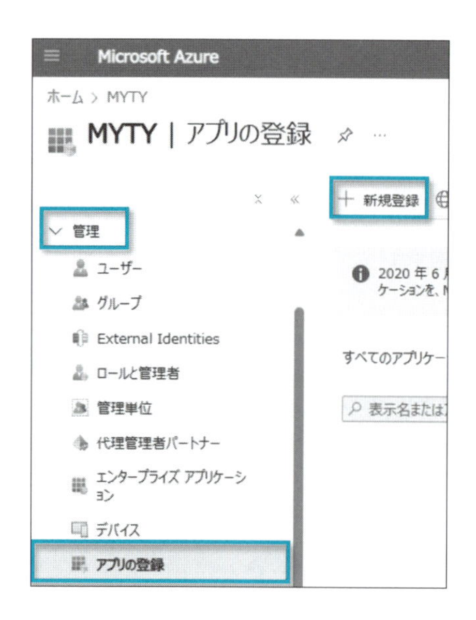

4.「名前」に「Power Platform CoE Kit」などのわかりやすい任意の名前を設定し、「登録」をクリックします。
5.「API のアクセス許可」から「アクセス許可の追加」をクリックします。

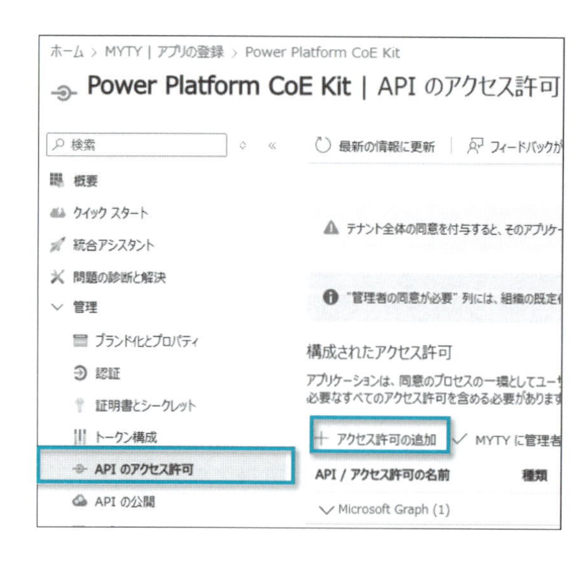

6.「Office 365 Management APIs」を選択し、「アプリケーションの許可」をクリックします。

7.「ActivityFeed.Read」にチェックを入れ、「アクセス許可の追加」をクリックします。

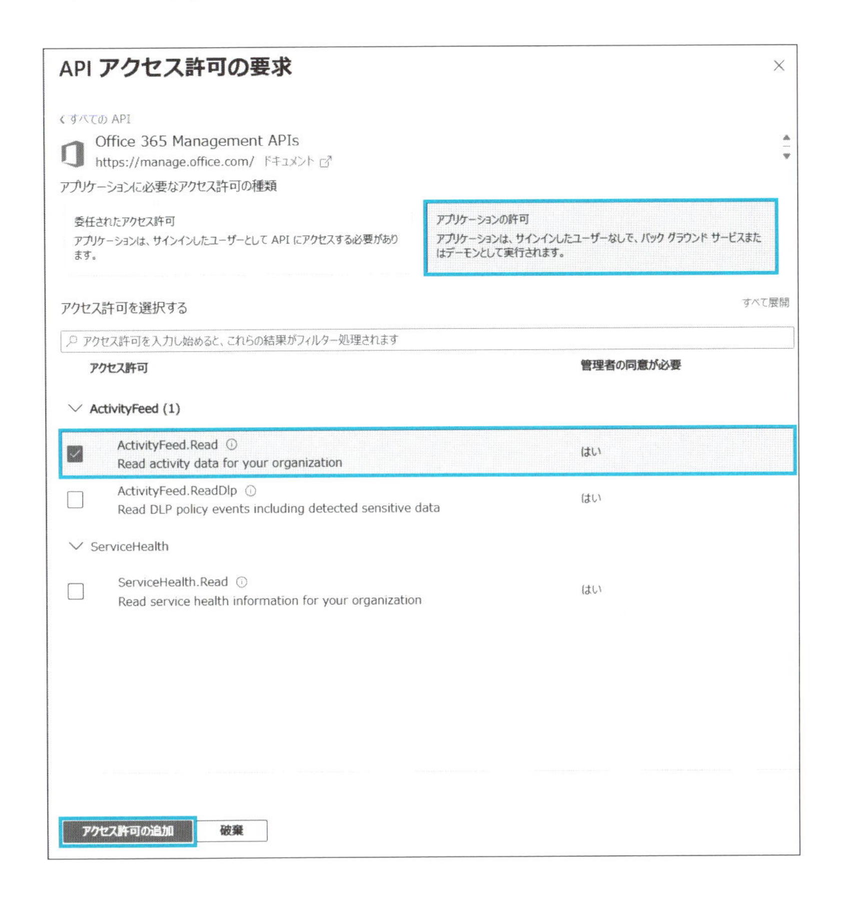

8.「＜組織名＞に管理者の同意を与えます」をクリックし、再度確認画面がでたら「はい」をクリックします。正しく設定していれば、以下のように表示されます。

9.「証明書とシークレット」から「新しいクライアントシークレット」をクリックします。

10. 説明、有効期限を設定し、「追加」をクリックします。

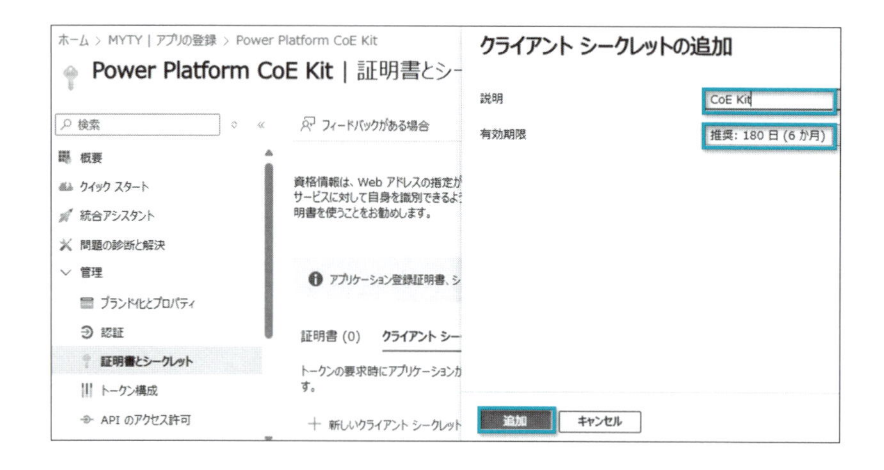

11. 表示された「値」の文字列を後ほどのステップで利用するため、メモ帳などにコピーペーストしておきます。

※この文字列は次回表示しようとすると、すべてアスタリスクで表示されてしまい、この画面で表示されている1度のみ参照できます。間違えて別画面に移った場合は、再度新しくクライアントシークレットを作成し直す必要がありますので、注意してください。

12. 「概要」を表示し、「アプリケーション(クライアント)ID」と「ディレクトリ(テナント)ID」もメモ帳などにコピーペーストしてください。

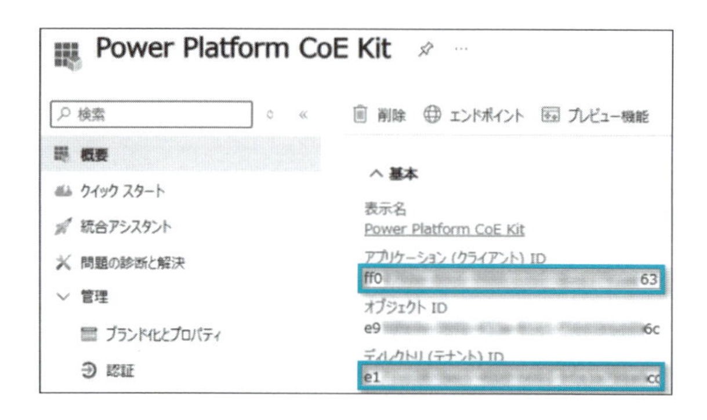

13. 次に、セキュアにクライアントシークレットを保管し、アクセスできるようにするために、Azure Key Vault を設定します。

クライアントシークレットをAzure Key Vault で保管

1. Azure ポータルのホーム画面にアクセスし、「リソースの作成」をクリックします。
2. 検索から「Key Vault」を検索して選択し、「作成」をクリックします。

3. サブスクリプションを選択し、リソースグループを選択します。新しく作成する場合は「新規作成」をクリックし、任意のリソースグループ名を入力します。
4. Key Vault 名を入力し、地域を選択します。Japan EastもしくはJapan Westが日本のリージョンです。価格レベルは標準を選択し「次へ」をクリックします。

プロジェクトの詳細

デプロイされているリソースとコストを管理するサブスクリプションを選択します。フォルダーのようなリソース グループを使用して、すべてのリソースを整理し、管理します。

サブスクリプション * MYTY Subscription

リソース グループ * yellowchick-jp

新規作成

インスタンスの詳細

Key Vault 名 * yellow-chick-kv

地域 * Japan East

価格レベル * 標準

5.「アクセス許可モデル」では「Azure ロールベースのアクセス制御」を選択し、「次へ」をクリックします。

6. パブリックアクセスを有効にするに「チェック」します。

※この手順書ではパブリックアクセスで利用しますが、VNET を利用したプライベートエンドポイントの設定も可能です。詳しくは第4章の「Azure 仮想ネットワークのポリシー」をご覧ください。

7.「作成」をクリックします。

8. デプロイが完了したら、「リソースに移動」をクリックします。

9.「アクセス制御（IAM）」を選択し「追加」＞「ロールの割り当ての追加」をクリックします。

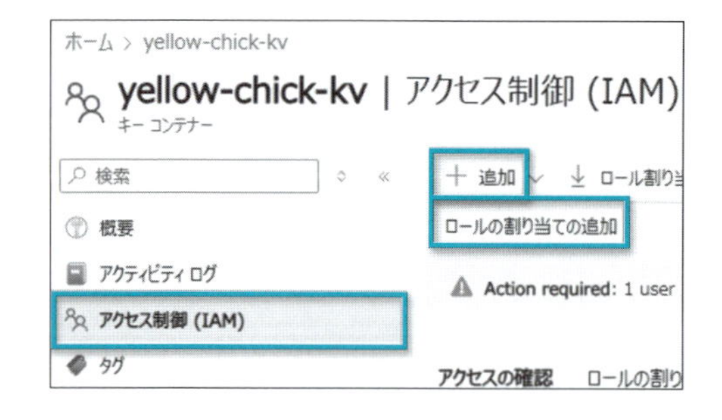

10.「キー コンテナーシークレットユーザー」を選択します。

11.「メンバー」タブに切り替え、「ユーザー、グループ、またはサービスプリンシパル」を選択し、サービスアカウント（またはCoE キットで利用する管理者）を追加します。

12.「レビューと割り当て」をクリックします。
13. オブジェクト＞シークレットから「生成/インポート」をクリックします。

14. 任意の名前を設定し、「シークレット値」に「APIへの接続許可の登録」でメモ帳などに保管した、クライアントシークレットを貼り付け、「作成」を押します。これでKey Vault の設定は完了です。

セットアップウィザードから監査ログ連携を設定する

1. 次に監査ログへアクセスできるようにするために、Power Platform 側の設定を行います。
2. Power Apps (https://make.powerapps.com) を開き、「アプリ」から「CoE Setup and Upgrade Wizard」を起動します。
3. 「More features」から「Audit Log」にある「Configure this feature」をクリックします。すると別画面/タブで「Setup Wizard – ARM Features」アプリが開きます。
4. 接続の許可(App permissions)が求められるので、「Allow」をクリックします。
5. Confirm pre-requisites のステップで、上記前提条件が記載されています。改めて確認し、問題なければ「Next」をクリックします。
6. Create an app registration のステップで、先ほどEntra ID で登録した手順が表示されます。そのまま「Next」をクリックします。

7. Configure mandatory values のステップでは必須項目を設定していきます。

Configure mandatory values

Configure mandatory variable values.

Power Platform Region/Cloud

Power Platform is available in commercial regions, like United States and Europe, and Power Apps US Government regions. Select the region of your Power Platform tenant

Commercial (Default)

App Registration Secret

You can store the client secret either in plain text or in Azure Key Vault. Select where your secret is stored and then update the required values.

Azure Key Vault

Audit Logs - Client Azure Secret

AuditLogs - Client secret of the Office 365 Management API Azure AD service principal stored in Azure KeyVault. Use only if you have stored your secret in Azure Key Vault.

Configure Secret

Audit Logs - ClientID

AuditLogs - Client ID of the Office 365 Management API Azure AD service principal

項目名	設定内容	設定値
Power Platform Region/Cloud	アメリカのユーザーのみCommercial 以外の選択肢があるため、設定する必要がある項目	Commercial を選択。
App Registration Secret	シークレットへのアクセス方法	Plain Text – 文字列、Azure Key Vault(推奨)を選択。
Audit Logs – Client Azure Secret	アクセス方法をAzure Key Vault にした場合にのみ該当	Configure Secretをクリック。
Audit Logs – Client ID	APIへの接続許可の登録で生成された、アプリケーションID	アプリケーションIDを入力。

8. Configure Secret の画面が表示されます。事前に作成したAzure Key Vault を選択し、Secret Name には、前項で作成したシークレットの名前を指定し、「Save secret」をクリックします。

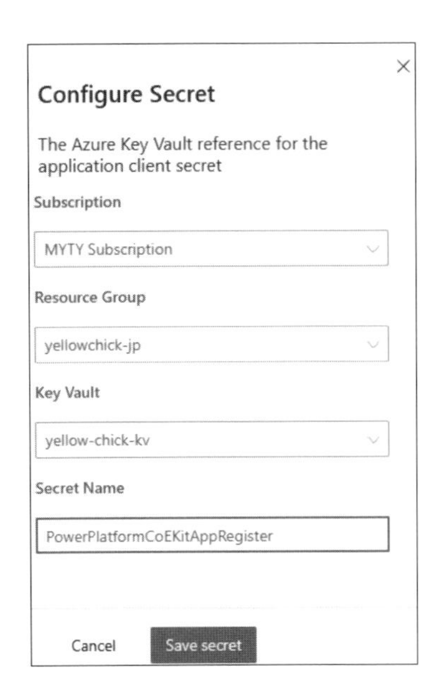

9. 保存されたら「Next」をクリックします。
10. 「Starting subscription」のステップでは、APIを通じて監査ログを取得するサブスクリプションを有効にします。エラーとなっている場合は表示されます。「Next」をクリックします。
11. 「Turn on flows」のステップでは、各フローをONにし、「Next」をクリックします。

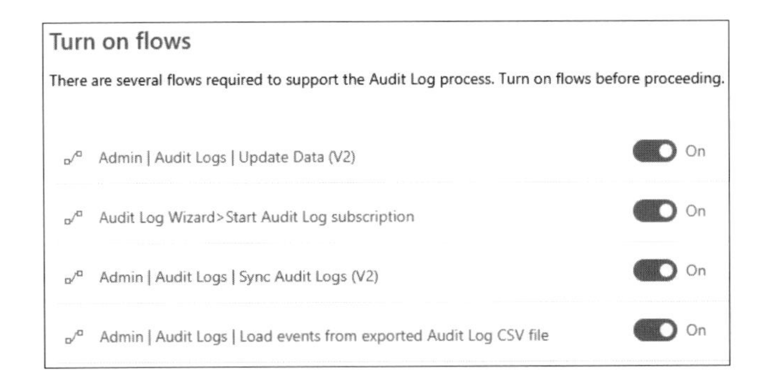

以上で設定が完了しました。

CoE キットのアプリからメッセージセンターの情報を表示するための事前設定(任意の設定)

CoE スターターキットに含まれる、管理者向けのアプリ「CoE Admin Command Center」には、Microsoft 365 メッセージセンターからの通知を表示する機能が搭載されています。この機能は任意で利用でき、必須ではありませんが、Microsoft 365 メッセージセンターへのアクセスがない管理者が、Power Platform に特化したメッセージセンターの内容を確認するには便利な機能です。

設定手順

1. Microsoft Azure Portal (https://portal.azure.com) を開きます。
2. Microsoft Entra ID＞管理＞アプリの登録から「新規登録」をクリックします。

3. 「名前」に「Power Platform CoE Command Center」などの分かりやすい任意の名前を設定し、「登録」をクリックします。
4. 「API のアクセス許可」から「アクセス許可の追加」をクリックします。

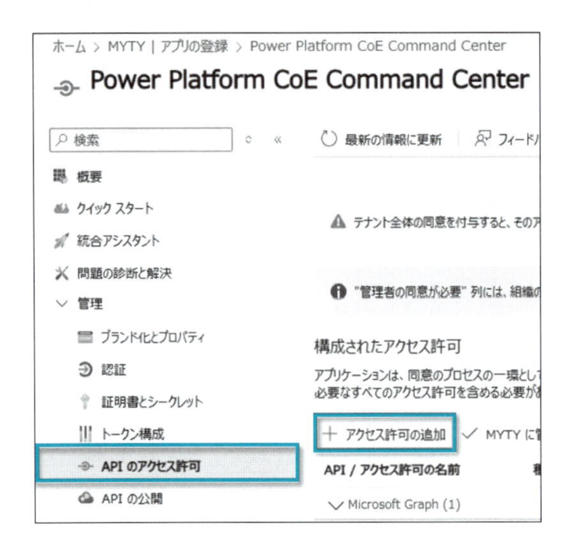

5.「Microsoft Graph」を選択し、「アプリソリューションの許可」をクリックします。
6. 検索バーから「servicemessage」と入力し、「ServiceMessage.Read.All」にチェックを入れ、「アクセス許可の追加」をクリックします。

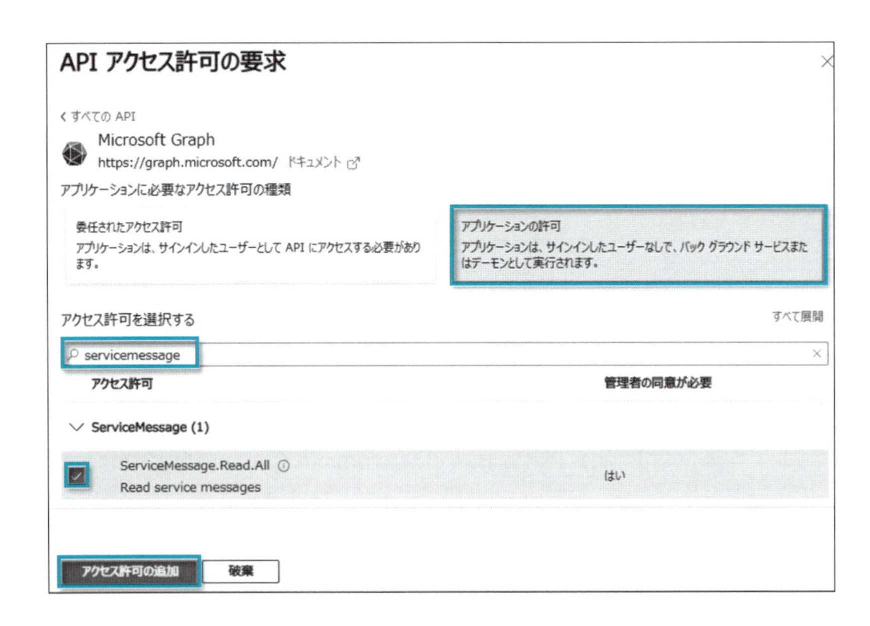

7.「<組織名>に管理者の同意を与えます」をクリックし、再度確認画面がでたら「はい」をクリックします。正しく設定していれば、以下のように表示されます。

8.「証明書とシークレット」から「新しいクライアントシークレット」をクリックします。

9. 説明、有効期限を設定し、「追加」をクリックします。

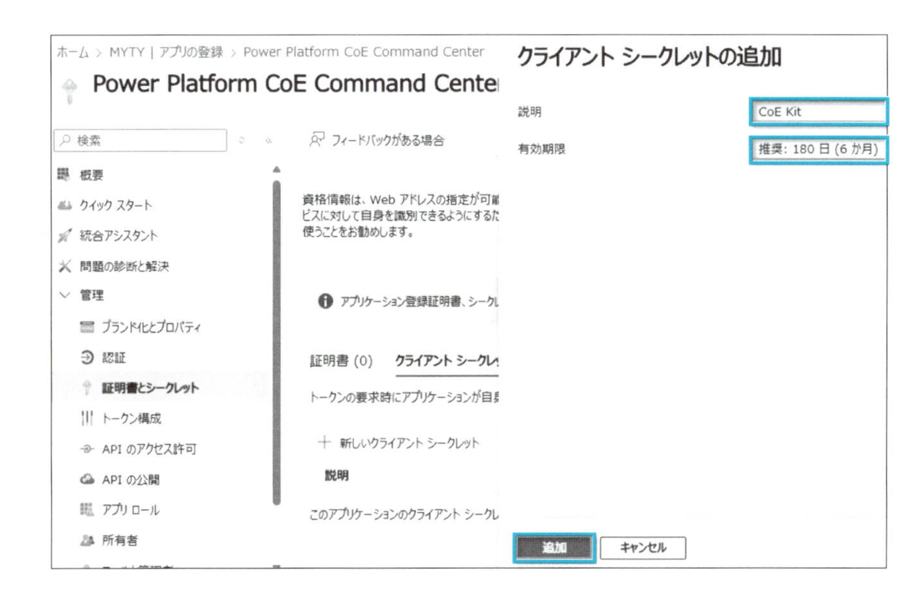

10. 表示された「値」の文字列を後ほどのステップで利用するため、メモ帳などにコピーペーストしておきます。

※この文字列は次回表示しようとすると、すべてアスタリスクで表示されてしまい、この画面で表示されている1度のみ参照できます。間違えて別画面に移った場合は、再度新しくクライアントシークレッ

トを作成し直す必要がありますので、注意してください。

11.「概要」を表示し、「アプリケーション（クライアント）ID」と「ディレクトリ（テナント）ID」もメモ帳などにコピーペーストしてください。

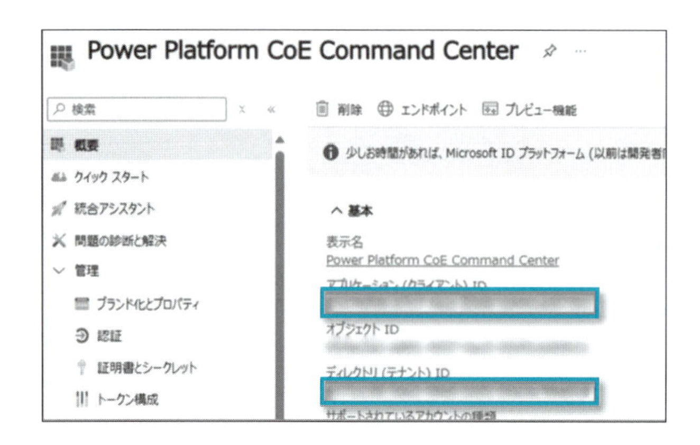

12. Power Apps（https://make.powerapps.com）を開き、CoEスターターキットをインストールした環境に切り替えます。

13.「ソリューション」>「Default Solution」をクリックします。

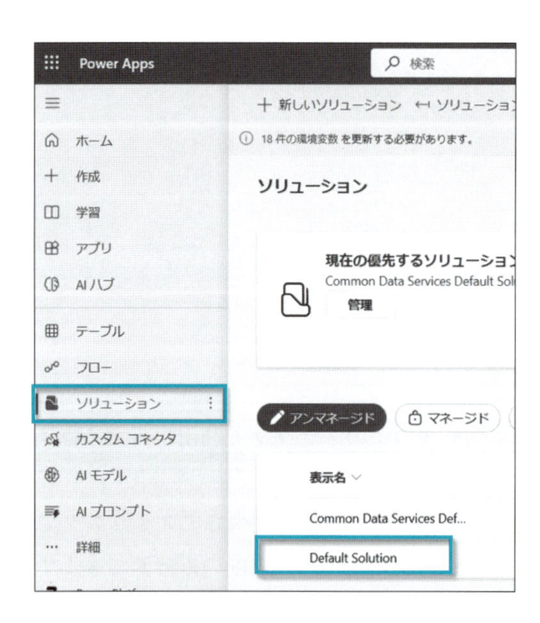

14. 検索バーから「環境変数」を検索します。
15. 「Command Center – App ID」を選択し、「編集」をクリックします。
16. 手順11で表示されてたApplication IDを「現在値」へ入力し、「保存」をクリックします。

17. 同じく「Command Center - Client Secret」にはシークレットの値を設定します。
    ※Key Vault を利用する場合は、「Azure Key Vault の値を環境変数として設定する」の手順を実施してください。

Azure Key Vault の値を環境変数として設定する

1. Azure Key Vault から参照させる場合は、クライアントシークレットを事前にAzure Key Vault で保管しておく必要があります。手順は「クライアントシークレットをAzure Key Vault で保管」をご覧ください。
2. Power Apps ポータル（https://make.powerapps.com）を開き、CoE スターターキットをインストールした環境へ切り替えます。

3.「ソリューション」>「Default Solution」をクリックします。

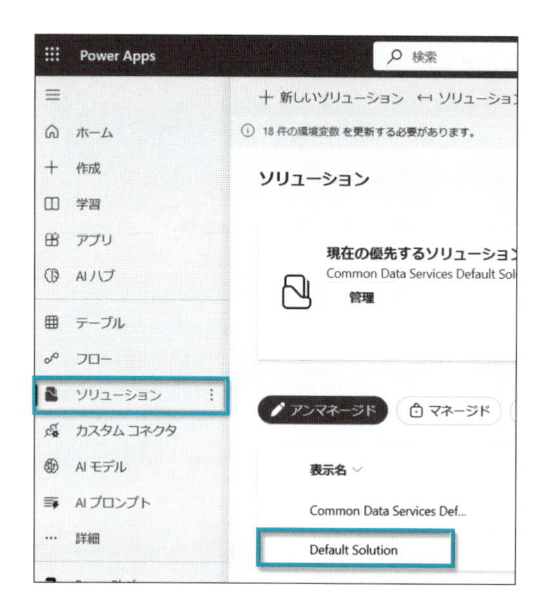

4. 検索バーから「環境変数」を検索します。
5.「Command Center – Client Azure Secret」を選択し、「編集」をクリックします。

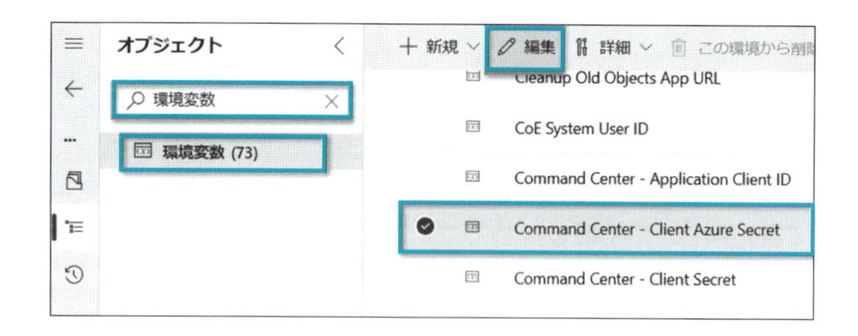

6. Azure ポータルで作成したKey Vault の情報を基に、Azure サブスクリプションID、リソースグループ名、Azure Key Vault 名とシークレット名を入力し、「保存」をクリックします。

現在の Azure Key Vault シークレット

環境の現在の値を設定して、既定値を上書きします。

新しい Azure Key Vault シークレット参照

Azure サブスクリプション ID

c3 0e

リソース グループ名

yellowchick-jp

Azure Key Vault 名

yellow-chick-jp-kv

シークレット名

CoECommandCenter

上級

保存 キャンセル

Power BI ダッシュボードの導入

Power BI ダッシュボードは、運用状況や利用実績を「視覚的に可視化・分析」する中核として機能します。アプリやフローの利用データ、環境情報、ユーザー情報などを Power BI に集約し、整理されたグラフやレポートとして表示します。例えば「どの環境にどれだけのアプリが存在するのか」「アクティブユーザーの推移はどうなっているのか」「ライセンス使用状況や、DLPポリシーは適切に守られているか」など、多角的な観点で分析できます。運用担当者だけでなく、管理者やガバナンス委員会のメンバーも、これらのダッシュボードを通じて Power Platform の利用傾向を素早く把握できます。

CoE スターターキットには標準でいくつかの Power BI レポートが用意されていますが、必要に応じてカスタマイズすることも可能です。特定の部署や環境に特化した測定指標を表示したり、運用ポリシーに基づいたリスク分析を行うためのビジュアルを追加したりするなど、組織のニーズに合わせて拡張できます。こうした柔軟性によって、データドリブンなアクションが取りやすくなり、また環境やユーザーの利用状況を監査やレポートとして共有しやすくなります。

設定方法

1. Power BI を設定する前に、接続先情報を取得する必要があります。Power Platform 管理センター（https://aka.ms/ppac）を開きます。
2. 管理＞環境を開き、CoE スターターキットをインストールした環境を開くと「環境URL」が表示されます。このURLをメモ帳などへ貼り付けます。

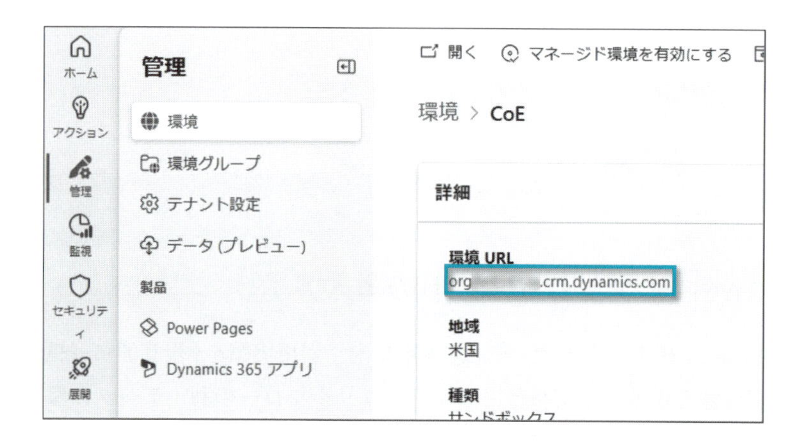

3. CoE スターターキットのZIPファイルに含まれている、「Production_CoEDashboard_XXXXXX.pbit」ファイルを開きます。
   ※XXXXXXの部分は年月のため、変動します。
4. Power BI デスクトップが起動し、「CoE Starter Kit Environment URL」を求めるポップアップ画面が表示されます。
   ステップ２でメモしていた環境URLをhttpsから最後の/まで入力、「読み込み」をクリックします。

Production_CoEDashboard_November2024

CoE Starter Kit Production

CoE Starter Kit Environment URL

https://org crm.dynamics.com/

Tenant Type

Commercial

読み込み　キャンセル

5. サインインが求められます。「サインイン」をクリックし、CoE スターターキットをインストールした際に利用したサービスアカウントでログインします。

6. サインインが完了すると、上記の表示が「現在、サインインしています」と表示に切り替わります。「接続」をクリックします。
7. データが取り込まれるまで待ちます。データ量や接続されているインターネット速度によっては数分かかることもあります。
8. ファイル＞名前を付けて保存をクリックし、任意の場所に保存します。

ダッシュボードを複数人に共有する

前提条件

- ダッシュボードを発行するユーザー用のPower BI Pro もしくはPower BI Premium Per User ライセンス
- アクセスするユーザー用に以下のライセンスのいずれか
    - ・Power BI Pro

・Power BI Premium Per User
・Microsoft 365 E5
※Microsoft Fabric Capacity が含まれているテナントの場合は、アクセスするユーザー用のユーザーライセンスは不要です。

設定手順

1. Power BI ポータルへアクセスします。
2. CoE キット専用のワークスペースを作るため、ワークスペース＞新しいワークスペースをクリックします。
※ワークスペースとは、Power Platform の環境のような役割をする場所のことです。CoE キット専用のワークスペースを設けることで、後にアクセス管理がしやすくなります。

3. 名前を入力し、「適用」をクリックします。これでワークスペースの用意はできました。

4. 次にダッシュボードをPower BI デスクトップから先ほど作成したワークスペースへ発行します。「Power BI のダッシュボードの導入」で保存した、Power BI ファイルを開きます。ダッシュボードを他の人に共有する場合には、画面右上の「発行」をクリックします。

5. 先ほど作成したPower BI のワークスペースを選択し、「選択」をクリックします。

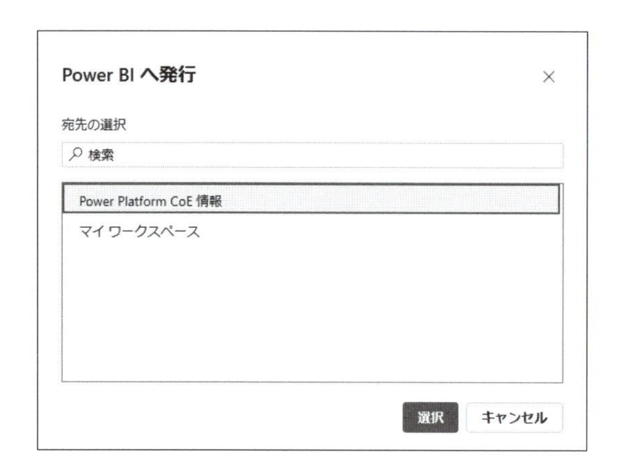

6.「成功しました！」の画面が表示されます。確認するため、「Power BIで<ファイル名>.pbixを開く」をクリックします。
7. 自動的に最新情報を取得するように更新するため、「セマンティックモデルの表示」をクリックします。

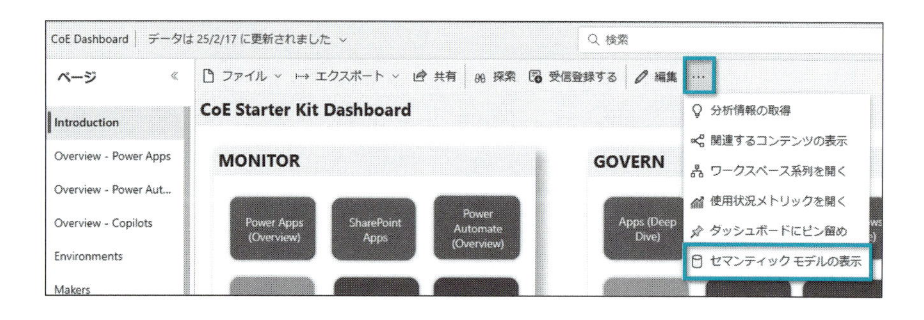

8. 更新＞「更新のスケジュール設定」をクリックします。

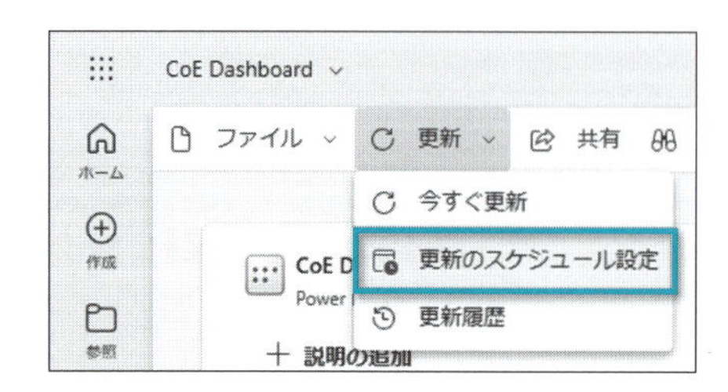

9.「データソースの資格情報」のエリアを確認すると、「データソースへの接続をテストできませんでした。資格情報をもう一度お試しください」と表示されています。これは正常な動作で、ダッシュボードを初めて発行する際には再度Power BI オンラインからもログインし直す必要があります。「資格情報を編集」をクリックします。
10.「このデータソースのプライバシーレベルの設定」を「プライベート」に設定し、「サインイン」をクリックします。
11. サービスアカウントのユーザー情報でログインします。
12.「最新の情報に更新」のセクションにある、「情報更新スケジュールの構成」を「オン」にします。基準となるタイムゾーンを日本時間に変更し、更新の頻度を「毎日」にします。「時刻」は「別の時刻を追加」をクリックし、複数設定できます。Power BI Pro の場合は1日8回まで、Premium もしくはFabric の場合は48回まで設定できます。

13. 設定し終えたら、「適用」をクリックします。これでダッシュボードを利用する準備ができました。
14. 先ほど作成したワークスペースを開き、「アクセス管理」をクリックします。
15. 「＋ユーザーまたはグループの追加」で共有したい先を選択し、追加してください。

5-2 資産の一元管理と所有者把握

Power Platform を組織で本格的に活用する際には、アプリやフロー、エージェント等を含めたすべての資産を一元的に管理し、常に適切な状態を維持しておくことが不可欠です。なぜなら、どの資産が誰の所有物なのかが曖昧なまま放置すると、所有者が人事異動や退職によって不明確になってしまった場合などに管理責任の所在が不透明になり、セキュリティリスクや予期せぬ障害時の対応遅延など、組織にとって大きなリスクを伴う可能性があるからです。また、機能の重複や無用なリソース消費につながりやすく、最終的にはコスト増大や運用の複雑化を招きかねません。

本章で取り上げているCoE スターターキットや Power Platform 管理センターの機能を活用して資産を一括で把握できる仕組みを整えると、どのアプリやフロー、エージェントがどこで稼働し、誰が所有者なのかを迅速に確認できます。これにより、緊急時の障害対応やバージョン管理が容易になるほか、利用頻度の低いものを早めにアーカイブしてリソースを再分配できるなど、運用コストを抑えつつ効率的に管理が行えるようになります。

管理者が定期的に資産の利用状況を可視化し、レビューする運用体制を組み込めば、組織全体の Power Platform 活用度合いを把握しやすくなります。例えば利用が急増して、ミッションクリティカル化したアプリ・フロー、エージェントに対してはIT部門の管轄としたり、逆にほとんど使われていないものをアーカイブ／削除したりするなど、メリハリのある運用を実現できます。

» Power Platform 管理センターで資産管理する

Power Apps アプリの管理

1. Power Platform 管理センター（https://aka.ms/ppac）を開き、「新しい管理センターを使ってみる」をOFFにします。
   ※2025年2月時点では、資産管理機能は旧管理センターからのみ閲覧できます。
2. 分析＞Power Apps＞アプリの在庫をクリックします。

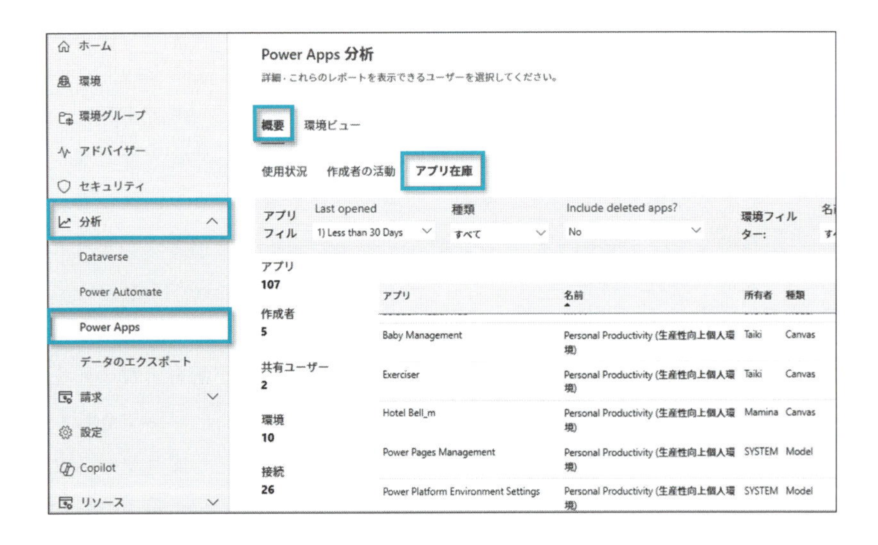

Power Automate フローの管理

1. Power Platform 管理センター（https://aka.ms/ppac）を開き、「新しい管理センターを使ってみる」をOFFにします。
2. 分析＞Power Automate＞在庫をクリックします。

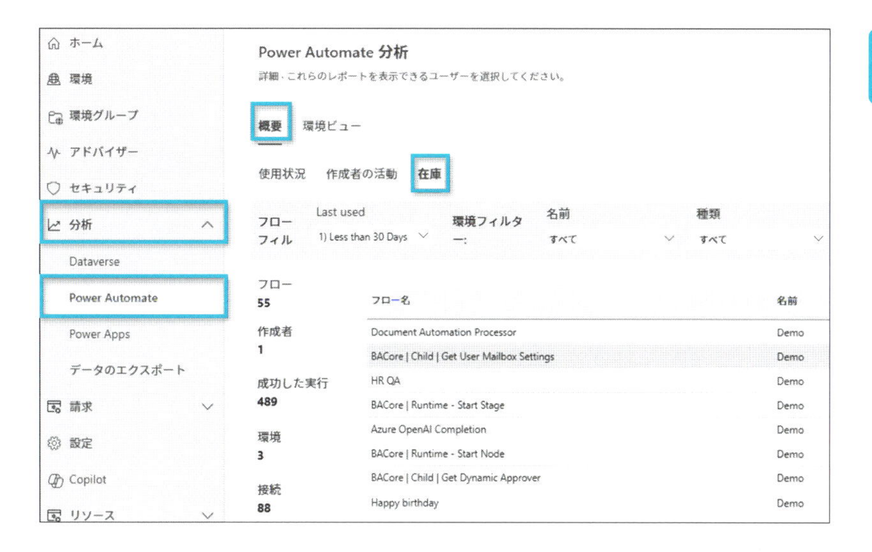

※2025年2月現在、作られたフローの作成者は、別途ユーザーユニークID から、Entra ID もしくはPower Shell 等で検索し、参照する必要があります。

Copilot Studio エージェントの管理

Copilot Studio に関しては、2025年2月時点では、Power Platform 管理センターから閲覧することはできず、各環境別でCopilot Studio からアクセスして、確認する必要があります。(https://copilotstudio.microsoft.com)

CoE スターターキットで資産管理する

環境の管理

1. Power Apps (https://make.powerapps.com)を開き、CoE 環境へ切り替えます。
2. アプリから「Power Platform Admin View」アプリを開きます。
3. Monitor＞Environments から環境の一覧が確認でき、それぞれの環境で何個のアプリとフローが存在するか、セキュリティグループが割り当てられているか等が一覧で把握できます。

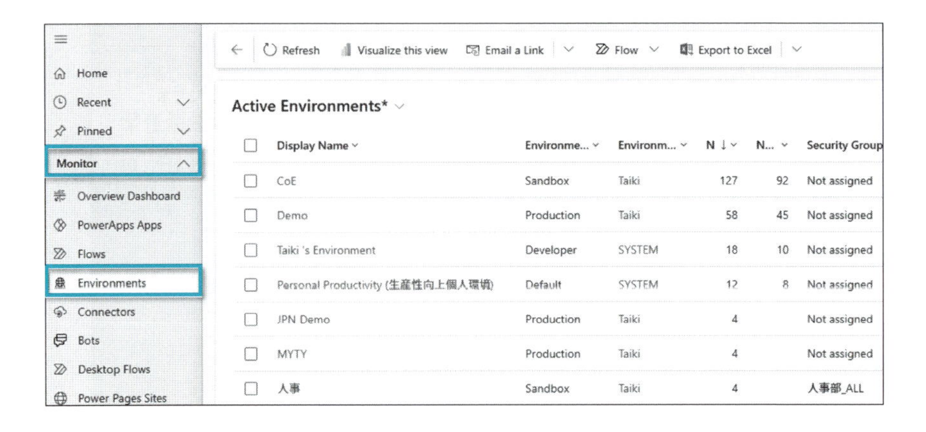

Power Apps アプリの管理

1. Power Apps（https://make.powerapps.com）を開き、CoE 環境へ切り替えます。
2. アプリから「Power Platform Admin View」アプリを開きます。
3. Monitor＞PowerApps Apps からアプリの一覧が確認できます。

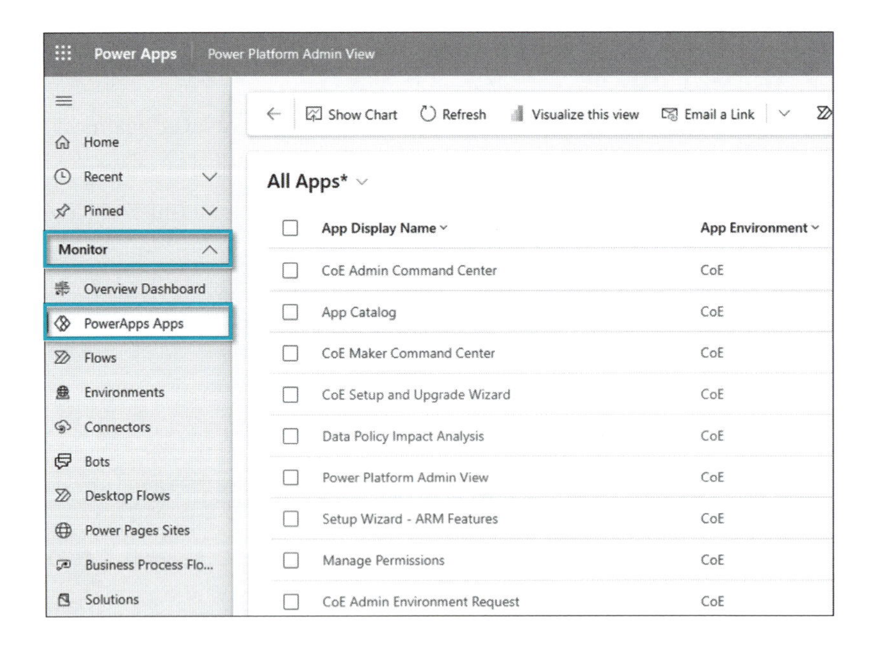

4. 各アプリをクリックすると、詳細が確認できるようになっています。「Governance」のタブは、第6章で触れます。

Power Automate フローの管理

1. Power Apps（https://make.powerapps.com）を開き、CoE 環境へ切り替えます。
2. アプリから「Power Platform Admin View」アプリを開きます。
3. Monitor＞Flows からPower Automate のクラウドフローの一覧が確認できます。

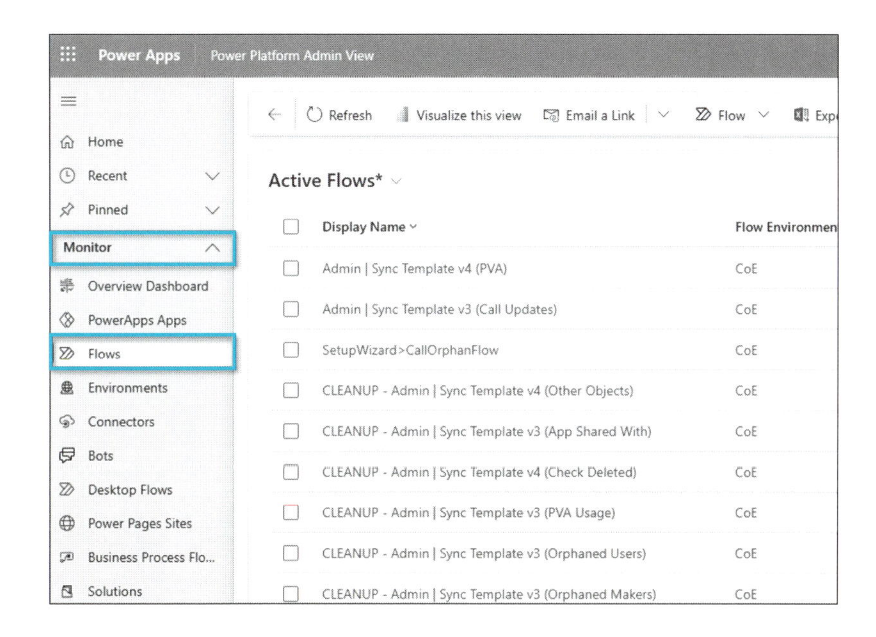

4. 各フロー名をクリックすると、詳細が確認できるようになっています。
5. Monitor＞Desktop Flows からPower Automate のデスクトップフロー（RPA）の一覧が確認でき、各フローをクリックすると、詳細が確認できるようになっています。

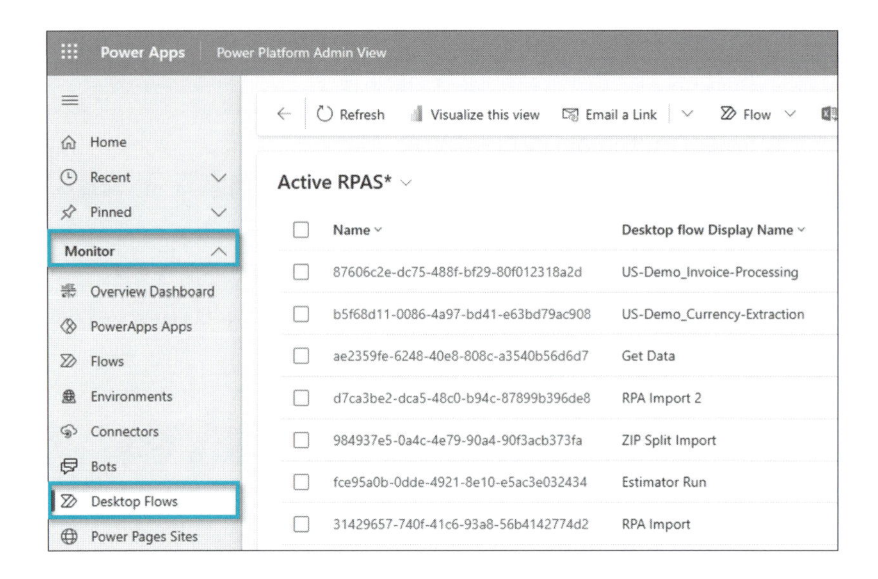

Copilot Studio エージェントの管理

1. Power Apps（https://make.powerapps.com）を開き、CoE 環境へ切り替えます。
2. アプリから「Power Platform Admin View」アプリを開きます。
3. Monitor＞Bots からCopilot Studio のエージェントの一覧が確認できます。

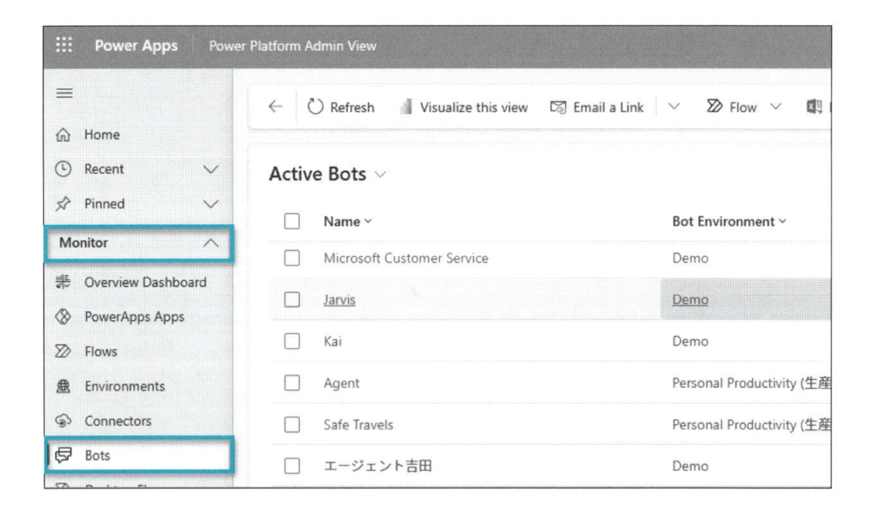

Power BI ダッシュボードで資産管理する

Power Platform 管理センターや CoE スターターキットのアプリでは、主に管理やメンテナンスのための基本的な情報にアクセスしやすいメリットがありますが、CoE スターターキットのPower BI ダッシュボードを使うと、さらに多角的なデータの分析が可能になります。例えば、各環境に紐づくアプリやフローの利用状況を、部署やユーザー単位、ライフサイクルのステージ単位など多様な切り口で可視化して深掘りしながら確認できます。また、日次や週次といった時系列での推移を見やすいグラフにまとめることで、利用状況の変化やリソース消費のトレンドをより分かりやすく分析できます。

前提条件

- CoE スターターキットのPower BI ダッシュボードのセットアップを完了している

Power Apps のダッシュボード

Power Apps 用には以下、主に6つのページが用意されています。

ページ名	含まれる情報
Overview – Power Apps	• アプリの総数 • キャンバスアプリ数 • モデル駆動型アプリ数 • アプリを最も含む環境トップ20 • 最もアプリを作成した作成者トップ20名 • 最も作成したアプリ作成者の世界地図
Apps	• アプリの作成数のトレンド • 作成者数のトレンド • 環境別アプリ数のグラフ • 最も利用されているコネクタ別アプリ数
App Deep Dive	• アプリ名 • 共有数 • 編集数 • 利用者数 • 直近の起動日 • アーカイブスコア（高ければ高いほど未使用）

ページ名	含まれる情報
App Deep Dive (続き)	• 環境 • 作成者 • アプリID
App Connector Deep Dive	• 最も利用されているコネクタ別アプリ数のグラフ • コネクタの種類別(プレミアム・スタンダード別)アプリ数 • コネクタを利用して作成している作成者別アプリ数(コネクタをクリックして、利用者を特定する)
App Usage	• アプリの起動回数 • アプリ作成者別のアプリ起動回数 • アプリ別の起動回数 • アプリのライセンス別起動回数 • 各種アプリ情報
SharePoint Form Apps	• SharePoint フォームのカスタマイズとして作成したアプリの一覧 ・アプリ名 ・SharePointフォームのURL ・共有ユーザー数 ・直近の起動日 ・アプリ作成者 ・アプリID

Power Automate のダッシュボード

Power Automate 用には以下、主に6つのページが用意されています。

ページ名	含まれる情報
Overview – Power Automate	• クラウドフローの総数 • デスクトップフロー数 • 有効なフロー数 • 無効なフロー数 • 強制的に無効化されたフロー数 • フローを最も含む環境トップ20 • 最もフローを作成した作成者トップ20名 • 最も作成したフロー作成者の世界地図
Cloud Flows	• クラウドフローの作成数のトレンド • 作成者数のトレンド • 環境別クラウドフロー数のグラフ • 最も利用されているコネクタ別フロー数

ページ名	含まれる情報
Desktop Flows	• デスクトップフローの作成数のトレンド • デスクトップフローの作成者数 • デスクトップフローの先月作成された数 • 環境別のデスクトップフロー数 • デスクトップフローの詳細 ・デスクトップフロー名 ・作成者 ・最終実行日 ・発行済みか否か ・環境名 ・作成日 ・デスクトップフロー ID
Flow Deep Dive	• クラウドフロー名 • 作成者 • アクション数 • 利用者数 • 編集者数 • アーカイブスコア（高ければ高いほど未使用） • 環境 • クラウドフロー ID
Flow Connector Deep Dive	• 最も利用されているコネクタ別クラウドフロー数のグラフ • コネクタの種類別（プレミアム・スタンダード別）クラウドフロー数 • コネクタを利用して作成している作成者別クラウドフロー数（コネクタをクリックして、利用者を特定する）
Desktop Flow Usage	• セッション数 • 作成者別のデスクトップフロー起動回数 • デスクトップフローの実行状況別の起動回数 • 各種デスクトップフロー情報 ・デスクトップフロー名 ・作成者 ・最終実行日 ・発行済みか否か ・環境名 ・作成日 ・デスクトップフロー ID

Copilot Studio のダッシュボード

Copilot Studio 用には以下、主に2つのページが用意されています。

ページ名	含まれる情報
Overview – Copilots	• エージェントの総数 • エージェント作成者数 • 過去1か月で作成されたエージェント数 • 発行済みのエージェント数 • エージェントを最も含む環境トップ20 • 最もエージェントを作成した作成者トップ20名 • 最も作成したエージェント作成者の世界地図
Bots	• エージェントの総数 • 発行済みのエージェント数 • エージェント作成者数 • 過去1か月で作成されたエージェント数 • エージェントの作成推移グラフ • 環境別エージェント数 • エージェントの詳細 ・エージェント名 ・作成者 ・環境名 ・セッション数 ・発行状況 ・作成日

その他資産管理のダッシュボード

上記の製品別のダッシュボードに加え、環境や、カスタムコネクタ、AI Builder やソリューションのダッシュボードが用意されています。

ページ名	含まれる情報
Environments	• 環境の総数 • 環境作成者数 • マネージド環境数 • Dataverse for Teams 環境数 • 開発者環境数 • 試用版環境数 • Dataverse を含む環境数 • 環境作成数の推移

ページ名	含まれる情報
Environments（続き）	• 環境別のフローとアプリの合計数 • 環境種類別の環境数 • 環境作成者別の環境数 • マネージド環境の割合と数
Environment Capacity	• 環境数 • 合計容量消費GB数 • データベース容量消費GB数 • ファイル容量消費GB数 • ログ容量消費GB数 • 環境容量詳細 ・環境名 ・環境容量消費GB数 ・容量タイプ ・環境所有者 ・Power Platform 管理センターへのリンク
Teams Environments	• Dataverse for Teams 環境数 • Dataverse for Teams 環境作成者数 • 過去1か月のDataverse for Teams 環境数 • Dataverse for Teams 環境別アプリとフローの総数 • Dataverse for Teams 環境で作成されたアプリの詳細 • Dataverse for Teams 環境の詳細 ・環境名 ・Power Platform 管理センターへのリンク ・作成日 ・作成者 ・最終アプリ起動日
Custom Connectors	• カスタムコネクタ数 • 過去1か月に作成されたカスタムコネクタ数 • カスタムコネクタ作成者数 • テスト用とのコネクタ数 • カスタムコネクタ作成数の推移 • 環境別のカスタムコネクタ数 • アプリで利用されているカスタムコネクタの詳細 ・アプリ名 ・コネクタ名 ・カスタムコネクタホスト名 ・環境名 ・作成者名

ページ名	含まれる情報
Custom Connectors (続き)	• フローで利用されているカスタムコネクタの詳細 ・フロー名 ・コネクタ名 ・カスタムコネクタホスト名 ・環境名 ・作成者名
AI Builder Models	• AI Builder モデル数 • 過去1か月で作成されたAI Builder モデル数 • AI Builder モデル作成者数 • AI Builder モデル作成者推移 • 環境別のAI Builder モデル数 • AI Builder モデル詳細 ・AIモデル名 ・作成者 ・環境 ・利用されたテンプレート ・最終更新日 ・作成日
Solutions	• ソリューション数 • 過去1か月で作成されたソリューション数 • ソリューション作成者数 • ソリューション作成数推移 • 環境別ソリューション数 • ソリューション詳細 ・ソリューション名 ・発行者 ・環境名 ・マネージドソリューションか否か ・作成日
AI Credits Usage	• AIクレジットトップ消費者別消費数 • AIクレジット消費情報の詳細 ・消費環境 ・クレジット消費者 ・消費日 ・消費クレジット数 • 作成者別クレジット消費量 • クレジット消費数推移
Power Platform YoY Adoption	• Power Apps 数の推移と前年比 • クラウドフロー数の推移と前年比 • 作成者数の推移と前年比 • 環境数の推移と前年比 • デスクトップフロー数の推移と前年比 • エージェント数の推移と前年比

5-3 ライセンスとキャパシティの管理と監視

Power Platform を組織で本格的に活用し始めると、様々なリソースの使用量が増大し、ライセンスやストレージ、AI Builder クレジットなどの「キャパシティ管理」が必要になります。キャパシティ管理の基本としては、まず現在の使用量やトレンドを可視化することが欠かせません。Power Platform 管理センターや各種ダッシュボードを活用すれば、Dataverse の容量使用状況や AI Builder クレジットの残量、Copilot Studio のメッセージ消費状況などを定期的に追跡できます。管理者が見やすい形でレポートをまとめ、閾値を超えそうな場合にアラートを発する仕組みを作っておくと、容量不足によるシステム停止や追加費用の発生を未然に防ぎやすくなります。

また、組織全体で Power Platform を利用する場合、IT管理者が知らない間にPower Platform の存在を知った部署がストレージやクレジットを「とりあえず」使ってしまうケースが増えてきます。運用設計としては、環境やチーム単位で割り当て上限をあらかじめ決める、どの部署がどれだけキャパシティを消費しているかを見える化する、といった管理方針が有効です。一定期間ごとに運用チームやガバナンス委員会で使用状況をレビューし、キャパシティの増強が必要かどうかを判断していく流れを継続的に回していけば、急激な需要増や不要な浪費を抑えることができます。特に AI Builder や Copilot Studio のようにライセンス外からのアドオンで追加されたり、従量課金のリソースは他のトライアル利用や PoC（概念実証）と同時並行で使われたりしやすいため、より注意深い監視と計画的な利用が求められます。このセクションでは、どのようにキャパシティ容量を把握できるかについて説明します。

ストレージ容量の管理

Dataverse は、データを格納するためのストレージが大きく3つに分かれています。それぞれの区分は役割や用途が明確に異なるため、運用設計を考える際にはこの区別を正しく理解しておくことがとても重要です。下記の表では、データベース容量・ファイル容量・ログ容量の3種類について、それぞれどのような用途に適しているのかを簡潔にまとめています。

ストレージの種類	主な用途	詳細
データベース容量	構造化されたデータ（テーブルやレコードなど）を格納します。	取引先や製品などをリレーショナル形式で管理する場合に最も多く消費しやすい容量です。各テーブルの列やレコードを定義し、システム的に処理しやすい形で蓄積できます。大規模なデータモデルを扱うときは、この容量を重点的に確認する必要があります。
ファイル容量	画像やドキュメントなどの添付ファイルを保存します。	画像ファイル、PDF、ドキュメントなどのバイナリファイルをアップロードする際に利用される領域です。添付ファイルや、Power Automate のデスクトップフローのスクショを多用するシナリオでは、この区分が不足しやすくなります。
ログ容量	システムが出力する各種監査ログやトレース、プラグインの実行履歴などを保存します。	監査やコンプライアンスの観点で重要となる監査ログを長期的に保管する場合に使われる領域です。アプリやフローの操作履歴、プラグインのトレース情報などが蓄積されるため、セキュリティ監査で役立ちます。

1. Power Platform 管理センターから、ライセンス＞Dataverse を開きます。
2. ストレージ容量を確認します。

保有している容量がどのようにして割り当てられているのかは、「容量アドオン（レガシ）」にある、「ソースごとのストレージ容量」から各種類の容量の計算が確認できます。

ソースごとのストレージ容量　　セルフサービス ソースの表示

ソース	データベース	ログ	ファイル
組織 (テナント) の既定値 ⓘ	10 GB	2 GB	20 GB
ユーザー ライセンス ⓘ	868 MB ＞	該当なし	8.39 GB ＞
追加容量	0 MB	0 MB	0 MB
合計	**10.85 GB**	**2 GB**	**28.39 GB**

ストレージ容量を各環境へ割り当てる

Dataverse のストレージ容量は、既定ではテナント全体に対して割り当てられており、利用者は各環境で自由に消費できるようになっています。

組織によってはプレミアムライセンスを割り当てているユーザーとその関連する環境にのみ割り当てたいというニーズがあったりします。そこで、ストレージ容量を明示的に特定の環境に割り当てる方法を紹介します。

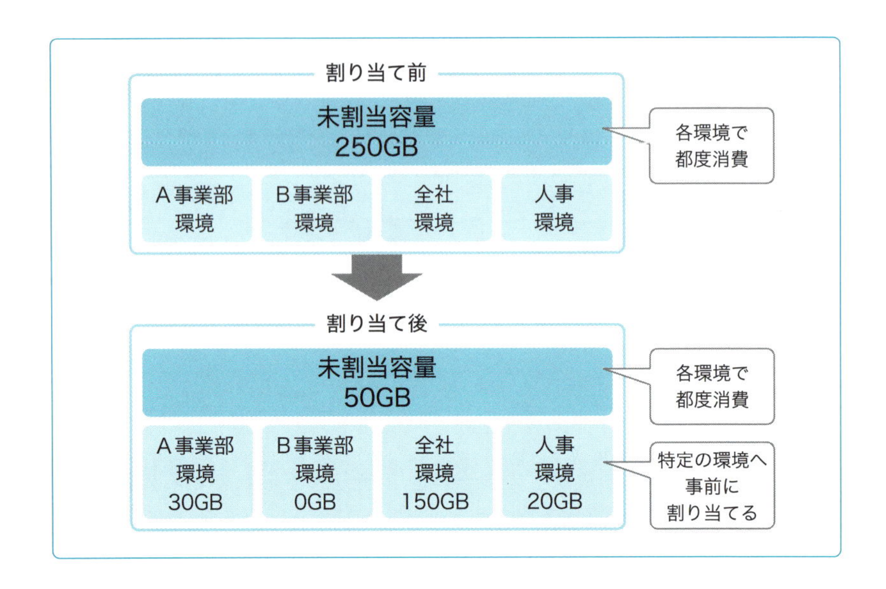

設定手順

1. Power Platform 管理センター＞ライセンス＞Dataverse を選択し、「容量の管理」をクリックします。

2. 容量を割り当てたい環境を選択します。
3. 各ストレージ容量の種類に合わせてどれほど割り当てたいかを設定します。指定容量を超えた場合には
   a.「テナントで利用可能なの容量から引き落とす」にチェックを入れることで、未割当の容量を消費します。
   b.「重量課金制プランに従って請求する」にチェックを入れ、請求プランを指定することで、超過分をプランに紐づくAzure のサブスクリプションへ従量課金させることができます。
4.「容量の使用上限に近づいたら通知を送信する」にチェックを入れ、上限の利用率を指定することで、テナント／グローバル管理者、Power Platform 管理者、Dynamics 365 管理者へ週次で通知が送信されます。
5. ※2025年2月時点では、消費量を表示する順番が逆になっていることが確認されています既に(製品開発チームにはフィードバック済みなので改善される見通しです)。

CoE スターターキットでの容量警告設定

Power Platform 管理センターの標準機能から送付される各種管理者ではなく、特定の担当者に通知させたり、カスタムの通知を設定したりしたい場合は、CoE スターターキットが有効です。

容量警告の閾値の設定

1. Power Apps (https://make.powerapps.com) を開き、CoE環境へ切り替えます。
2. アプリから「Power Platform Admin View」アプリを開きます。
3. Monitor＞Environments を開き、容量の警告を設定したい環境を開きます。(この例では人事環境を開きます)

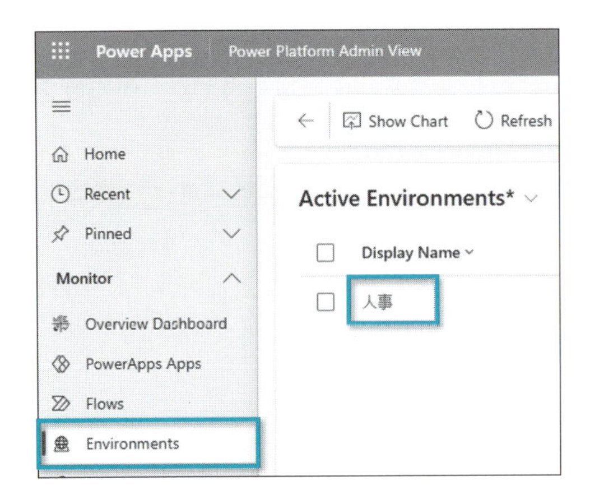

4.「Capacity and Add-ons」タブへ移動し、設定したい対象のストレージの種類の行の「Approved Capacity」の数値を入力し、「Save」を押して保存します。

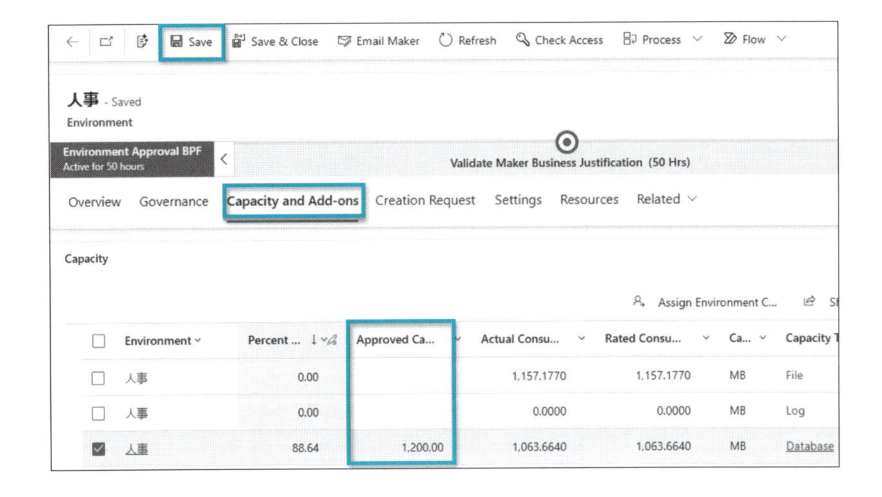

警告通知メールの日本語化とカスタマイズ

CoE スターターキット自体は英語でのみ提供されていますが、メールなどの通知はカスタマイズし、自社に合わせたメッセージ内容や日本語での送付が可能となっています。

1. Power Apps（https://make.powerapps.com）を開き、CoE 環境へ切り替えます。
2. アプリから「CoE Admin Command Center」アプリを開きます。
3. CoE configuration＞Customized Emailsを開き、「Send Over Capacity Envts to Admin」をダブルクリックで開きます。

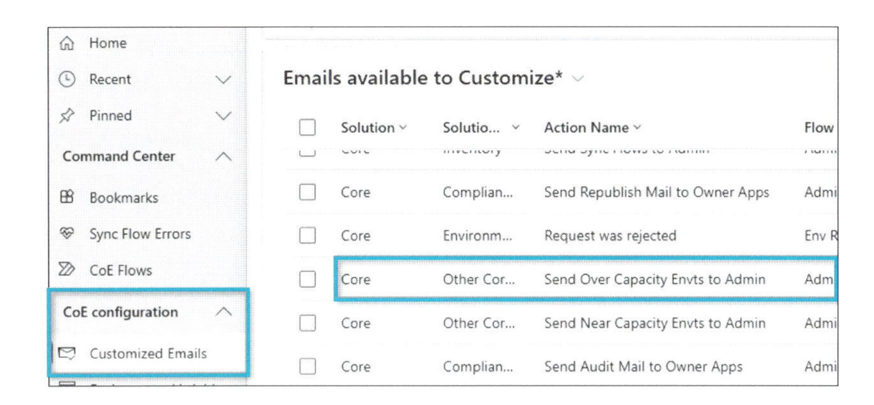

4. 画面右上の「new language」を選択し、各項目を変更します。初期値は自動的に英語のものがコピーされています。各項目の意味を表にしました。

項目名	設定内容
Subject	メール通知の件名です。
Body	通知内容本文です。
Language	「ja-JP」と入力してください。
CC	CCに入れる宛先です。
Reply To	返信先のアドレスです。
Send on behalf	送信元を別のアドレスにする場合に指定します。指定がなければ、CoE スターターキットをセットアップした際のサービスアカウント（ユーザーアカウント）が送信元となります。
Importance	メールの重要度です。

5. 再度保存の確認が表示されるので、「Save」をクリックします。保存すると、画面右上の言語が選択できるように変わり、「ja-JP」が表示されていることが確認できます。
6. 該当者にメールが送付される際、どの言語が使用されて送付されるかは、各ユーザーのMicrosoft 365 の言語設定によって自動的に判断されています。該当する言語が上記手順で設定されていなかった場合、既定で自動的に英語の通知が送付されます。

警告通知メールのフローを有効化

1. Power Apps（https://make.powerapps.com）を開き、CoE 環境へ切り替えます。
2. アプリから「CoE Setup and Upgrade Wizard」アプリを開きます。
3. 「Capacity alerts and Welcome email」の「Configure this feature」をクリックします。

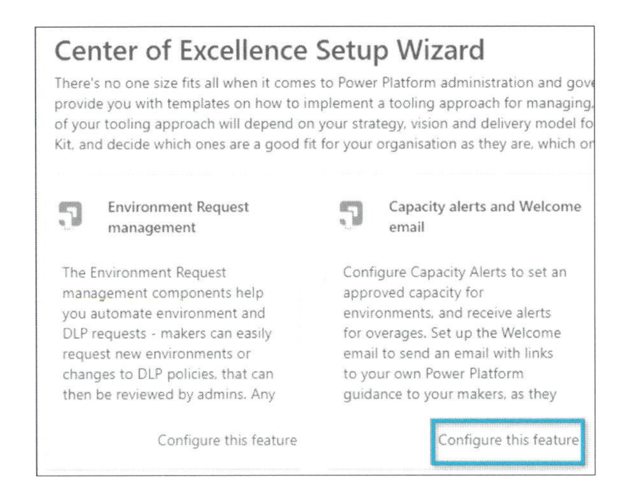

4.「Next」を3回押し、「Turn on flows」のステップまで進み、「Admin | Capacity Alerts」をONにします。

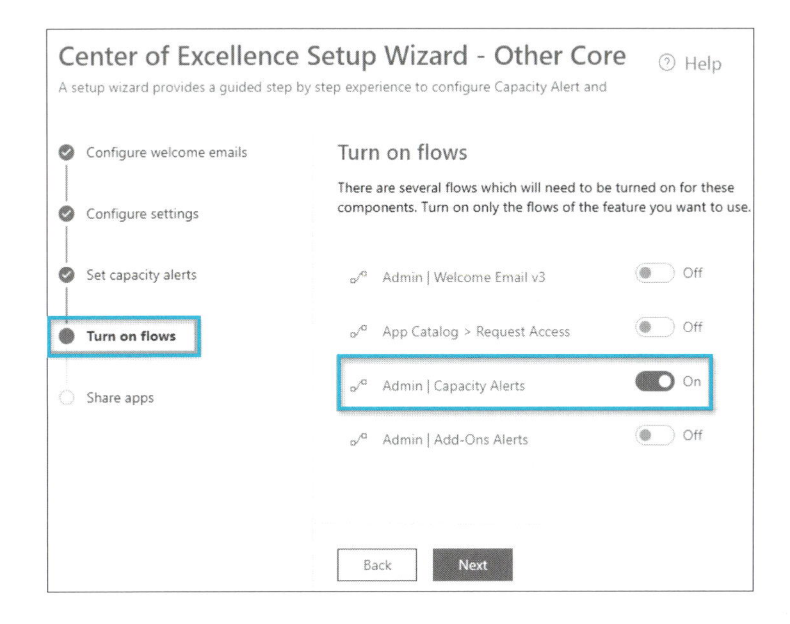

5.「Next」で最後のステップまで進み「Done」をクリックすれば設定完了です。

ライセンスの管理

ライセンス管理は、Power Platform を組織全体で運用していくうえで欠かせない要素の一つです。Power Platform には Power Apps 、Power Automate 、Power BI 、Copilot Studio など複数のサービスが含まれ、それぞれに応じたライセンス体系が用意されています。これらのライセンスを適切に把握し、利用状況や組織の要件に合わせて最適化することは、コスト管理とガバナンスの両面で大きなメリットをもたらします。

Power Apps のライセンス管理

Power Platform 管理センターから、ライセンス＞Power Apps を開きます。ここでは、表示されている各機能を解説します。

■ ライセンス要求

ライセンス要求では、ライセンスを現在保有していないユーザーからのライセンス付与依頼が確認できます。

■ ライセンスの概要で利用状況を確認する

ライセンスの概要では、それぞれのPower Apps の利用権利がある種類別に（例えば、Power Apps Premium やMicrosoft 365 等）以下の情報が確認できます。

1. 購入したライセンス数
2. 割り当てられている数（購入したらライセンスでユーザーに割り当てられている数）
3. アクティブユーザー数（30日で一度でも利用したユーザーの数）
4. プレミアムアプリを起動しているユーザー（有償ライセンスでないとアクセスできないアプリを活用しているユーザー数）
5. 「詳細を表示する」をクリックするとその選択したライセンスの種類別に、どのユーザーに割り当てられているか、前回いつPower Apps を利用したか、いつプレミアムライセンスの機能を利用したか等の情報が確認できます。
6. 「ライセンスを表示する」をクリックすると、ライセンスの内訳が表示

されます。(例としてMicrosoft 365 の場合、E3 なのかE5 なのか等)

7.「環境」タブに切り替え、特定の環境を選択すると、その環境にフィルタリングした上で、ライセンスの利用状況を確認することが可能です。

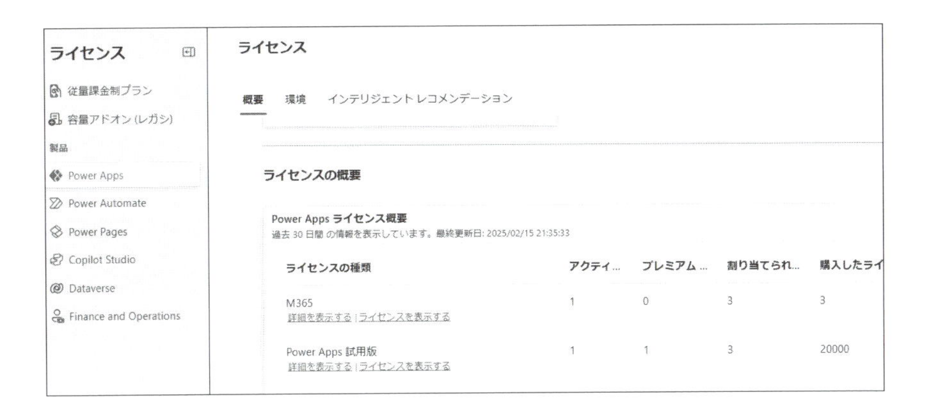

Power Automate のライセンス管理

Power Platform 管理センターから、ライセンス>Power Automate を開きます。ここでは、表示されている各機能を解説します。

ライセンスの概要で利用状況を確認する

ライセンスの概要では、Power Apps の画面同様にそれぞれのPower Automate の利用権利がある種類別に(例えば、Power Apps Premium や Microsoft 365 等)以下の情報が確認できます。

1. 購入したライセンス数
2. 割り当てられている数(購入したらライセンスでユーザーに割り当てられている数)
3. アクティブユーザー数(30日で一度でも利用したユーザーの数)
4. フローの数
5.「詳細を表示する」をクリックするとその選択したライセンスの種類別に、どのユーザーがどのフローで利用しているのか、そのフローはプレミアムライセンスを利用するフローか等の情報が確認できます。
6.「ライセンスを表示する」をクリックすると、ライセンスの内訳が表示

されます。（例としてMicrosoft 365の場合、E3なのかE5なのか等）

7. 「環境」タブに切り替え、特定の環境を選択すると、その環境にフィルタリングした上で、ライセンスの利用状況を確認することが可能です。

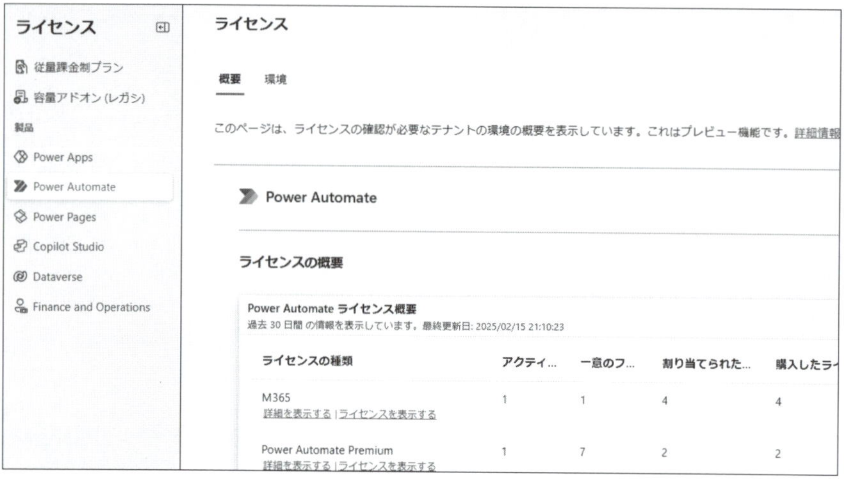

ライセンス
従量課金制プラン
容量アドオン (レガシ)
製品
Power Apps
Power Automate
Power Pages
Copilot Studio
Dataverse
Finance and Operations

ライセンス
概要　環境
このページは、ライセンスの確認が必要なテナントの環境の概要を表示しています。これはプレビュー機能です。詳細情報
Power Automate
ライセンスの概要
Power Automate ライセンス概要
過去 30 日間 の情報を表示しています。最終更新日: 2025/02/15 21:10:23

ライセンスの種類	アクティ...	一意のフ...	割り当てられた...	購入したラ
M365 詳細を表示する | ライセンスを表示する	1	1	4	4
Power Automate Premium 詳細を表示する | ライセンスを表示する	1	7	2	2

Copilot Studioのライセンス管理

Power Platform管理センターから、ライセンス＞Copilot Studioを開きます。ここでは、表示されている各機能を解説します。

ライセンスの概要で利用状況を確認する

・Copilot StudioはPower AppsやPower Automateと違い、メッセージの消費量に合わせて従量課金にて請求されるか、テナント単位の「容量ライセンス」を事前に契約して消費していく仕組みとなっています。Copilot Studioの画面では以下の情報が確認できます。

1. 従量課金のプラン数（Azureに紐づくプランの数）
2. 従量課金のメッセージ合計
3. プリペイドの購入済みメッセージ容量
4. プリペイドの割り当て済みメッセージ容量（特定の環境への割り当て）
5. プリペイドの消費済メッセージ容量

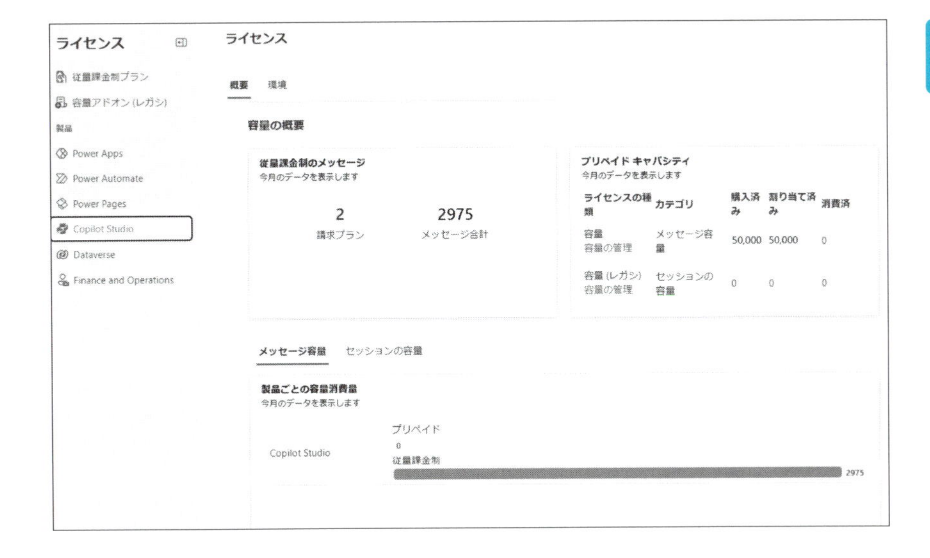

従量課金の設定

従量課金は「請求プラン」を設定することで、既存のAzure サブスクリプションと紐づけることができます。この請求プランには、複数のPower Platform 製品を設定することが可能です。

前提条件

- 従量課金で利用するAzure サブスクリプション
- 従量課金のためのAzure リソースグループ(推奨)
- Azureサブスクリプションへの権限
- Power Platform のサンドボックスまたは実稼働環境

設定手順

1. Power Platform 管理センターから、ライセンス＞従量課金制プランを開き、「新しい請求プラン」をクリックします。

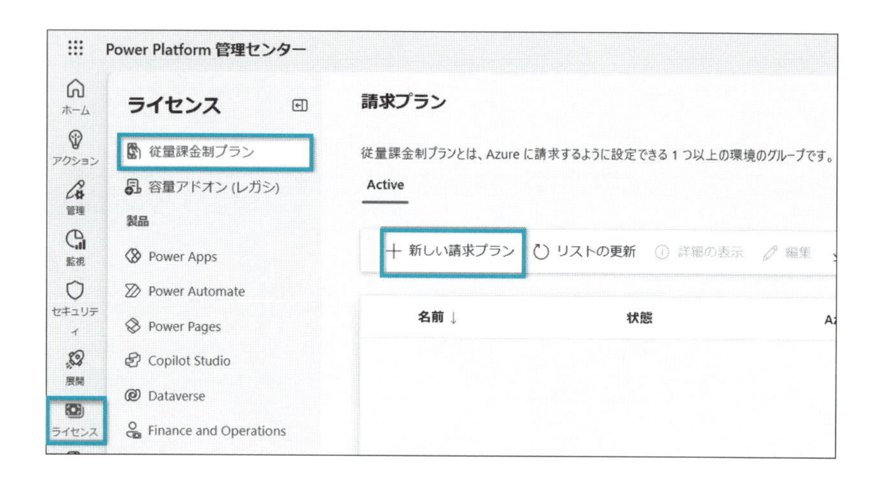

2. 右側にポップアップが表示され、どの新しい請求プランを作成するかが求められます。「Azure サブスクリプション」を選択します。

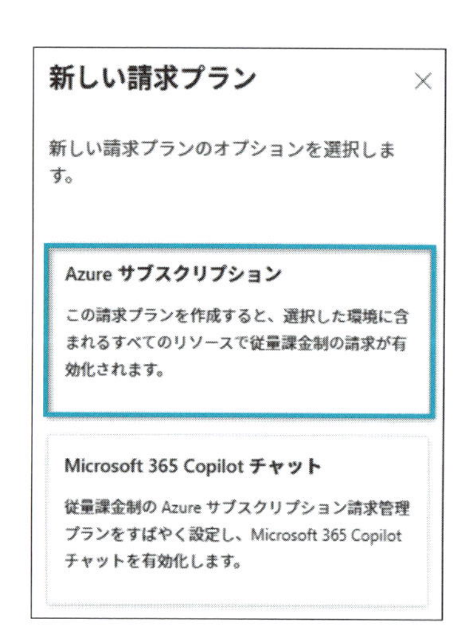

3. 「名前」の項目に請求プランの名前を付けます。1つの地域につき別の請求プランが必要となるため、複数地域の環境を持っている場合はプラン名に地域名も含めることをお勧めします。
4. Azure サブスクリプションを選択します。何も選べない場合は権限が不足しているか、サブスクリプションがない場合がありますので確認し

てください。

5. リソースグループを選択します。個別に従量課金分を把握できるようにするため、専用のリソースグループを選択することをお勧めします。
6. 従量課金で利用するPower Platform 製品を選択します。
7. ここまでをすべて記入すると、以下のようになります。

8. この作成する請求プランの地域を選択します。ここで選択する地域は、環境の地域と連動します。表示される環境を選択することもできますが、何も選択せずに後で環境を追加することもできます。

9. 請求プランを作成すると、Azure 上でも表示されるようになります。Azure 上で確認する場合は、Azure ポータル（https://portal.azure.com）から選択したリソースグループを開き、「非表示の型の表示」にチェックを入れなければ表示されません。

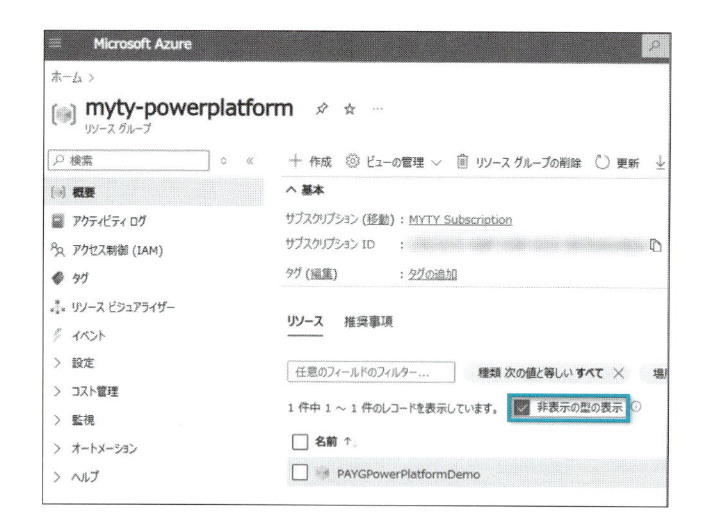

10. コスト管理＞コスト分析へアクセスすると、従量課金の金額が日別で確認できます。

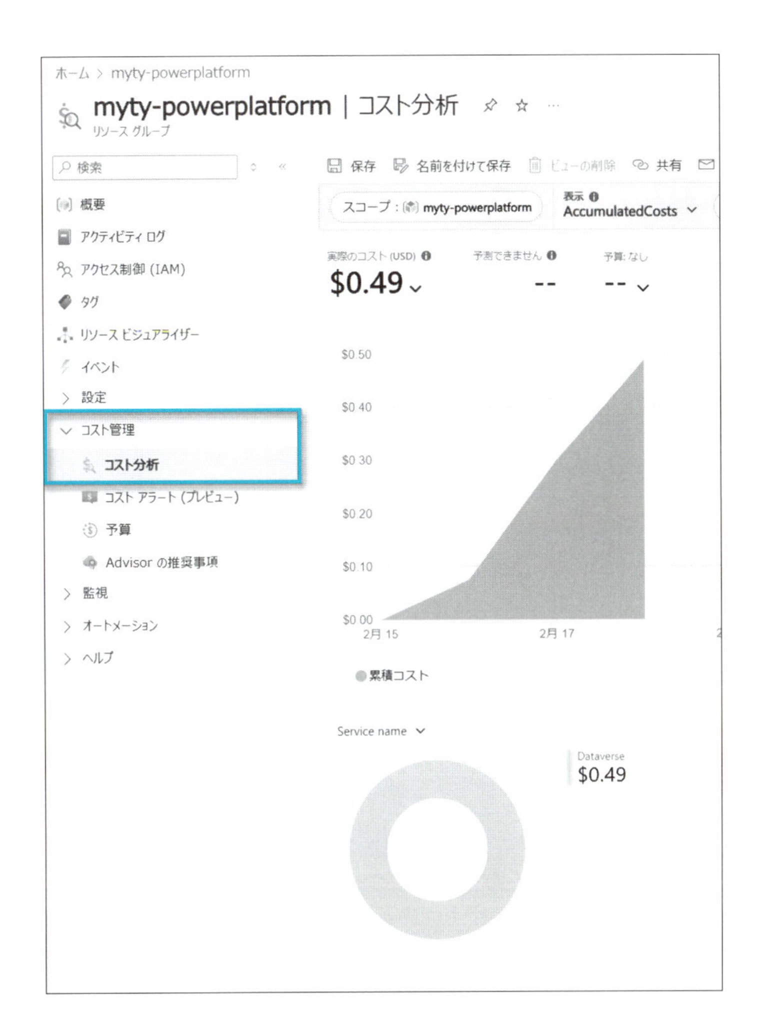

アドオンライセンスの環境への割り当て

アドオンライセンスを環境に割り当てることで、ユーザーライセンスだけではカバーしきれない容量不足や高度な機能を補うことができます。例えば AI Builder やDataverse 容量など、追加のリソースや機能が必要なシナリオでは、Power Platform 管理センターを通じて対象の環境にアドオンライセンスを付与することができます。

設定手順

1. Power Platform 管理センター（https://aka.ms/ppac）＞ライセンス＞容量アドオン（レガシ）を開きます。
2. 「アドオン」タブに切り替え、「環境に割り当て」をクリックします。
3. 割り当てたい環境を選択し、割り当てたい各アドオンの数を入力します。

4. 入力し終えたら「保存」をクリックします。

ライセンス使用状況のレポート作成

CoE スターターキットや Power BI レポートを活用して、ユーザーごとのライセンス利用状況を分析し、将来的なライセンス需要を予測します。

ユーザーが勝手にライセンスを有効化することを防ぐ

組織で Power Platform を導入する際、ユーザーが管理者の承認なくフリートライアルのライセンス（試用版ライセンス）を利用したり、セルフサービスでライセンスを取得したりすると、ガバナンスの観点で問題が生じる場合があります。特に、誰がどのライセンスを利用しているのかが把握できなくなり、不要なコストの発生や、セキュリティ面でのリスク増大につながる可能性があるのです。Power Platform におけるセルフサービスサインアップのようなユーザーが自分でライセンスのトライアルを有効化できる機能は、使い勝手は良い半面、組織のガバナンスを維持するうえで厄介な点があります。例えば、管理者が把握していない環境やアプリを勝手に立ち上げられてしまい、標準化されたポリシー（DLP ポリシーやセキュリティ設定）を遵守しないまま運用が始まってしまうリスクが生まれます。また、組織規模が大きいほど、ライセンスの混乱とコスト計算の複雑化が起こりやすくなります。

ここでは、そうしたリスクを避けるためのトライアルライセンスとセルフサービスサインアップを無効化する方法について触れます。

セルフサービスサインアップの無効化

セルフサービスサインアップを無効化することで、ユーザーが有償版の購入や試用版の開始を独自に行うことを防ぐことができます。

前提条件

- グローバル管理者権限

設定手順

1. Microsoft 365 管理センターから、設定＞組織設定からセルフサービスの試用版と購入をクリックします。

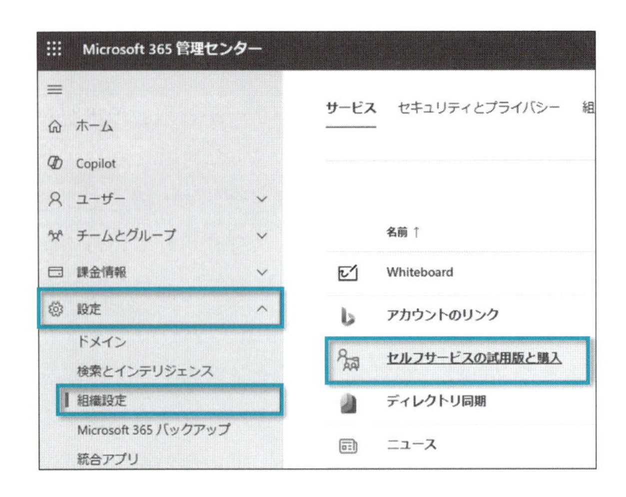

2. 各ライセンス別でのセルフサービス設定が確認できます。無効化したいライセンスをクリックします。

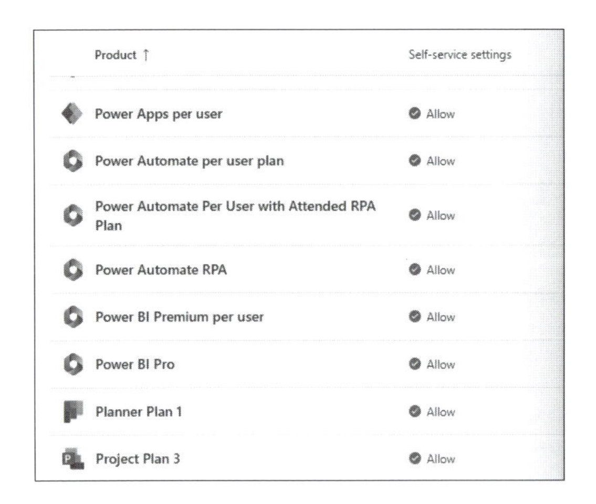

3. 設定を以下の3つから選択し、「Save」をクリックします。

- Allow – ユーザーはセルフサービスで該当のライセンスを試したり、購入したりすることができます。
- Allow trials only - 試用版を有効化することはできますが、購入はできません。試用版の期限終了後、管理者に有償ライセンスをリクエストする必要があります。

- Do not allow – 試用版も購入もできません。

ライセンス自動割り当ての無効化

2024年から導入された、ライセンス自動割り当て機能により、ユーザーは管理者からライセンスが割り当てられていない場合でも、プレミアムライセンスの機能を利用すると自動的に割り当てられるようになりました。この機能は管理者の手間とユーザーのプレミアム機能への敷居を下げることでより効率化などへの取り組みがしやすくなった半面、ライセンスを指定の部署や用途に購入した場合に別部署や別用途で利用されてしまうというリスクもあります。

設定手順

1. Microsoft 365 管理センター（https://admin.microsoft.com）から、課金情報＞ライセンスから「自動要求ポリシー」のタブへ切り替えます。
2. 自動作成されているポリシーが2つ表示されます。
   a. Auto-Created Policy for Power Automate Premium
   b. Auto-Created Policy for Power Apps

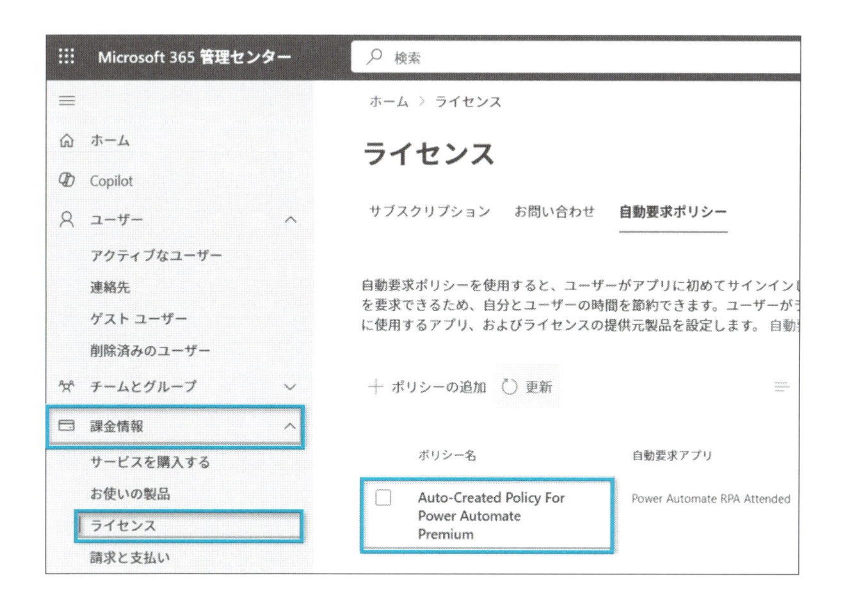

3. ポリシーをクリックし、「このポリシーをオンまたはオフにします」のチェックを外し、「保存」をクリックします。

×

Auto-Created Policy For Power Automate Premium の詳細

このポリシーをオンまたはオフにします。

☐ Auto-Created Policy For Power Automate Premium

ポリシーの詳細

ライセンスのないユーザーが Power Automate RPA Attended の一部であるアプリに最初にサインインすると、ライセンスが自動的に割り当てられます。

ポリシー名	自動要求アプリ
Auto-Created Policy For Power Automate Premium	Power Automate RPA Attended

編集

5-4 ログの取り扱いと監査体制

各種Power Platform 製品の監査ログはMicrosoft Purview もしくはCoE スターターキットから取得できます。いずれの仕組みも同じデータ元（Microsoft Purview ）から取得していますが、CoE スターターキットは様々な追加データと組み合わせて表示するため、より詳細に確認することができます。また、監査ログへのアクセス権限を付与しなくても、CoE スターターキットの中に含まれるアプリから閲覧できます。それでは直接Microsoft Purview から参照する方法とCoE スターターキットから参照する方法を触れていきます。

Microsoft Purview で監査ログを閲覧する

前提条件

- テナントでの監査ログが有効であること
  ※有効でない場合は、本章の「統合監査ログの有効化」をご覧ください。
- 監査ログへの読み取り権限以上の権限が最低限付与されていること
  ※付与されていない場合は、管理者へお問い合わせください。

閲覧手順

1. Microsoft Purview ポータル（https://purview.microsoft.com/）へアクセスし、ソリューション＞監査を開きます。
2. 閲覧したいログの開始・終了日時を指定します。
3. アクティビティ・フレンドリ名で、取得したいPower Platform のログの種類を選びます。
4. 「検索」をクリックします。検索には数分から数十分かかります。

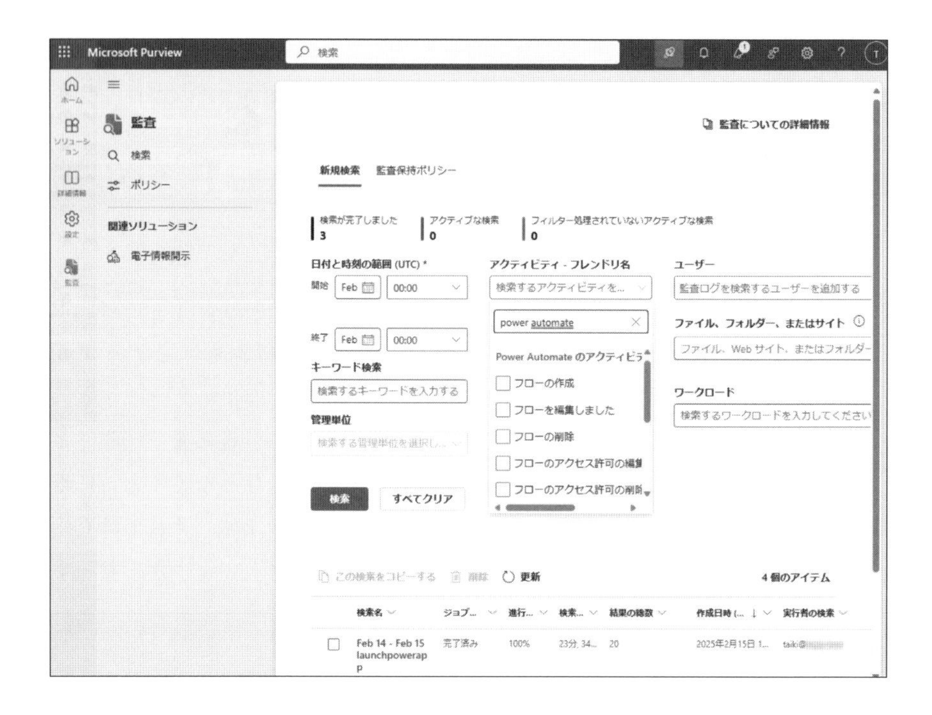

5. 検索結果は画面下部に表示され、クリックすると開きます。

各製品でどのアクティビティが監査ログから取得できるかについては、https://go.myty.cloud/book/auditlogtypes へアクセスして確認してください。

CoE スターターキットから監査ログを閲覧する

前提条件

- テナントでの監査ログが有効であること
  ※有効でない場合は、本章の「統合監査ログの有効化」をご覧ください。

閲覧手順

1. Power Apps（https://make.powerapps.com）を開き、CoE環境へ切り替えます。
2. アプリから「Power Platform Admin View」アプリを開きます。
3. Usage＞Audit Log を選択すると、Power Platform に関連する監査ログの情報が確認できます。

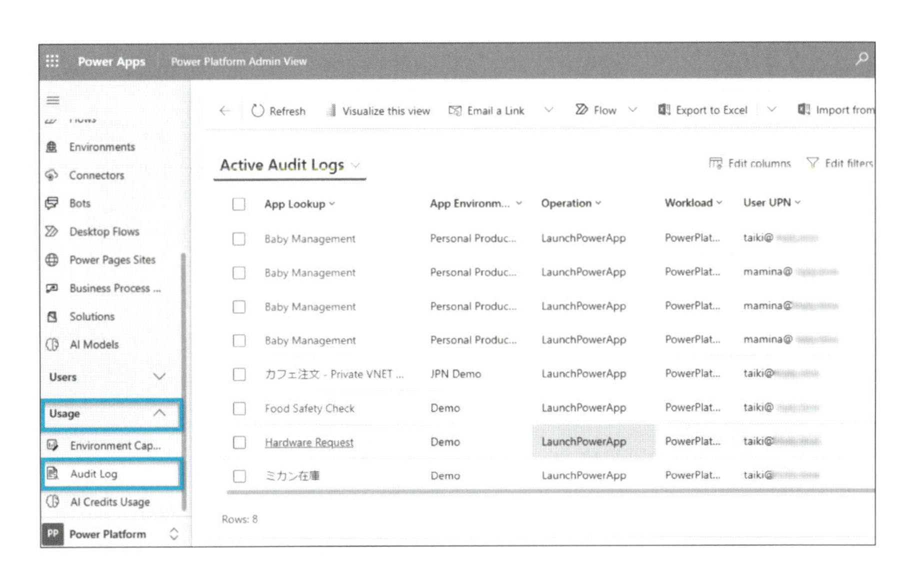

第 6 章

活動内容に対して通知・行動する

» 6-1　アダプションカーブとペルソナ
» 6-2　ハッカソンの運営方法
» 6-3　アクティビティの監視・通知
» 6-4　不正利用検知（プレビュー）

本章では、IT部門が「受身のIT」から「攻めのIT」へと変革するために、監視や保守運用といった管理だけでなく、プロアクティブにPower Platform の利活用を推進していく方法を、システム的な側面と、カルチャー的な側面の両方から紹介します。

Power Platform を使って、実際にアプリやフローなどを開発していくのは、主に業務を担っている業務部門に所属する人々です。組織規模で見れば、様々な部署やチームがそれぞれの現場目線で課題を解決するために、Power Platform の学習や活用に取り組むことが想定されます。同じ市民開発者であっても、その取り組みの姿勢やモチベーション、知識レベルは多岐にわたります。第1章で紹介したように、彼らは「市民開発者」と呼ばれ、自らPower Platform について学び、業務の効率化や最適化を進めることで個人やチームの生産性を高めたり、部門内の課題を解決するためのソリューションを作成したりしていくことを目指しています。ここでは、Power Platform を活用していくうえで重要となるユーザー層をペルソナベースで整理し、それぞれに適したアプローチを考えていきたいと思います。さらに、このペルソナをイノベーションが普及していく過程を表す「Technology Adoption Curve[1]（アダプションカーブ）」に当てはめてみると、より的確な施策を検討できるようになります。

1：AI at Work: How to Get Ahead on the AI Adoption Curve
https://www.microsoft.com/en-us/worklab/ai-at-work-how-to-get-ahead-on-the-ai-adoption-curve

6-1 アダプションカーブとペルソナ

アダプションカーブとは、最先端の技術や概念がどのように社会や組織へ浸透していくかを示す普及プロセスを示す概念のことです。一般に「Innovators（イノベーター）」「Early Adopters（アーリーアダプター）」「Early Majority（アーリーマジョリティ）」「Late Majority（レイトマジョリティ）」「Laggards（ラガード）」という5つの層に分かれます。

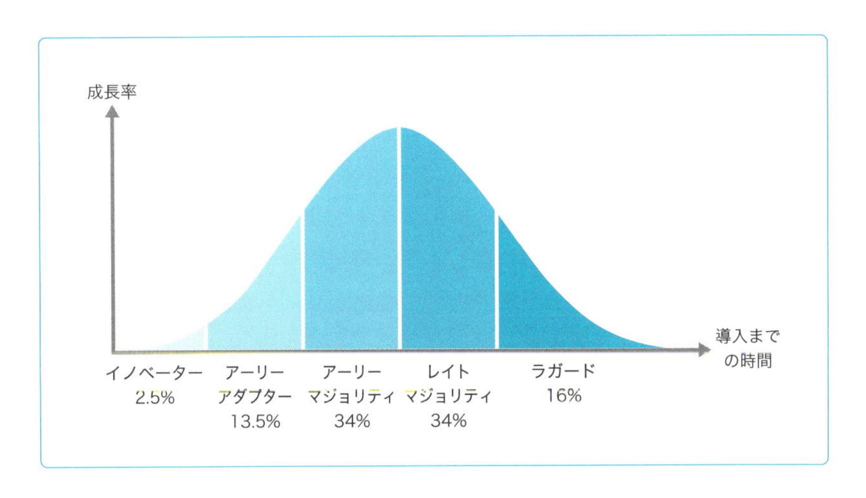

ここでは組織内のPower Platform 利活用推進を例に、「探検家」「変革者」「チャンピオン」の3つのペルソナを、次のように関連付けてみましょう。すなわち、チャンピオンはイノベーター、変革者はアーリーアダプター、探検家はアーリーマジョリティの位置付けとして考えます。彼らをペルソナベースで分析し、それぞれどのようなアプローチが有効であるか、また各ペルソナが求める情報やサポート内容を見ていきましょう。

チャンピオン（イノベーター）

チャンピオンは、アダプションカーブの中でも最先端に位置する「イノベーター」に相当します。効率性を再定義するイノベーションと、先駆的なソリューションをリードする存在といえます。イノベーターと似たところもありますが、より強い先見性を持ち、既にある程度の高度な知識や経験を踏まえて、組織やビジネスに大きな価値をもたらそうとします。彼らは、「自分のノウハウを他者と共有するにはどうすればよいか」という視点を重視しており、Power Platform の専門家として社内で幅広く影響を与えます。例えば、ソリューション開発のリードやトラブルシューティング、管理者や他の市民開発者へのトレーニング支援、最新機能の検証など多面的に活動することが特徴です。チャンピオンは、組織全体でのPower Platform の利用拡大を推し進めるうえで欠かせない存在であり、彼らと二人三脚で社内コミュニティを盛り上げると大きな効果が期待できます。そのためにも、チャンピオンプログラムの導入、新機能の優先提供、プレミアムコネクタやカスタムコネクタ利用範囲の拡大、コードレビューや ALM（アプリケーションライフサイクル管理）の構築支援などを行い、チャンピオンが活躍しやすい環境を整備することが重要になります。さらに、マイクロソフトの認定資格や社内外のユーザーグループ活動などで彼らの知識や実績が正式に評価される仕組みがあれば、より積極的な発信を促すことができます。

一般にチャンピオンは、Power Platform 管理センターのテナントレベル分析を確認するか、CoE スターターキットのダッシュボードを確認することで特定できます。また、社内のディスカッションチャネルで頻繁に質問に答えたり、自発的に学習やトレーニングの機会を提供したりするなど、既に行っている活動が評価されて認定されるケースが多いようです。

チャンピオンの特定方法

1. Power BI ポータル（https://app.powerbi.com）へアクセスし、第5章で発行したPower BI ダッシュボードを開きます。
2. Makers ページを開きます。
3. Top 10 Makers に記載されているユーザーの一覧が、組織の中で最も

Power Platform のアプリやフロー、エージェントを作成しているユーザーです。

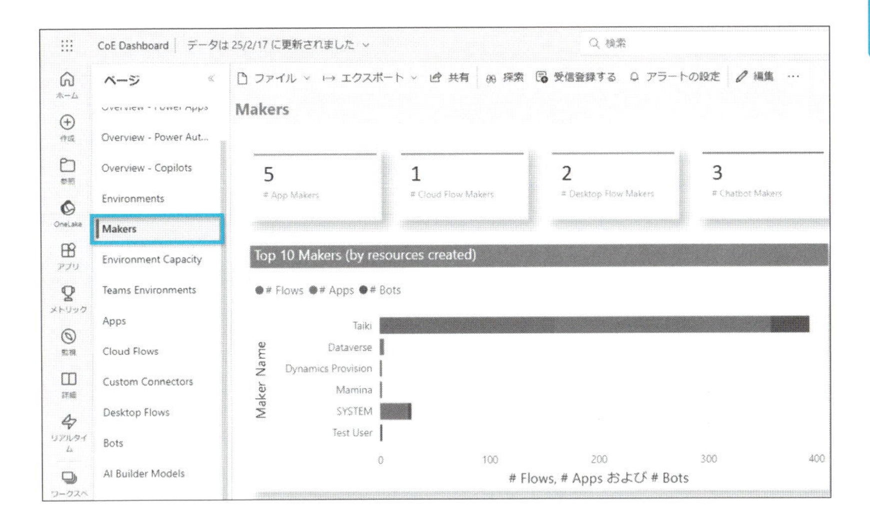

4. アプリ、フローまたはエージェントに特化してみたい場合は、各「Overview」のページへアクセスすると、トップ20の作成者の一覧が、それぞれの製品別で閲覧できるようになっています。

変革者(アーリーアダプター)

変革者は、組織において新しい技術や発想をいち早く取り入れ、チームや部門全体を巻き込んだソリューションを生み出そうとする人々です。アダプションカーブでいうアーリーアダプターに当たり、まだ全社的に定着する前から積極的にトライしてノウハウを蓄え、周囲の事例となる可能性が高い層です。彼らは「どのようなルールやガイドラインを守ればよいか」、「新機能や高度な機能をどう活用すればよいか」など、チーム単位や部門単位での展開を見据えた課題解決に注目します。単にツールの使い方を学ぶだけでなく、ガードレール(運用ルール)やガバナンスに関する知識を積極的に取り入れようとする点が特徴です。変革者層のエンゲージメントを高めるには、実績や貢献度に応じたバッジや報酬、テンプレートやデザイン・インスピレーションの提供など、創造的かつ実践的な支援が役立ちます。また、「Ask a Developer」と呼ばれるプロ開発者との交流の機会やイベント、「ハッカソン」や「もくもく会」といった技術イベントや勉強の場を定期的に設け、お互いの技術やアイデアを深掘りする取り組みをサポートするのも効果的です。変革者は、新しい機能を早期に試し、部門内の成功事例をいち早く作ることで、より広いユーザー層への波及効果を生み出します。

探検家（アーリーマジョリティ）

探検家は、AI やローコードなどの新しいテクノロジーに対して前向きではありますが、組織内での爆発的な普及をけん引するような第一陣ではなく、多くの人が「やってみようかな」と思い始めた段階に参加するタイプです。デジタル変革の冒険に乗り出し、まずは個人の生産性を高めることに注力しています。「アプリやフローを作成するにはどうすればよいか」という、ツールの基本的な使い方や具体的な開発手法に最も関心があります。この層を動かすことができれば、組織全体の利活用が一気に加速することになります。彼らがスムーズに第一歩を踏み出すためには、初心者向けのトレーニングや自己学習リソースの充実が欠かせません。例えば、「Show & tell」と呼ばれる新しいツールや技術の活用方法をデモで共有するセッションを設けたり、オンラインやオフラインで気軽に質問できる社内コミュニティの場を作ったりするのが効果的です。さらに、「App in a Day」（1日でPower Apps を学ぶ学習コンテンツ）などの初心者向けハンズオンイベントや、Microsoft Learn のような体系的な学習コンテンツを通して、基礎知識を定着させる機会を提供することも有効です。成功体験やサクセスストーリーをこまめに共有することで、探検家のモチベーションを高め、安心してチャレンジできる環境を整えられるでしょう。

探検家は、全社規模での利活用を推進するうえで欠かせない存在です。興味深い示唆を与えてくれるのが、Derek Sivers氏によるTED Talks「How to Start a Movement[2]（社会運動はどうやって起こすか）」でも紹介

2：https://www.ted.com/talks/derek_sivers_how_to_start_a_movement

されていた、リーダーシップとフォロワー（追随者）の理論です。このトークでは、一人のリーダー的存在（いわゆる最初のイノベーター）が何か新しいことを始めたとしても、それが本人の孤独な行動にとどまっていてはムーブメント（運動）として組織や社会に広がっていかないことを指摘しています。ムーブメントを起こすために最初に必要なのは「最初のフォロワー」であり、1人目や2人目の参加者が現れることで、ただの奇抜なアイデアが周囲から認知され始め、「面白い取り組みかもしれない」という期待感が生まれます。そうして人数が少しずつ増え、ある閾値を超えると一気に多数の人々が参加し始め、結果として大きなうねりを生み出すというわけです。

ここでいう探検家は、アーリーマジョリティとしての役割を担うため、既にイノベーターやアーリーアダプターが取り組みを始めた段階で、「自分にもできそう」「これなら自分の業務に取り入れてみたい」と感じると、探検家の多くが続々と参入してきます。Derek Sivers氏の言う「最初のフォロワー」や、その次に続く少数のフォロワーがムーブメントのきっかけを作るのだとすれば、アーリーマジョリティは波を本流にする存在であり、一部の先進的な取り組みを組織全体の当たり前に変えてしまう大きな力を持っています。

もし探検家の層が動かないと、イノベーターやアーリーアダプターがどれほど画期的な成功事例を積み上げても、全体への波及力は限定的なままかもしれません。探検家が「なるほど、自分でもできそうだ」と感じて行動し始めることで、一気に裾野が広がり、組織全体の認知と利活用が加速度的に高まります。結果として、Power Platform を活用した部門横断のコラボレーションや業務改革が本格的に動き出し、さらには「やってみたいけれど、ちょっと敷居が高い」と感じていた後続の層「レイトマジョリティ」の背中を押す効果も生まれます。

イノベーションの拡散には「最初に動いた人・最初に応援する人」とともに、「実践できそうと感じて続く人たちの層」が非常に重要となるため、探検家のようなアーリーマジョリティの層をうまく巻き込むことで、イノベーションはただの奇抜な取り組みや小規模な実験を超えて、組織全体を動かす力強い波へと成長していくのです。

このように、アダプションカーブの観点でペルソナを捉え直すと、それぞれのペルソナがどのような段階で組織内に広がり、どういったサポートを提供すれば定着を促せるのかが明確になります。探検家をスムーズに立ち上げ、変革者がチームや部門単位で実用的な成果を生み出し、さらにチャンピオンが先進的な知見やノウハウを組織全体に伝播させることで、Power Platform による全社的な価値創出を加速度的に進めることができるのです。先進的な層が実践し、成功事例を作ることで中間層が追随しやすくなり、最終的には組織全体の生産性向上やデジタル変革を実現します。各ペルソナが置かれた立場とモチベーションを理解したうえで、適切なレベル別トレーニングや社内コミュニティ、ガバナンス体制を提供することが鍵になります。

「チャンピオンプログラム」とは

チャンピオンプログラムは、組織内で新しい技術やツールの導入を促進するための重要な取り組みです。このプログラムの目的は、情熱を持って知識を共有し、同僚がより効果的な解決策を学ぶのを助ける「チャンピオン」と呼ばれるインフルエンサーを育成することです。チャンピオンは、自分の仕事に情熱を持ち、既存のツールに不満を抱きながらも、新しい技術を積極的に採用しようとする人物です。彼らは同僚に対して新しい技術の利点を伝え、導入をサポートします。具体的には、次のような活動を行います。

- **新しい働き方の導入を推進**：チャンピオンは、組織内で新しい働き方を広めるための情熱に溢れているため、様々な方法でPower Platform の全社展開や利活用推進に貢献します。
- **影響力の輪を構築**：チーム間で影響力を持ち、他のメンバーに新しい技術の利点を伝えます。
- **ビジネス上の課題とソリューションの特定**：チャンピオンは、ビジネス上の課題を特定し、それに対するソリューションを提案します。
- **プロジェクトチームとスポンサーへのフィードバックを提供**：チャンピ

オンは、プロジェクトチームやスポンサーに対してフィードバックを提供し、プロジェクトの成功に貢献します。

チャンピオンプログラムの重要性：

チャンピオンプログラムは、組織の変革を支える重要な要素です。チャンピオンは、同僚の学習を促進し、サービスのデプロイやトレーニングプログラムの実施を促すなど、重要な役割を果たします。また、チャンピオンプログラムは、Microsoft 365 やCopilot Studio などの関連する周辺技術の導入を促進し、組織全体のエンゲージメントを高める効果があります。

チャンピオンのサポート方法：

マイクロソフトのベストプラクティスから、チャンピオンをサポートするためには、以下のような取り組みが有効であることが分かっています。

- **明確な目標設定**：プログラムの目標を明確に設定し、チャンピオンが達成すべき具体的な成果を示します。
- **継続的なトレーニング**：チャンピオンに対して中級～上級者向けの継続的なトレーニングを提供し、スキルの向上を図ります。
- **報酬と認定**：チャンピオンの活動を評価し、報酬や表彰、あるいは社内報でのインタビュー掲載といった形でインセンティブを与えることでモチベーションを高めます。
- **コミュニティの構築**：チャンピオン同士が情報を共有し、互いにサポートし合う社内コミュニティを構築します。

チャンピオンプログラムは、組織の変革を推進するための強力なツールです。チャンピオンの育成とサポートを通じて、組織全体のエンゲージメントを高め、新しい技術の導入を成功させることができます。チャンピオンプログラムは、様々な企業で成功を収めています。例えば、ある企業では、チャンピオンが新しい技術の導入を推進し、全社的な生産性向上を実現しました。具体的には、以下のような取り組みが行われました。

- **「Show & tell」セッションの実施**：チャンピオンが新しいツールや技

術の使い方をデモンストレーションし、同僚に共有するセッションを定期的に開催。

- **オンラインコミュニティの構築**：チャンピオン同士が情報を共有し、互いにサポートし合うためのオンラインフォーラムやチャットグループを設置。
- **ハンズオンイベントの開催**：初心者向けのハンズオンイベントを定期的に開催し、参加者が実際にツールを使ってみる機会を提供。

このように、企業内でPower Platformの利活用を推進するための様々な方法を紹介してきましたが、その中でも多くの企業で取り入れられている「ハッカソン」というイベントについて取り上げたいと思います。Power Platformを知るきっかけとして、または、Power Platformが社内の具体的な業務課題をどのように解決できるかを検証する手段として、ハッカソンを開催することはとても効果的な手段です。短期間かつ集中的な取り組みを通じ、社内のメンバーが自らアイデアを形にしながら学習や連携を深められるため、多くの企業が関心を寄せています。Power Platformのハッカソンを成功させるためには、事前の準備から運営方法、事後の活用まで、一連の流れをしっかりと設計することが大切です。以下の通り、ハッカソンイベントを企画運営するための具体的な方法を記載したいと思います。

6-2 ハッカソンの運営方法

まず、ハッカソンを成功に導くためには、上層部からの継続的な支援と、実務レベルでの主導者（リーダーやプロジェクトの実行担当者）の明確化が重要であるという点をお伝えしたいと思います。例えば、経営層からスポンサーのような役割を担う人を設定し、ハッカソンの目的や期待値を社内全体にアピールしてもらうことで、組織として公式にコミットしているイベントであると認識されやすくなります。必ずしも経営層である必要はありませんが、社内で影響力を持つインフルエンサーのような立場の人に協力してもらうことをお勧めします。そうすることで、業務としてイベント参加日程を優先してもらったり、必要なツールや予算を確保したりするために、こうしたスポンサーの存在が効果的です。

次に、ハッカソンの目的を明確に定義することが重要です。ハッカソンとは、限られた期間（例えば1日から数日程度）の中で、開発者だけでなく業務担当者や管理部門など様々な職種の人々が協力し合い、アイデアをアプリやワークフローとして短時間で形にしてみる試みです。Power Platform は専門的なプログラミング知識がなくても、ローコードを駆使して素早くプロトタイプを作成できる点が大きな強みとなります。社内の課題を具体的に見える形にし、解決に向けた動きを加速させることで、ビジネス部門とIT部門の連携が促進されるのもメリットです。

そして、実施したハッカソンの成果を測るための「成功指標」を設定しておくと、イベント後の評価や継続活動につなげやすくなります。例えば、「完成したアプリやエージェントの数」「実際に運用化される機能の割合」「参加者の満足度や習熟度」など、いくつかの観点から定量化・定性化しておけば、社内での認知度を高める材料になります。さらに、ハッカソンをきっかけに普及が進んだ機能や業務改善の事例を後日まとめると、次回以降のイベントや他部署への水平展開にも有効です。特に、ビジネス部門から「このアプリのおかげで○○時間の削減につながった」といった具体的な成果が挙がると、ハッカソンの取り組みが全社的に受け入れられやすくなるため、事前に「どのようなデータや成果を収集し、どう共有するか」を考えておくとよいでしょう。

ハッカソンの企画

ハッカソンを企画する段階では、まず大まかなテーマや解決したい課題を設定します。例えば「社内の承認フローを効率化しよう」や「営業支援アプリを作って顧客対応を改善しよう」といったゴールを掲げると、参加者がアイデアを出しやすくなります。このとき、テーマはあまりに広すぎると参加者が迷いやすく、逆に狭すぎると自由度が下がって面白みが失われてしまうこともあるため、バランスを取りつつ参加者のモチベーションを引き出せるように設定します。参加者の募集時には、Power Platformにまったく触れたことのない業務担当者や、既にアプリ開発を経験している社員、IT管理者やコンサルタントなど、幅広いバックグラウンドを持つメンバーが集まるように呼びかけると、より多様性のあるアイデアが生まれやすくなります。

準備段階の運営面では、ハッカソンで利用する環境(データソース、接続可能なコネクタ、利用してよい環境など)をあらかじめ整理しておく必要があります。必要に応じて DLP ポリシーの適用範囲を確認し、参加者が自由にアプリを作成・テストできる環境を確保します。管理者視点では、エラー時の問い合わせ対応や制限事項の周知ができるよう、社内ルールをハッカソン前にドキュメント化しておくことが望ましいです。また、ハッカソンで成果物として エージェントを作る予定がある場合は、チャネルの設定や対話内容の管理、ログの取得など、事前に準備が必要な点を洗い出しておきます。

理想を言えば、ハッカソンを行う前に参加者に対して必要な初級トレーニングを提供したり、初心者向けのハンズオンを実施したり、Power Platform をまだ触ったことのない人向けの基礎セッションをいくつか開催するなどして、参加者全員が最低限の基礎知識を持ったうえで参加できることが望ましいです。ハッカソンの開催数週間前から告知を始め、興味はあるがスキルに自信がない参加者を後押しする仕組みを作っておきます。こうした段取りを決めておくと、当日になってからの混乱を減らし、よりスムーズにアイデア出しや開発作業に集中できるようになるはずです。

ハッカソンの当日

ハッカソン当日は、参加者がPower Platformをスムーズに使えるようにサポート体制を用意します。特に初心者は、どのようにコネクタを設定すればよいか、Power Fxの式をどこにどのように書けばよいか、といった基本的な操作でつまずくことが多いものです。そこで、運営側は簡単なPower AppsやPower Automateのチュートリアルや、Copilot Studioを使ってエージェントを作成する際の注意点をまとめた資料を準備し、随時フォローできる体制を整えます。加えて、ハッカソンを円滑に進めるために、キックオフセッションではPower Platformの概要とセキュリティ面（DLPポリシーや環境の種類・使い分けなど）を短時間でおさらいする時間を設けます。また、「ピッチセッション」と呼ばれるアイデアの共有・マッチングタイムを確保しておくのも有効な手法の一つです。ハッカソンの開始段階に短いピッチタイムを設けることで、参加者同士が「こんな課題を解決したい」「この業務フローを効率化したい」といったアイデアをスピーディに共有し合い、チーム編成を柔軟に行えるようになります。ピッチセッションをうまく活用すると、部署やスキルセットを越えたコラボレーションが起こりやすくなり、より多面的なソリューションが生まれるきっかけになります。ハッカソンの開始後は、参加者が方向性を見失わないように、定期的に進捗報告のタイミングを設けたり、アドバイザーやサポーターと呼ばれる役割のスタッフを各グループに配置したりすると効果的です。

成果物の発表やデモもハッカソンの醍醐味です。ハッカソンの終盤には、各チームや個人が作成したアプリ・フロー・エージェントなどを共有し合い、互いのアイデアを学び合います。必要であれば、簡単なストーリーやビジネスインパクトなどをプレゼンテーションで補足すると、評価者だけでなく社内の他部門の人々にも「こういうアイデアが自分たちの業務にも応用できそうだ」という新しい発想が生まれやすくなります。運営側は審査基準を事前に整理し、たとえば「ビジネス的な価値」「実装の完成度」「独創性」「実現可能性」「チームワーク」などの観点で評価を行うようにしておくと、公平性を保ちながら参加者のモチベーションを高められます。

ハッカソン終了後

ハッカソン終了後のフォローアップは、参加者の学習成果を定着させ、より多くのビジネス価値を引き出すうえで非常に重要です。ハッカソンで作ったアプリや エージェントは、すぐに本番利用に進められるケースもあれば、さらに大きく拡張する可能性を秘めているケースもあります。そこで、運用チームやガバナンス委員会・CoE（Center of Excellence）などを通じて、ハッカソン後のアプリケーションや エージェントが組織内で正式に利用される場合のルール整理を行います。具体的にはソリューションとして他の環境に移行する手続きや、ライフサイクル管理の流れ（テスト環境での検証、本番リリース、保守体制の確立など）を明確に定め、必要であれば変更管理や承認フローを設定してリスクを低下させます。

さらに、完成したアプリや エージェントを社内に対して積極的に情報公開することで、ハッカソンの成功事例を周囲に共有します。例えば社内ポータルサイトや社内SNSを活用し、開発した成果物のスクリーンショットや動画をわかりやすい形で掲載したり、利用した参加者の声を紹介したりするといったアイデアがあります。運用チームがその後のサポートと継続的なトレーニングを提供しながら、他部署への水平展開や新たなシナリオの発掘を進めていくことで、Power Platform の全社的な盛り上がりや定着が期待できます。

ハッカソンで得た学びやアイデアが一過性で終わるのではなく、社内コミュニティやユーザーグループなどに発展し、継続的な情報交換やスキル共有が生まれる土台となることが理想です。ハッカソン終了時に「今後もサポートし合えるコミュニティがある」「追加で試してみたい機能や活用例を一緒に考えられる場がある」とアナウンスすれば、参加者が引き続きPower Platformの可能性を探求しやすくなりますし、このように盛り上がりを継続させる仕組みを明文化しておくと効果的です。

以上のように、ハッカソンを通じてPower Platformを活用する取り組みは、管理者や業務担当者にとって学びの場であると同時に、実際に課題解決へ近づくプロセスでもあります。アイデアを具現化する中で、ユーザー自身がローコード開発に慣れ、運用やセキュリティ面での意識も自然と高まることが大きな利点です。一度ハッカソンを成功させれば、組織内に「こんなに簡単に業務改善ができるのか」という実感が広まり、Power Platformのガバナンス体制構築にも良い影響を与えてくれます。参加者同士の横のつながりも強まるため、ハッカソン後に自主的な勉強会やユーザーグループが生まれ、より組織的なアプリ開発の文化へと育っていくことも期待できるでしょう。

最後に、ハッカソンはあくまで「短い期間でアイデアを形にしてみる」というイベントであるため、社内の全員に対して一気にPower Platformのスキルを習得させる方法ではありません。しかしながら、ハッカソンは大きなモチベーションやアイデアの種を生み出し、組織を巻き込んで学習・改善を進められる絶好の機会です。運営方法やテーマ設定、事前準備に力を入れ、結果を適切にフォローアップすることで、Power Platformのガバナンスと利活用を同時に推進できるはずです。ハッカソンを一つの入口として、社内全体を巻き込むポジティブな開発・運用サイクルを育てていくことが、将来的なイノベーションの土台づくりにつながっていくのです。

ここまでで述べたように、組織の様々な部署やユーザーがPower Platformの利活用に積極的に取り組むようになると、当然ながら作られるアプリやフローの数は増加し、開発や運用のペースも加速度的に上がっていきます。こうした活気ある状態は組織にとって大きなチャンスである一方、IT管理者の視点から見ると、運用状況を的確に把握し、突発的なリスクや問題が起こった際に迅速に対応できる仕組みを整えておく必要性が高まる局面でもあります。特に、ハッカソンや自発的な取り組みを通じて生まれたアプリやフローは、短期間で試作されることが多く、開発者の入れ替わりや権限管理の甘さなどのリスクを見逃しがちです。そこで、次に取り上げるのがアクティビティの監視と通知に関する仕組みづくりです。大量に作られる資産をただ「見える化」するだけでなく、運用の実態をリアルタイムまたは継続的にモニタリングし、異常や問題の兆候をいち早く察知して必要なアラートを送ることは、スケールしていくPower Platformのガバナンスを維持するうえで欠かせない取り組みです。ここからは、そうしたアクティビティの監視・通知の具体的な手順や考慮ポイントについて解説します。

6-3 アクティビティの監視・通知

アプリやフローの可視化は、Power Platform の全体像を把握するうえで重要な第一歩ですが、それだけでは増え続けるリソースの変化を捉えきれず、組織が抱えるリスクを見過ごしてしまう可能性があります。実際に運用が進むと、アプリの所有者が退職しても共有権限が残っていたり、知らない間に外部との連携が拡大してデータが過度に公開されたりするケースなどが起こり得ます。また、環境が大規模化するにつれ、手動でのチェックや定期的な棚卸しだけでは状況を正確に把握しきれなくなっていきます。こうした潜在的なリスクを早期に発見し、迅速に対処するためには、ただ「見える化」するだけでなく、稼働中のアプリやフローをリアルタイム、またはそれに近いペースで監視し、異常や想定外のイベントを自動的に検知できる体制が不可欠です。具体的には、運用状況やアクセス頻度の急激な変化を検出した際に管理者にアラートを送る仕組みや、所有者が不在になった資産を自動的に洗い出す仕組みなどを組み合わせることで、運用担当者の負荷を軽減しながらもリスク対応を徹底できます。これらの取り組みを通じて、単なる資産の「見える化」を超えて、リスクを未然に防ぎ、トラブル発生時には迅速に対処する「プロアクティブなガバナンス」の実現が可能となるのです。

CoE スターターキットのガバナンスコンポーネント

CoE スターターキットのガバナンスコンポーネントは、既に導入されているコアコンポーネントをさらに発展させる重要な拡張要素として位置付けられます。第 5 章で取り上げたコアコンポーネントは、Power Platform 環境全体の可視化やアプリ、フローのインベントリ収集をはじめとする「基盤づくり」の役割を担っていました。コアコンポーネントを導入することで、環境内のリソース状況や利用者数・利用状況といったデータを整理し、管理者として正確な把握が可能になります。しかし、この段階ではあくまでも「見える化」や「基本的な監視の仕組み」が整備されただけにすぎません。

ガバナンスコンポーネントは、こうした基盤の上に「どうやって組織ルールを実際に運用管理するか」を具体的に実装するための機能を提供します。ガバナンスコンポーネントを導入することで、組織のポリシーをチェックする仕組みやアプリのライフサイクルを踏まえた運用ルールの自動化が強化され、担当者が個別に管理する手間を削減すると同時に、リスクを早期に発見しやすくなります。具体的には、アプリやフローの所有者への定期的な確認依頼などを自動化できるようになり、管理者の負担が大幅に軽減されます。

組織の Power Platform 活用が進むにつれ、管理対象はすぐに数百～数万ものアプリやフローへと増大する可能性があるため、ガバナンスコンポーネントを活用して運用を継続的に見直していくことは非常に重要です。

ガバナンスコンポーネントの導入前の準備

前提条件

- コンプライアンスアプリ（Developer Compliance）へのアクセスのための利用者全員分のPower Apps Premium またはPower Apps per app per user ライセンス
- Power Automate 承認フローの有効化（後に行います）

設定手順

1. インストール先のCoE 環境で、承認フローを有効化しておく必要があります。Power Platform 管理センター（https://aka.ms/ppac）から、管理＞Dynamics 365 アプリへアクセスします。
   ※承認フローの機能はDynamics 365 アプリではありませんが、過去の名残りから、Power Platform のアドオンをインストールする際はすべてDynamics 365 アプリという表記に現在はなっています。

2. 一覧から「Microsoft Flow Approvals」を選択し、「インストール」をクリックします。

※Microsoft Flow はPower Automate の旧名です。

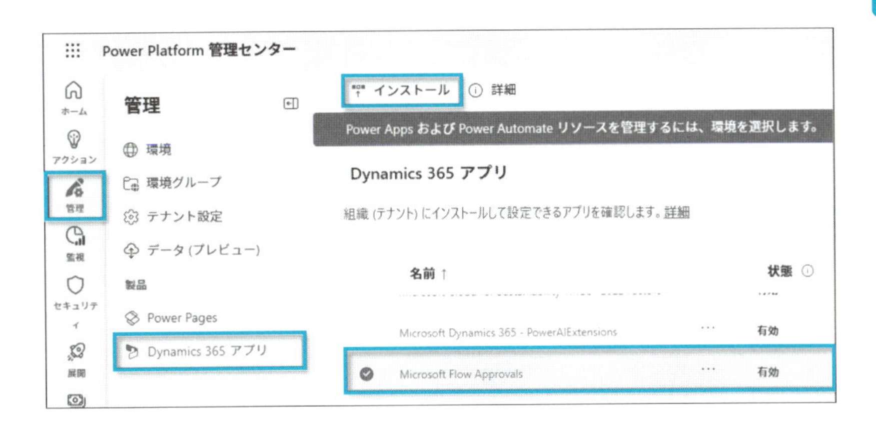

3. 対象の環境を選択し、「サービス使用条件に同意する」にチェックを入れて、「インストール」をクリックします。

4. 自動的に画面が転送され、指定した環境のインストール状況が表示されます。通常承認フローのインストールは、最大で15分ほどかかります。

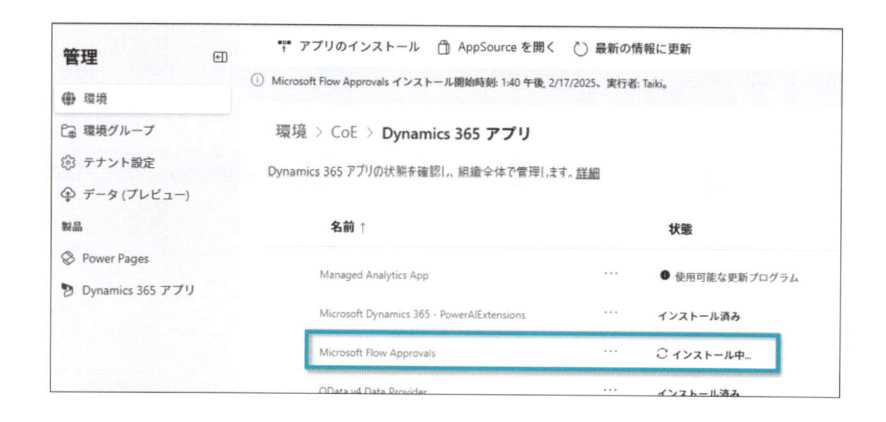

5. 表示が「インストール済み」に切り替わったら設定完了です。

■ ガバナンスコンポーネントの導入

1. 次にガバナンスコンポーネントをインストールします。Power Apps を開き、(https://make.powerapps.com) インストール先の環境へ切り替え、ソリューション>「ソリューションをインポート」をクリックします。

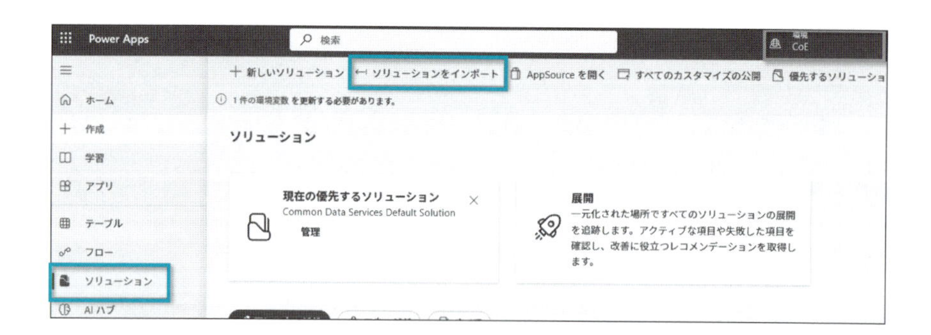

2. 「参照」をクリックし、第5章のコアコンポーネントの設定時に展開したZIPのフォルダにある、「CenterofExcellenceAuditComponents_X_XX_managed.zip」ファイルを選択し、「次へ」をクリックします。

3. 確認画面が表示されます。「次へ」をクリックします。
4. キットで利用される接続の一覧が表示されます。正しい権限が設定されていれば、すべてに緑色のチェックマークが入ります。「次へ」をクリックします。

5. 環境変数の設定画面が表示されますが、後ほど専用のセットアップウィザードのPower Apps アプリで設定するため、ここでは**すべてそのまま**

の値にして、「インポート」をクリックします。

6. インポートが完了するまでに、数分程度かかります。

組織のコンプライアンスプロセスを確立する

新たなアプリやフロー、Copilot Studio で作成されたエージェントが増え続けると、いつの間にかデータが予期せぬ範囲で共有されていたり、誰も使っていない資産が大量に放置されていたりするリスクが高まります。過剰共有が起これば、機密性の高い情報が外部や意図しないユーザーに渡る可能性もあり、組織が一度信用を失うと、取り返すのは容易ではありません。また、古いアプリやフローが環境内に残ったままだと、保守やライセンス管理の手間も増加し、さらに所有者不明のままセキュリティ ホールとして潜在的なリスクを抱えることにもつながります。

こうしたリスクをコントロールし、組織としての健全な状態を保つためには、アプリやフロー、エージェントの数や共有状況をただ可視化するだけでは不十分です。定期的に管理者が所有者や利用状況を確認し、必要があれば「なぜこの資産が必要なのか」といったビジネス上の正当性を作成者に問いかける仕組みが求められます。例えば、一定期間以上利用されていないアプリがあれば、所有者または作成者に自動メールで連絡し、継続利用の理由を尋ねるフローを構築する方法があります。これにより、不要な資産をアーカイブまたは削除すると同時に、本当に必要なアプリやフロー、エージェントのみを残しておくことで、環境をすっきりと保ちライセンスも最適化されます。

CoE スターターキットのコンプライアンスプロセスの有効化

1. Power Apps (https://make.powerapps.com) を開き、CoE 環境へ切り替えます。
2. アプリから「CoE Setup and Upgrade Wizard」を選択し、「再生」をクリックして、アプリを開きます。

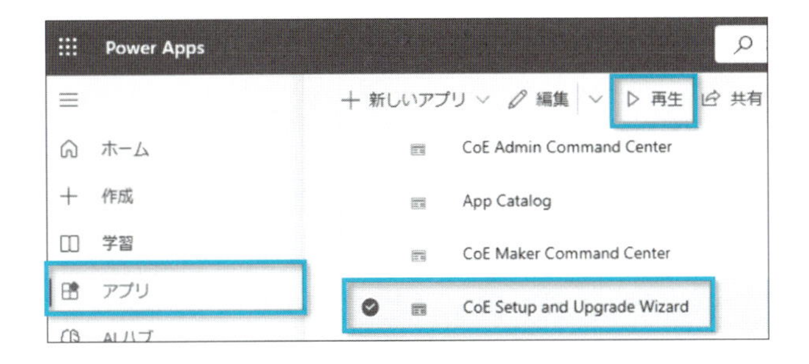

1.「More features」から「Compliance process」にある「Configure this feature」をクリックします。
2. クリックすると、以下の「Missing prerequisite」(前提条件の不足)が表示されることがあります。一度「Refresh」ボタンをクリックし、すぐに消えない場合は再度しばらく経過したら「Refresh」ボタンを押して完了したか確認します。およそ5分で完了します。

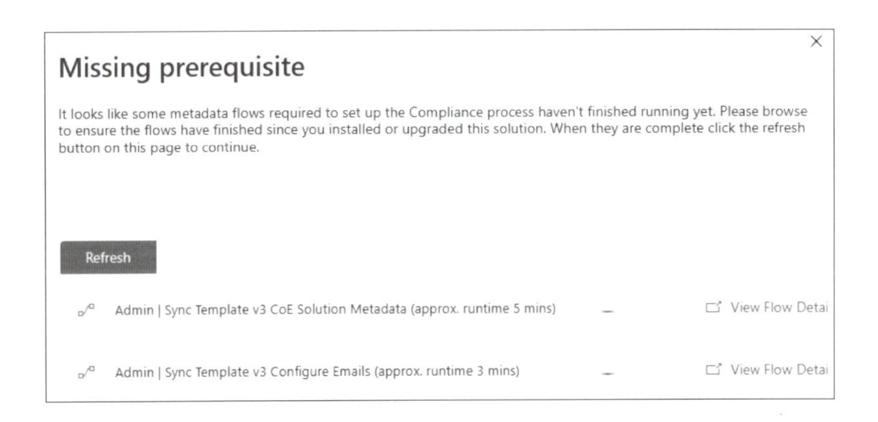

3. 完了したら上記画面が消えるので、「Next」を押します。
4. コンプライアンスと検閲プロセスから除外するかどうかを環境単位で指定できます。各環境へ設定をONまたはOFFにし、「Next」をクリックします。

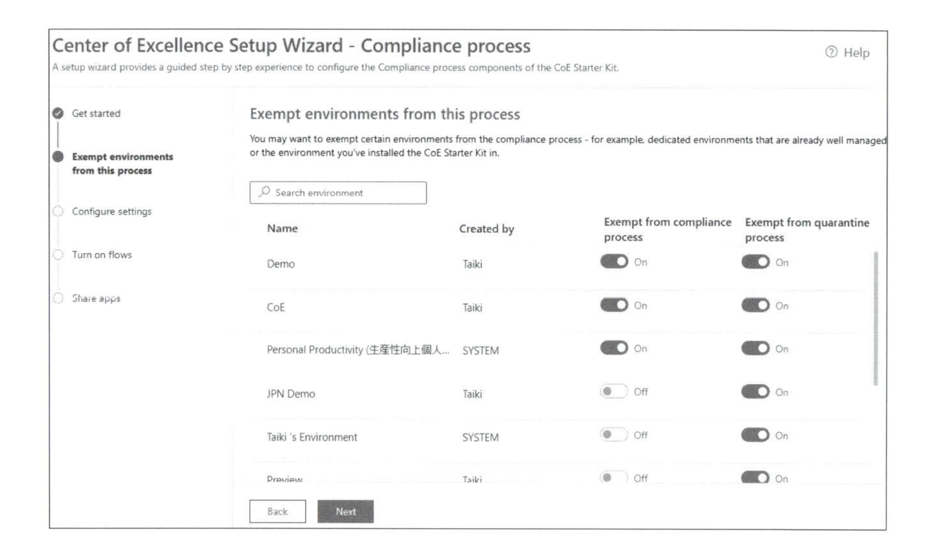

5. Configure settings のステップでは、コンプライアンスプロセスの各種設定を行います。

項目名	意味
Compliance – Apps – Number Days Since Published	アプリの最後の発行日からの経過日数を超えた場合に作成者へ再発行が依頼されます。
Compliance – Apps – Number Groups Shared	アプリが閾値の数のグループ数を超えた場合に、作成者へ業務用途が求められます。
Compliance – Chatbots – Number Launches	チャットボット／エージェントの起動回数が閾値を超えると作成者へ業務用途が求められます。
Compliance – Apps - Number Users Shared	アプリが閾値の数のユーザー数を超えた場合に、作成者へ業務用途が求められます。
Compliance – Apps – Number Launches Last 30 Days	アプリの起動回数が閾値を超えると作成者へ業務用途が求められます。
Quarantine Apps after x days of non-compliance	コンプライアンス違反から指定日数を超えると、自動でアプリが検閲されます。

Configure settings

The Compliance process is triggered based on apps and bots matching certain criterias, such as number of launches or number of people the resource is shared with. Default values for these triggers are provided, but you can change them below to make sure the process is a good fit for your organization.

Compliance – Apps – Number Days Since Published
Compliance – If an app is broadly shared and was last published this many days ago or older, then
60

Compliance – Apps – Number Groups Shared
Compliance – If the app is shared with this many or more groups, ask for business justification.
1

Compliance – Chatbots – Number Launches
Compliance – If the chatbot is launched this many or more times, ask for business justification.
50

Compliance – Apps - Number Users Shared
Compliance – If the app is shared with this many or more users, ask for business justification.
20

Compliance – Apps – Number Launches Last 30 Days

Back　Next

6. Turn on flows のステップでは、コンプライアンスプロセスで必要となるPower Automate クラウドフローを有効化します。ONにし、「Next」をクリックします。

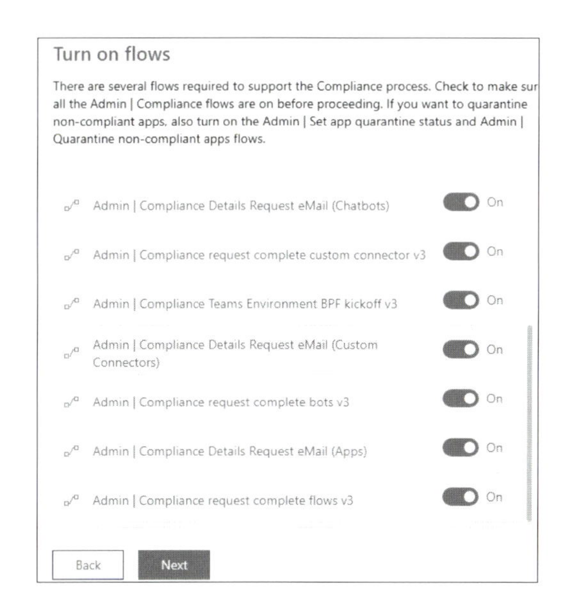

7. Developer Compliance Center アプリを全作成者に共有します。画面右上の起動ボタンをクリックします。

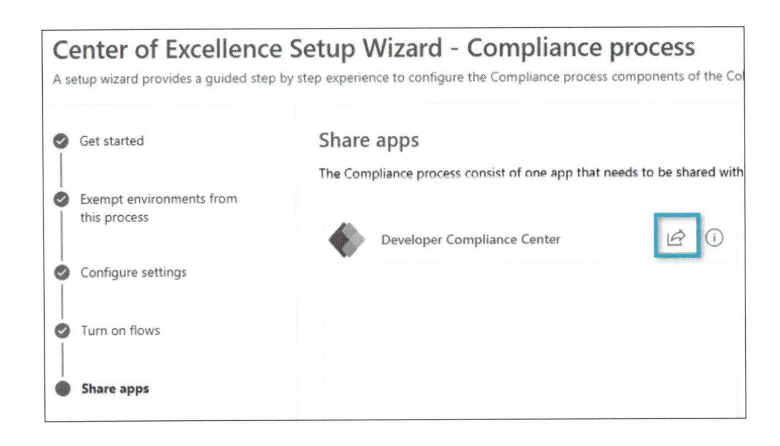

8. 別画面が起動します。「Developer Compliance Center」にチェックを入れ、「共有」をクリックします。

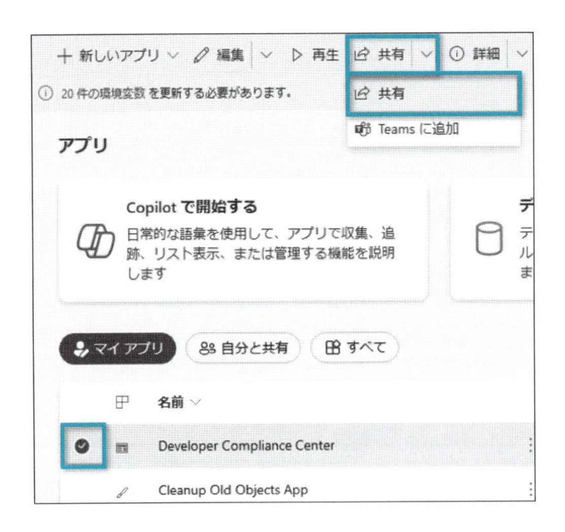

9. Power Platform 作成者グループ(第5章で作成したMicrosoft 365 グループ)を選択し、「共有」をクリックします。

Dataverse for Teams 環境のガバナンス

Dataverse for Teams は、Microsoft Teams 上でアプリやフローを迅速に作成し、チーム メンバー同士でコラボレーションできるように設計された特別な環境です。しかし、素早くアプリを導入してチームの生産性を高めるというメリットがある一方で、標準の Dataverse 環境とは異なる制限やガバナンス上の考慮するべきポイントがあります。例えば、Dataverse for Teams では環境容量やテーブルの利用上限が制限されており、組織全体のデータ運用や長期的な拡張性を考えたときに、十分なスケーラビリティを確保できない場合があります。利用者がチーム単位で気軽にアプリを作り始めるあまり、いつの間にかチームごとに多数の環境が乱立し、管理者の視点からは全体の状況が把握しづらくなるという問題にもつながりかねません。

チームの所有者が変わったり、不要になったチームが解散したりした際に、そのまま Dataverse for Teams 環境が放置されない仕組みを取り入れることも重要です。所有者不明のままデータが残っている環境は、セキュリティリスクやコスト面での無駄が生じる原因になります。定期的に環境の利用状況をチェックして、利用頻度が極端に低い場合はアーカイブや削除を行うなど、環境衛生を維持するプロセスが求められます。

CoE スターターキットのDataverse for Teams 環境ガバナンス有効化

1. Power Apps（https://make.powerapps.com）を開き、CoE 環境へ切り替えます。
2. アプリから「CoE Setup and Upgrade Wizard」を選択し、「再生」をクリックして、アプリを開きます。

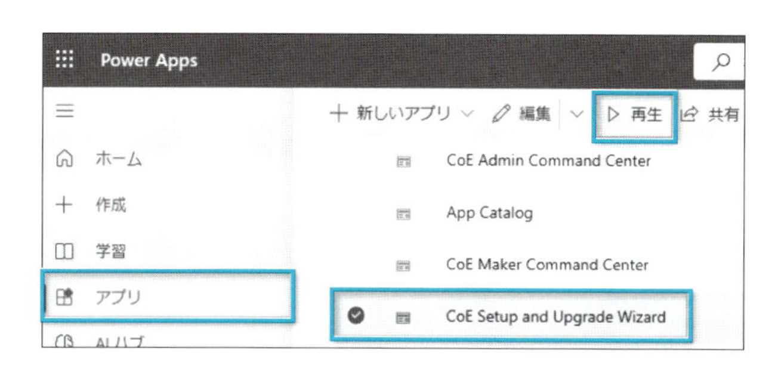

3. 「More features」から「Teams environment governance」にある「Configure this feature」をクリックします。
4. クリックすると、以下の「Missing prerequisite」(前提条件の不足)が表示されることがあります。一度「Refresh」ボタンをクリックし、すぐに消えない場合は再度しばらく経過したら「Refresh」ボタンを押して完了したか確認します。およそ5分ぐらいで完了します。

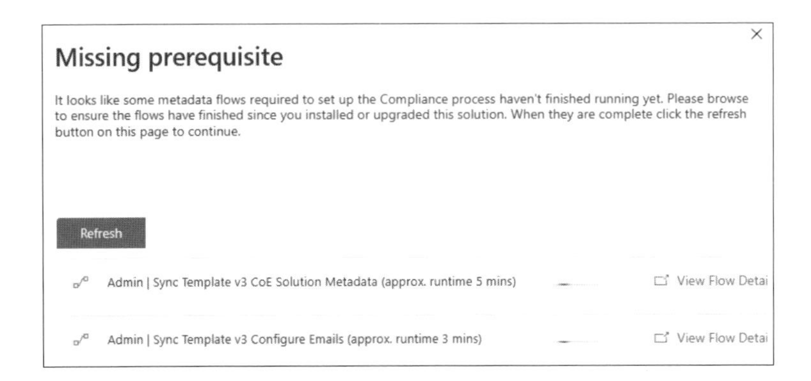

5. 完了したら上記画面が消え、ウィザードが立ち上がったら「Next」を押します。
6. Exempt environments from this process のステージでは、コンプライアンスチェックに含めない、Dataverse for Teams の環境に対して「Exempt from process」をOffにし、「Next」をクリックします。

7. Turn on flows のステージでは、このチェックを行うためのPower Automate クラウドフローを有効化します。各フローをOnにしたら「Done」をクリックしてセットアップを終えます。

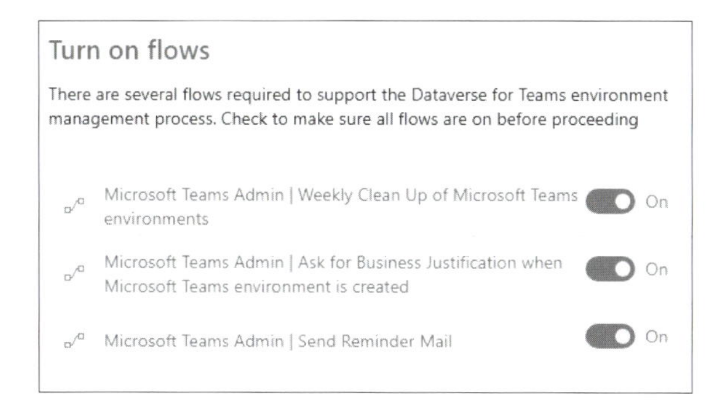

未使用の資産に対するガバナンス

未使用資産の監視を行うことは、Power Platform のガバナンスを確立するうえで欠かせない要素です。組織が Power Platform を積極的に活用していくと、アプリやフロー、エージェントが急速に増加していくため、いつの間にか使われなくなった資産が大量に存在する可能性があります。こうした未使用資産を放置すると、ライセンスコストやストレージ容量などのリソースを無駄に消費するだけでなく、所有者が不明になってセキュリティホールを生み出すリスクも高まります。さらに、共有設定が残ったままの古いアプリが、気付かないうちに不適切なユーザーに利用されてしまうといった懸念も生じます。

このようなリスクを低減するためにも、定期的に未使用資産を洗い出し、ビジネス上の必要性を再確認するプロセスが重要になります。具体的には、一定期間以上利用実績のないアプリやフロー、エージェントを抽出し、作成者へ利用継続の正当性を問いかけることで、本当に必要な資産だけを現行環境に残すことができます。未使用資産の監視を適切に実施すると、運用管理の手間を削減できるだけでなく、不要な共有リスクを未然に防ぎ、コストを最適化する効果が得られます。

■ 未使用資産監視機能の有効化

1. Power Apps（https://make.powerapps.com）を開き、CoE環境へ切り替えます。
2. アプリから「CoE Setup and Upgrade Wizard」を選択し、「再生」をクリックして、アプリを開きます。

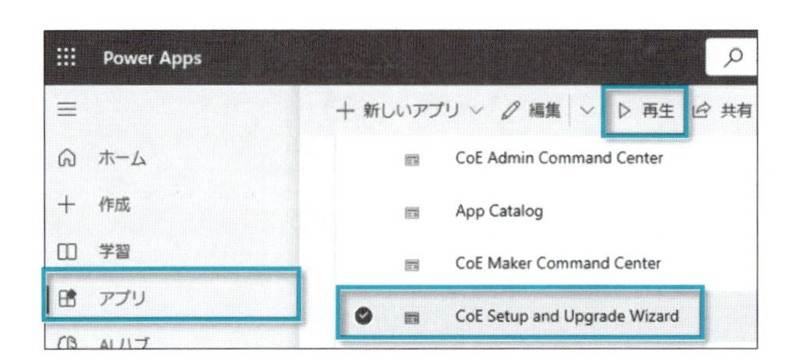

3. 「More features」から「Inactivity notifications process」にある「Configure this feature」をクリックします。

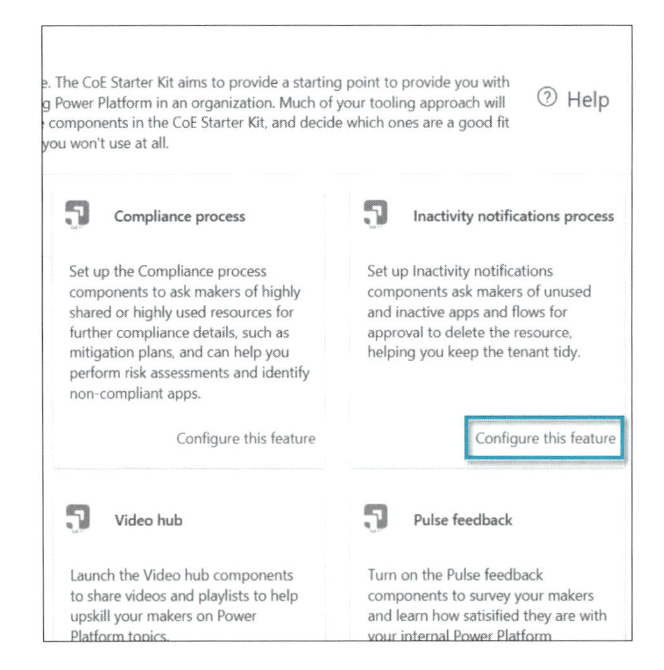

4. Exempt environments from this process のステップでは、未使用資産監視から除外したい環境をOnにし、「Next」をクリックします。

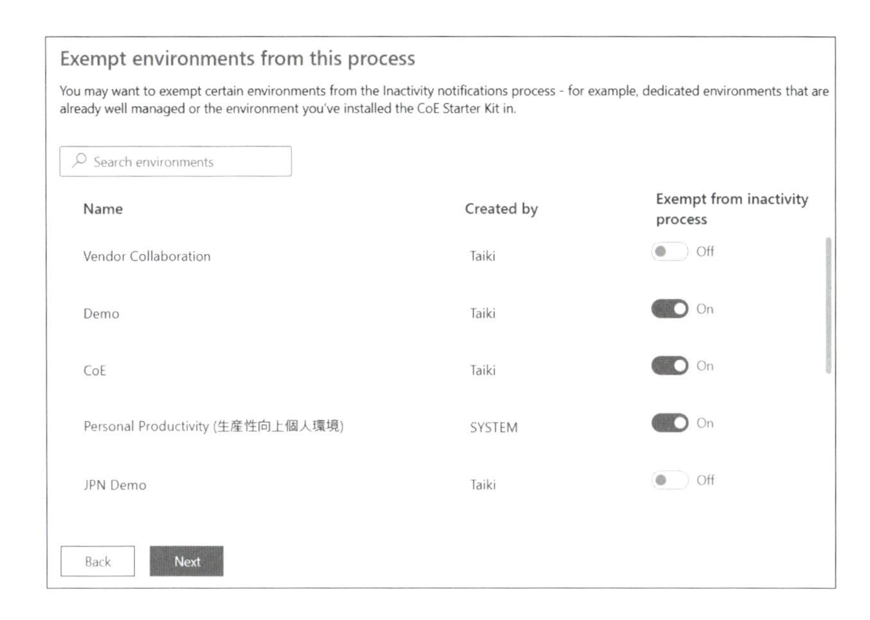

5. Configure settings のステップでは、未使用の期間を定義します。既定では6か月に設定されています。「Next」をクリックします。

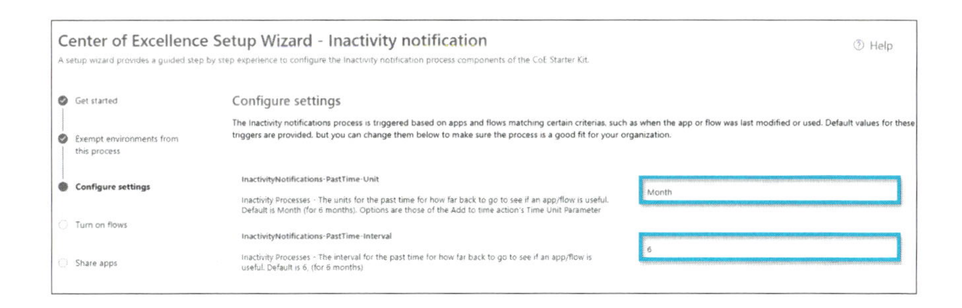

6. Turn on flows のステップでは、監視のためのクラウドフローを有効化し、「Next」をクリックします。それぞれのフローの意味合いは以下の通りです。

フロー名	役割の概要
Admin | Inactivity notifications v2 (Check Approval)	未使用のアプリやフローが承認待ちになっているかを確認し、次のステップ（削除や継続利用の判断）に進むためのチェックを実施します。
Admin | Inactivity notifications v2 (Clean Up and Delete)	未使用アプリやフローの削除を自動化するフローで、前段の承認ステータスや利用状況に応じて自動的にクリーンアップを行います。
Admin | Inactivity notifications v2 (Start Approval for Apps)	未使用のアプリの存在を検知し、アプリ所有者や管理者に利用継続の承認要求を送るフローです。
Admin | Inactivity notifications v2 (Start Approval for Flows)	未使用のクラウドフローの存在を検知し、フロー所有者や管理者に利用継続の承認要求を送るフローです。
Admin | Email Managers Ignored Approvals	承認依頼が未対応のままであり続けている場合に、所有者のマネージャーへメール通知を送信し、利用状況の確認を促すフローです。

所有者不明資産を把握する

元々の作成者や管理者が退職したり、組織内で異動したりして、誰がメンテナンスを行うのかが曖昧な状態になると、運用上のトラブルが発生したときに迅速な対応ができません。また、アプリが適切に共有解除されずに残っていると、センシティブなデータにアクセスできる人が意図せずに増えてしまい、セキュリティインシデントを誘発するリスクも高まります。そのため、定期的に所有者情報を監視し、不明となっている資産を洗い出して整理することが重要です。

所有者不明資産確認機能の有効化

1. Power Apps（https://make.powerapps.com）を開き、CoE環境へ切り替えます。
2. アプリから「CoE Setup and Upgrade Wizard」を選択し、「再生」をクリックして、アプリを開きます。

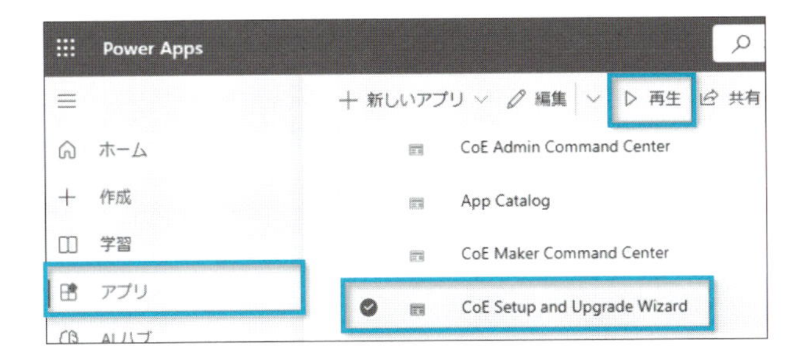

3.「More features」から「Clean-up for orphaned resources」にある「Configure this feature」をクリックします。

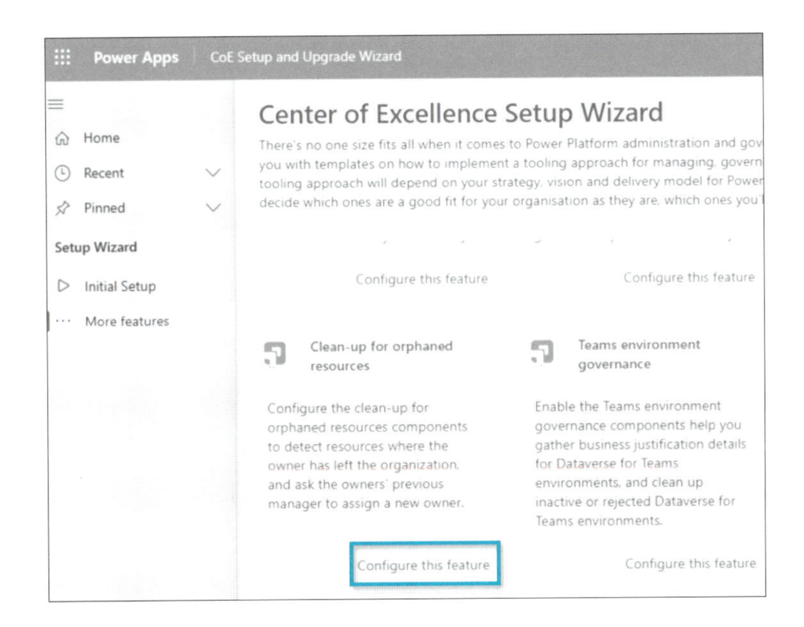

4. クリックすると、以下の「Missing prerequisite」(前提条件の不足)が表示されることがあります。一度「Refresh」ボタンをクリックし、すぐに消えない場合は再度しばらく経過したら「Refresh」ボタンを押して完了したかどうか確認します。およそ5分ぐらいで完了します。

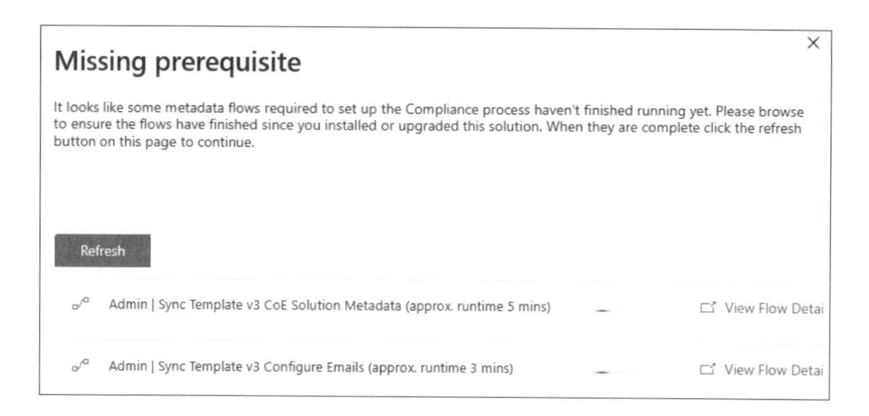

5. 完了したら上記画面が消え、ウィザードが立ち上がったら「Next」を押します。
6. Turn on flows のステップが表示されます。表示されたフロー2つを有効化するために、Onにし、「Done」をクリックすれば設定完了です。

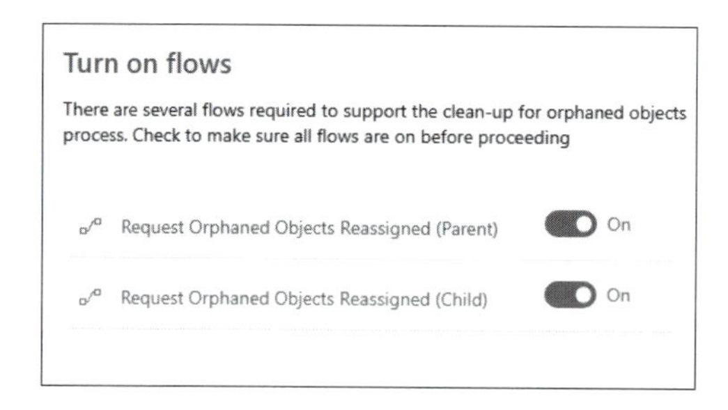

分析情報のダイジェストメール（マネージド環境）

ダイジェストメール機能を有効化することで、設定を有効化したマネージド環境に対する分析情報が週次でメールにて送付されます。これにより、プロアクティブにどのようなアプリやフローが人気か、逆にどれが利用されていないかが確認できます。

設定方法

1. Power Platform 管理センター (https://aka.ms/ppac) から、管理＞環境＞有効化したいマネージド環境を選択し、「マネージド環境を編集する」をクリックします。

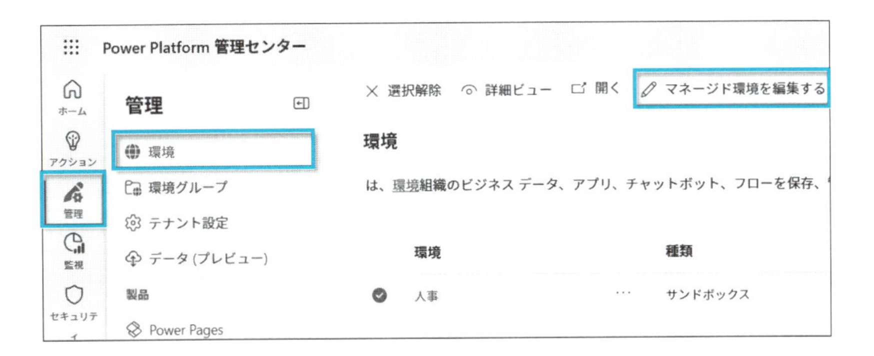

2. 「週ごとのダイジェストメールに、この環境に関する分析情報を含める」にチェックを入れます。Power Platform 管理者とDynamics 365 管理者以外にも送付したい場合は、「週ごとのダイジェストメールの受信者を追加する」から受信者を追加します。

使用状況の分析情報

この環境で、上位アプリやフローなど、採用に関する分析情報を取得します。 詳細

☑ 週ごとのダイジェスト メールに、この環境に関する分析情報を含める

週ごとのダイジェスト メールの受信者を追加する

3. 「保存」をクリックします。
4. 有効化すると、週次で以下のようなメールが管理者と指定した受信者に届くようになります。

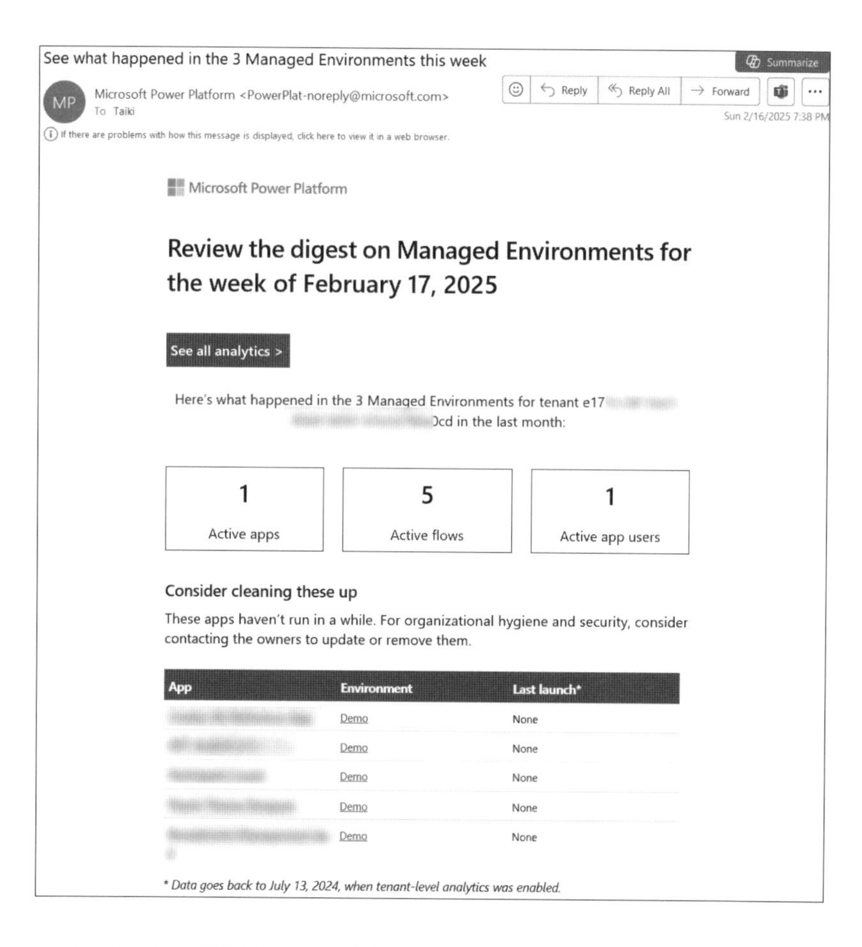

メールには、削除するべき未使用のアプリやフローの情報と、最も利用頻度の多いアプリやフローの情報が提供されます。

6-4 不正利用検知（プレビュー）

Microsoft Purview の監査機能とMicrosoft Sentinel のアラート機能を組み合わせることで、アクセス権限を超えた操作やデータの取り扱いに不審な点がないかをチェックします。

Microsoft Sentinel のセットアップ

前提条件

- Microsoft Sentinel の環境
- Azure Log Analytics（Microsoft Sentinel に紐づく）
- Azure ポータルでのMicrosoft Sentinel Contributor 権限もしくは同等以上の権限
- Microsoft 365 テナント上でのセキュリティ管理者権限もしくは同等以上の権限
- Microsoft 365 の監査ログの有効化（監査ログの有効化は第5章を参照）
  - ・Microsoft Purview Standard もしくはPremium

設定手順

1. Azure ポータル（https://portal.azure.com）から、Microsoft Sentinel を開きます。
2. コンテンツ管理＞コンテンツハブを開き、検索バーから「Power Platform」を検索します。

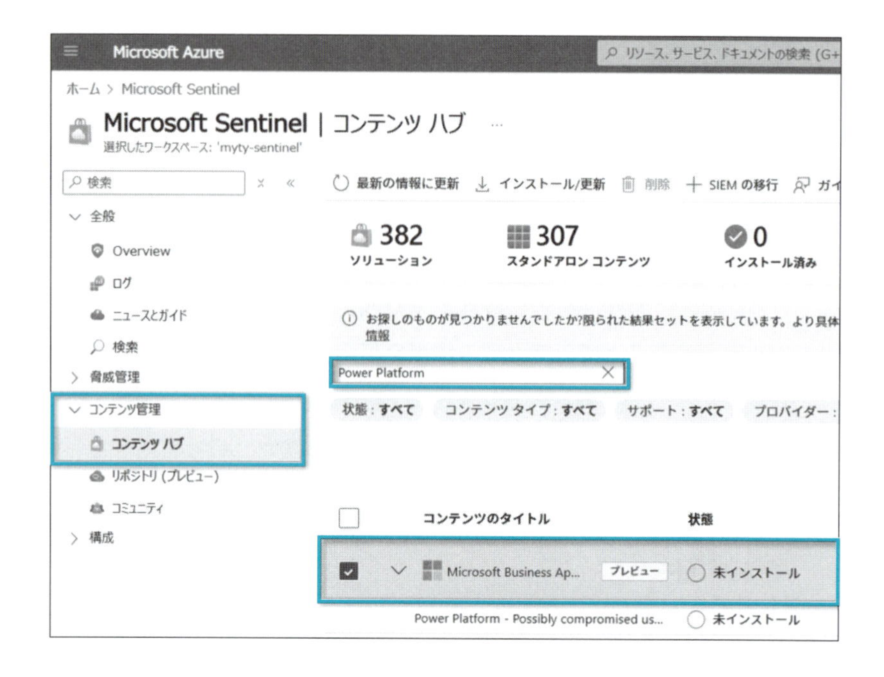

3.「Microsoft Business Applications 」をクリックし、「インストール」をクリックします。インストールが完了したら、「管理」をクリックします。

4. 次にMicrosoft Sentinel が監査ログを取得するようにするために、各種コネクタの設定を行います。コネクタは3種類現在用意されています。

   - Microsoft Power Platform Admin Activity
   - Microsoft Power Automate
   - Microsoft Dataverse

   これらのコネクタはいずれもOffice 365 Management API を経由し、Microsoft Purview の監査ログを閲覧しに行きます。

   ※ここで言うコネクタは、Microsoft Sentinel のコネクタであり、Power Platform のコネクタとは別のシステムです。

5. ここではPower Platform Admin Activity を例に設定します。(実際には上記コネクタ3つすべてに対して設定しますが、手順は同じです)
   Microsoft Power Platform Admin Activity をクリックし、「コネクタページを開く」をクリックします。

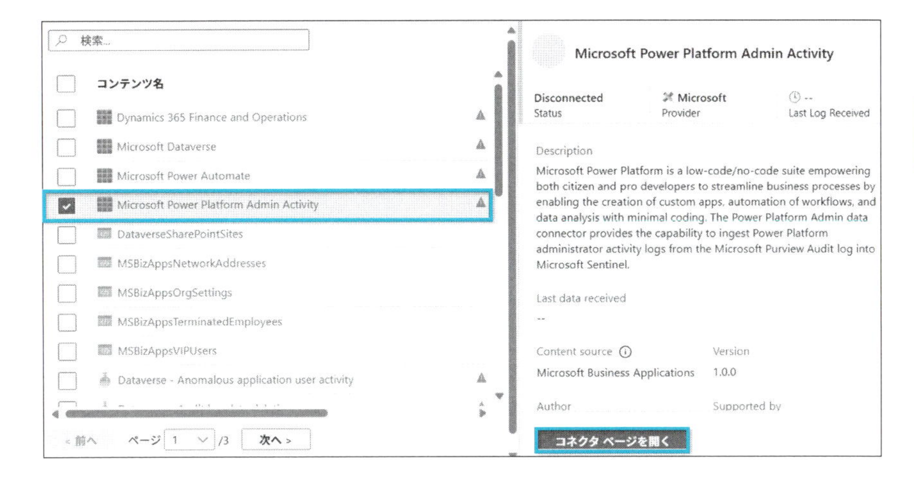

6.「Connect」をクリックします。

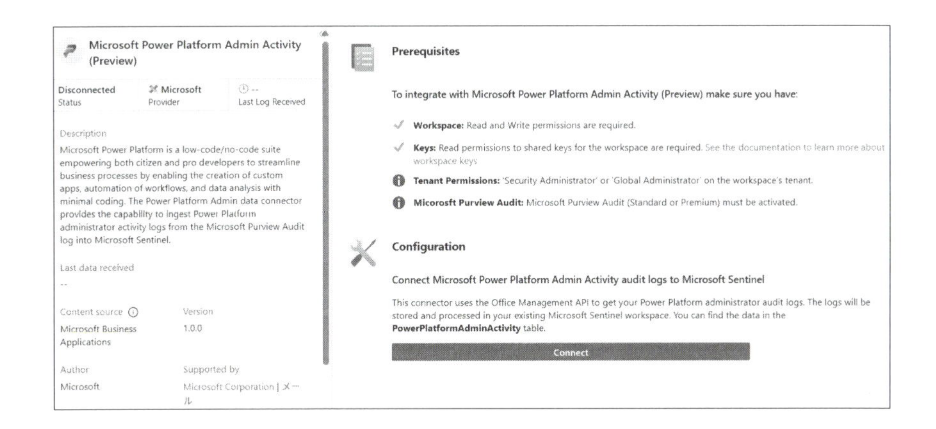

以上で設定は完了です。

Microsoft Sentinel でルールを設定

各種利用状況に合わせて通知アラートのルールを設定することができます。

1. Azure ポータル（https://portal.azure.com）から、Microsoft Sentinel を開きます。
2. コンテンツ管理＞コンテンツハブを開き、検索バーから「Power Platform 」を検索します。
3. 「Microsoft Business Applications」を選択し、「管理」をクリックします。
4. 設定したいルールをコンテンツの一覧から選びます。ここでは、Power Platform のDLPポリシーが変更された場合のルールを作成してみます。「Power Platform – DLP policy updated or removed」を選択し、「ルールの作成」をクリックします。

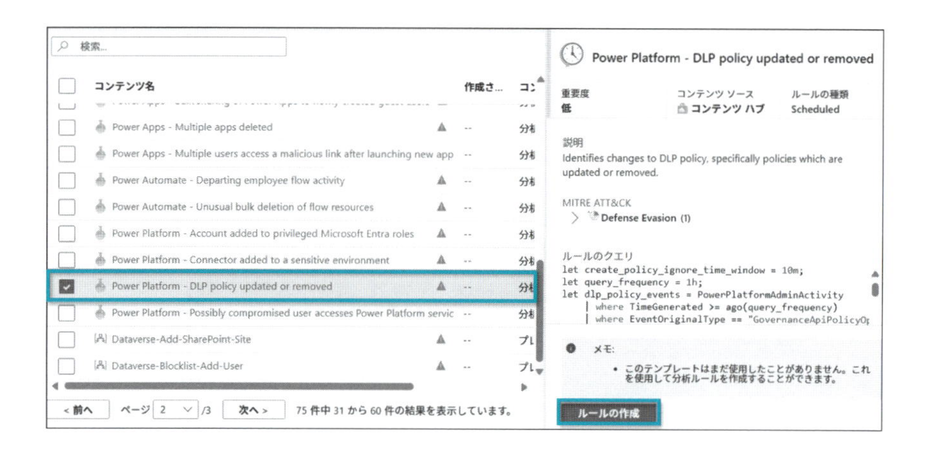

5. 分析ルールウィザードが立ち上がります。名前と説明をより分かりやすく日本語に変更します。「次へ：ルールのロジックを設定」をクリックします。

6. クエリはテンプレートのままにします。クエリのスケジュール設定で、実行間隔を変更することができます。既定では1時間おきに実施されます。「次へ：インシデントの設定」をクリックします。

7.「この分析ルールによってトリガーされるアラートからインシデントを作成する」を「有効」にします。

8.「次へ：自動応答」をクリックします。
9. インシデント管理を行うために、オートメーションルールを設定できます。「新規追加」をクリックします。

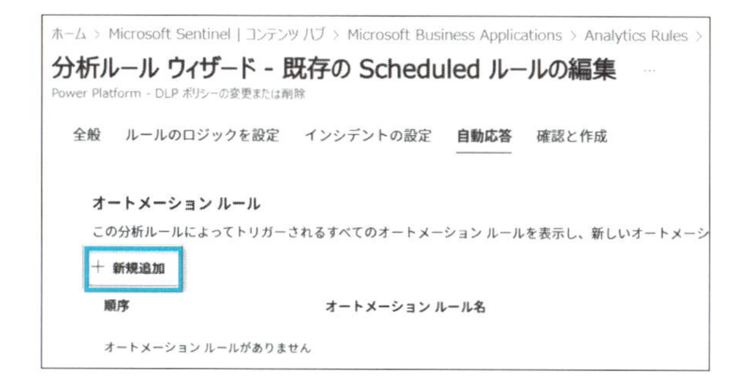

10. 各項目を記入し、最後に「適用」をクリックします。

- Automation rule name: オートメーションルールの名前
- Actions：どのような動作を自動で行うかを設定します。

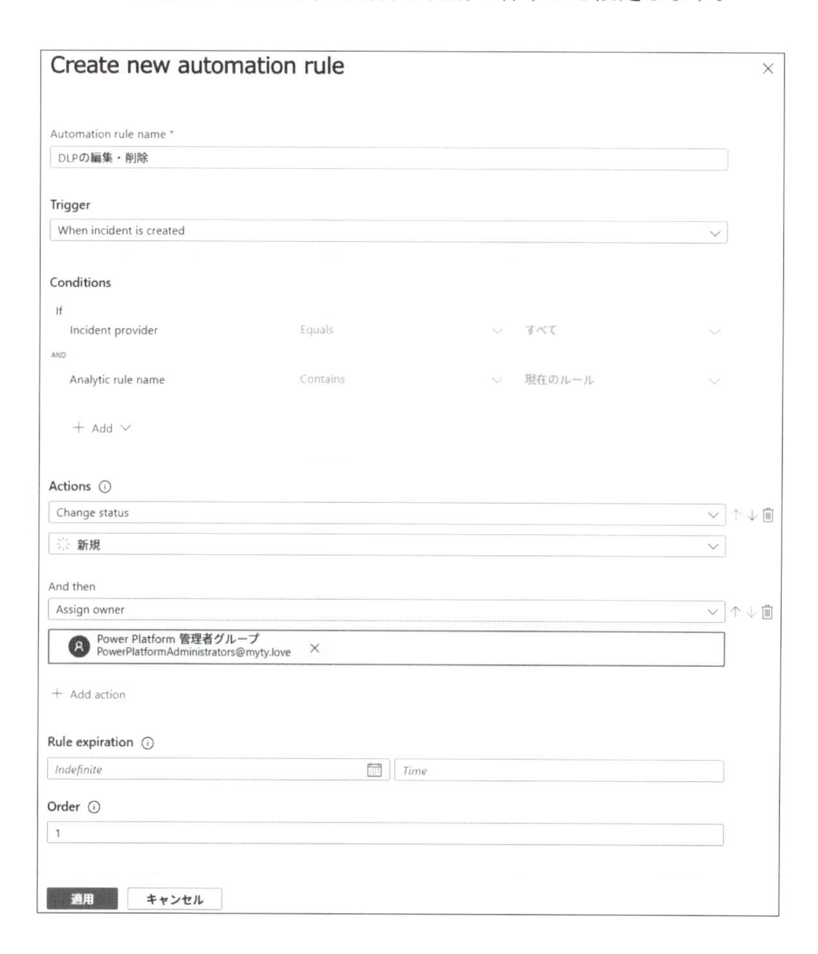

11.「次へ：確認と作成」をクリックします。

12. 最後に「保存」をクリックして、ルールの設定を終えます。

13. 条件に一致した場合にはMicrosoft Sentinel にインシデントが自動作成されます。アクセスするには、脅威管理>インシデントから確認できます。（以下の例では機密情報を扱う「人事」環境に新たなコネクタ接続を作成した際に自動的に作成されました）

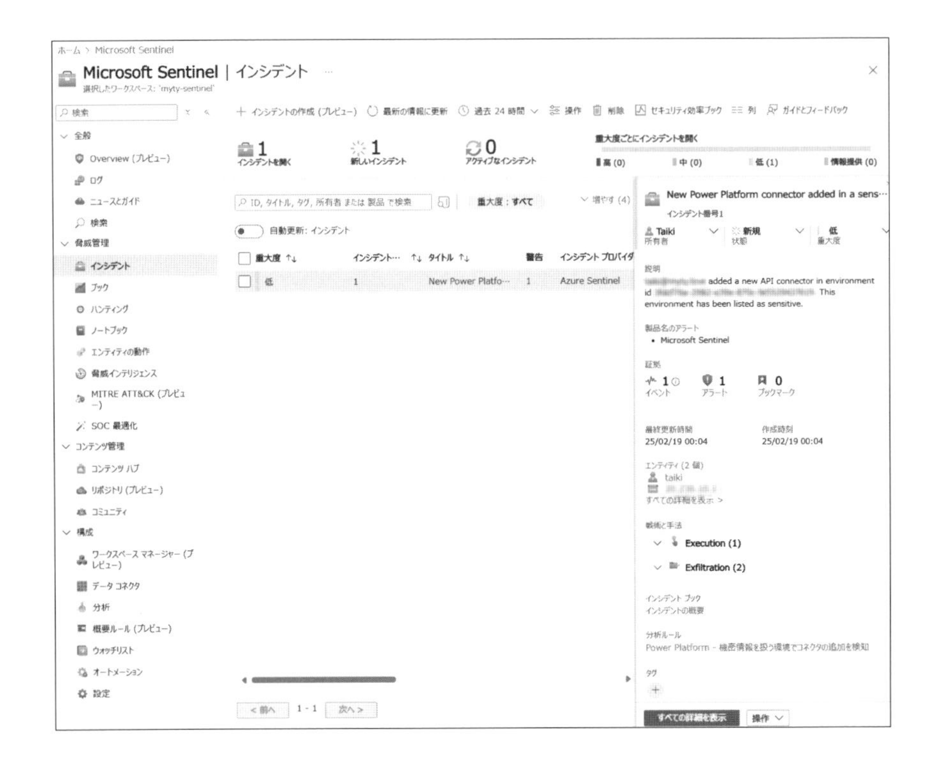

第7章

AI＋ローコードを安全に使う

» 7-1　エージェントとは
» 7-2　責任あるAI
» 7-3　エージェントの仕組みを理解する
» 7-4　エージェントを利用するためにテナントをセキュアにする
» 7-5　個々のエージェントをセキュアにする
» 7-6　Power Platform サービス内の生成AI機能

本章では、生成AIおよびMicrosoft Copilot Studio（以下、Copilot Studio）の基礎から発展および技術的な考え方を基に、AI＋ローコードを安全に使うための方法を解説します。主にはIT管理者に向けて、エージェントのガバナンスとセキュリティについて、エージェント作成者とユーザーがCopilot Studio 内で安全性とセキュリティを採用するための例と、各Power Platform サービスに含まれるMicrosoft Copilot（以下、Copilot）機能を安全に利用するための管理方法を紹介します。

まず「エージェント」とは、特定の目的を達成するために生成AIを活用したシステムのことで、個人、チーム、または組織の代わりに動作するエキスパートシステムです。

マイクロソフトが提供するエージェントという文脈では、「Microsoft AI Tour」や「Microsoft Ignite 2024」というイベントで発表されていた内容が参考になります。「今後、AIのためのUIはすべてCopilot から始まり、そこからCopilot Studio を経由して適切なエージェントが呼び出されていく世界になる」――米マイクロソフトCEO のSatya Nadella 氏はそう述べています。[1] Copilot Studio は、特定のビジネスや作業に合わせてカスタマイズされたエージェントです。ユーザー独自のエージェントとして、自律的に特定のイベントやトリガーに反応してタスクを開始したり、複雑なビジネスプロセスを自動化したりすることが可能です。

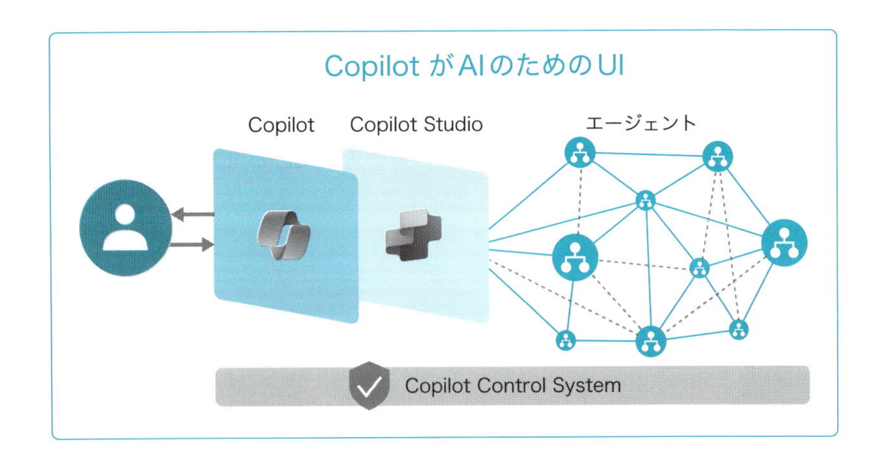

1：Microsoft Ignite 2024 基調講演 - https://ignite.microsoft.com/en-US/sessions/KEY01

そのため、企業や組織における特定のビジネスニーズやデータにフォーカスした専用のエージェントや、特定のグループやトピックに合わせてカスタマイズされた体験を提供するエージェントなど、より強力なユーザーのパートナーとして効果的に機能するシステムになっています。

具体的な例として、コンサルティングファームの米マッキンゼーはクライアントのオンボーディングプロセスを迅速化するためのエージェントを作成し、リードタイムを90%削減し、管理作業を30%削減することができました[2]。

AIとローコードを組み合わせて、ユーザーが独自のエージェントを構築するか、それを使用してMicrosoft 365 Copilot を強化することが可能です。

2：Unlocking autonomous agent capabilities with Microsoft Copilot Studio - https://www.microsoft.com/en-us/microsoft-copilot/blog/copilot-studio/unlocking-autonomous-agent-capabilities-with-microsoft-copilot-studio/

7-1 エージェントとは

エージェントは、ユーザーの代わりにタスクを遂行したり、判断を下したりする高度なAI搭載ソフトウェアとして位置付けられています。特定の目的やシナリオに合わせて設計されており、与えられた指示に基づいて自律的に作業フローを組み立てたり、複数のステップを連続的に処理したりすることができます。

例えば、新しいドキュメントを作成して必要なデータを外部システムから取得し、そこへ自動的に内容を反映させるような一連の流れを、人間が個別に操作しなくても一気に進められます。こうした機能を持つことで、多忙なチームや管理者が細かい作業に時間を割く代わりに、より高度な分析や戦略立案に集中できるようサポートし、単に会話を交わすためだけではなく、組織の中で定められた業務フローの一部を担ったり、様々なツールと連携して自動的にタスクを実行してくれたりする点で、より「自律的な動き」が期待されます。

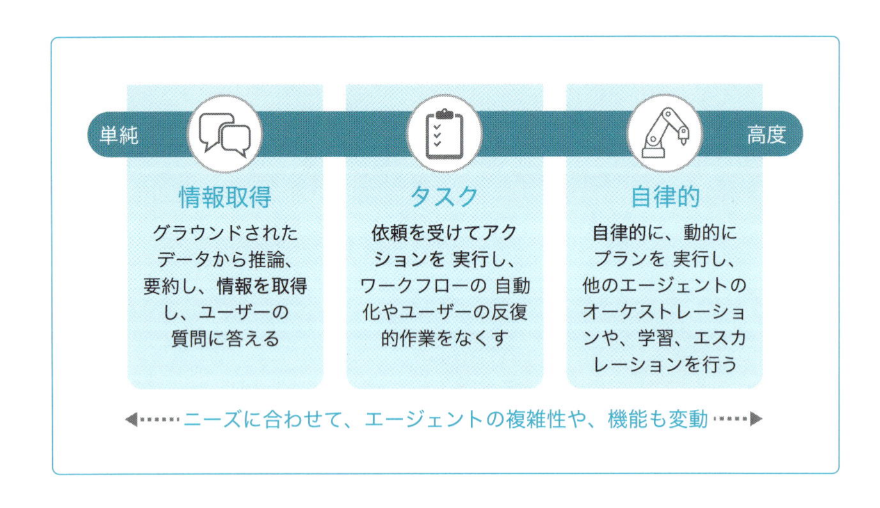

Copilot とは

ここで、Copilot についても触れておきたいと思います。Copilot とは、生成AIを使用して人間の複雑な認知タスクを支援するものです。Copilot の役割は、人間の創造性を高め、AIとユーザーの協働を通じて結果を加速することにあります。

Copilot の特徴を3点挙げてみましょう。

1 自然言語（およびコード）を使用したチャット

Copilot は自然言語を理解し、応答することができます。それによりユーザーとの対話をより直感的なものにしています。

2 出力されたものを決定し、承認するのはユーザー

結果を常にコントロールするのは、Copilot ではなく人間です。Copilot は提案を行いますが、ユーザーがその出力された結果を判断し、承認または拒否します。

3 複雑さが増すほど価値が高まる

タスクが複雑になるにつれて、Copilot の価値は増大します。Copilot は、大量のデータや、人間だけでは困難あるいは非常に時間がかかるプロセスを迅速に処理します。

Copilot は、独立して動作するツールではなく、人間の作業を支援し、強化するパートナーとして機能します。

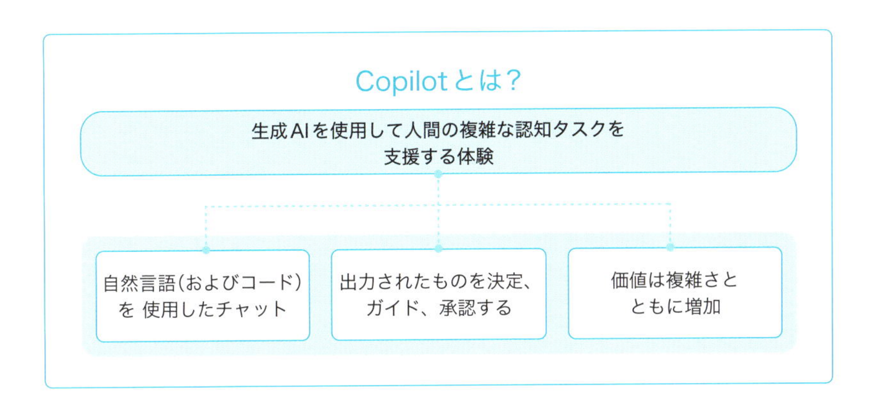

» Copilot Studio とは

次に、Copilot Studio について紹介します。これは、ユーザーが独自のエージェントを構築および拡張できるようにする重要なツールであり、高度にカスタマイズ可能なプラットフォームです。マイクロソフトは、エージェントのカスタマイズと拡張性のためにCopilot Studio に投資しており、これらのエージェントを構築するために、Microsoft 365 Copilot から簡単にエージェントを作成するための組み込み型のAgent Builder と、より高度なエージェントを作成するためのスタンドアロン型のCopilot Studio という2つの種類を提供しています。[3]

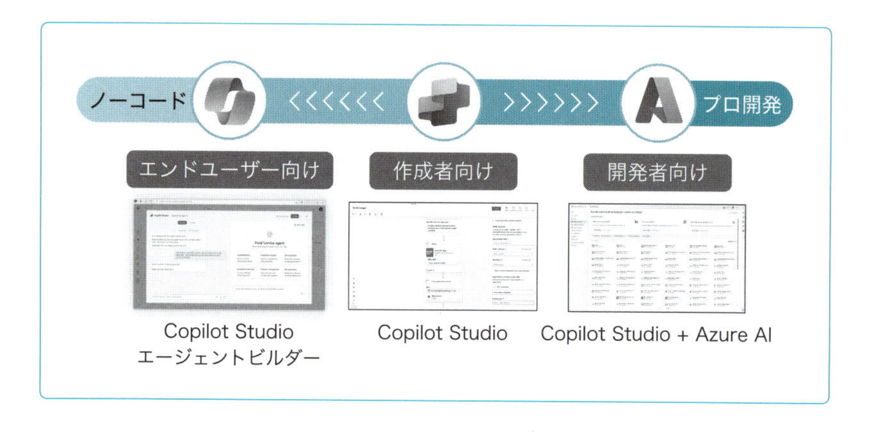

Copilot Studio の主な機能は次の4点です。

1 エンドツーエンドの会話型AI

ユーザーは追加のツールを必要とせずに、最初から最後まで会話型AIの体験を得ることができます。重要な点としては、ユーザー自身で独自のエージェントを作成したり、既存のエージェントを拡張したりできることです。

2 生成AIと大規模言語モデル

生成AIと大規模言語モデルを活用して、これらのエージェントをイン

3：Microsoft Ignite 2024 ブレイクアウトセッションより

テリジェントにし、様々なタスクを処理できるようにします。これは、自然言語を理解し生成する高度なエージェントを構築するための重要な要素の一つです。

3 データやシステムの統合

Copilot Studio はユーザーのデータやシステムとシームレスに統合されるため、ユーザーは特定のデータセットや業務内容やプロセスに合わせたエージェントを構築することができます。このカスタマイズにより、様々な業界やユースケースに適したエージェントを作成することが可能です。

4 自律的な動作

2024年10月にリリースされた自律型エージェント機能により、従来のようにユーザーが問い合わせを行う、会話を前提とした体験から、あらゆるシステムやきっかけをトリガーとして、自律的に動作をさせ、様々な業務を自己解決できるようにするエージェンティックな体験の提供が可能となりました。

エージェントとCopilot とCopilot Studio の違い

Copilot は、ユーザーに寄り添った支援をする「アシスタント」的な立ち位置にあり、対話や提案を通じて作業を補完してくれます。例えば文章やコードの作成・修正を一緒に行ったり、アイデア整理や推敲を手助けしたりと、「人が操作しながら使う」ことを主眼としています。一方でエージェントは、一度指示を与えれば、様々な手段を自ら検討しながらタスクを完結させられるよう設計されているため、初期の設定や指揮を取る段階以降は、より高度かつ自動化された形で動作します。Copilot が常にユーザーと協働しながら作業するのに対し、エージェントは「ある程度の裁量を持ってタスクを任される存在」とイメージできるでしょう。

そしてCopilot 、Copilot Studio 、エージェントはそれぞれに役割があります。Copilot へプロンプトされたユーザーからのリクエストはCopilot Studio によってどんなリクエストかを識別し、そこから適切なエージェントに「オーケストレーション」されていきます。エージェントはCopilot

からのリクエストに答える以外にも、様々なトリガーを基に自律的に動作していくのです[4]。[5]

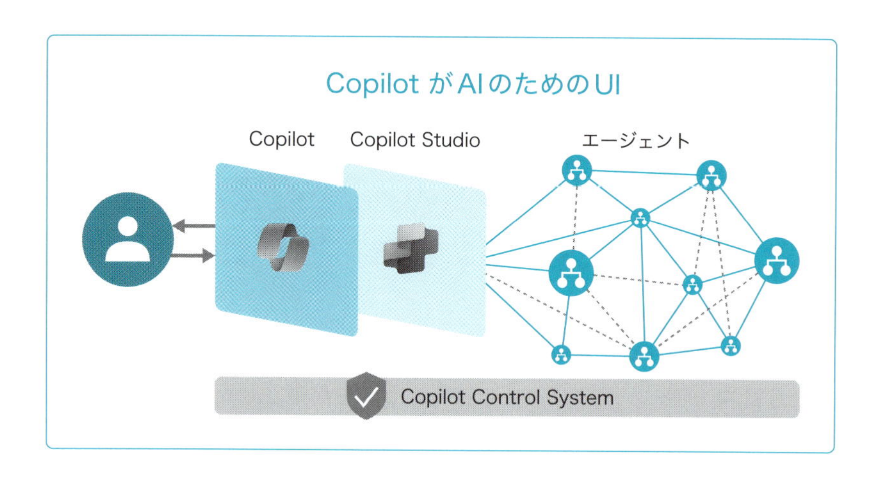

今後組織でエージェントが増え、高度なエージェントが誕生していくなかで、それに適した高度なガバナンスとセキュリティがより一層管理者に求められます。

4：Microsoft Ignite 2024 - BRK168 - The spectrum of agents with Copilot Studioより
5：Microsoft Ignite 2024基調講演より

7-2 責任あるAI

ここで、マイクロソフトが提唱する「責任あるAI」の6つの原則と、それをAI業務にどのように適用するかを考えてみます。昨今、AIは私たちの個人および業務に不可欠な要素となりつつあります。そうした背景があり、AIシステムが責任を持って開発および導入されることの重要性がこれまで以上に高まっています。マイクロソフトの責任あるAIには、以下6つの核心となる原則[6]があります。

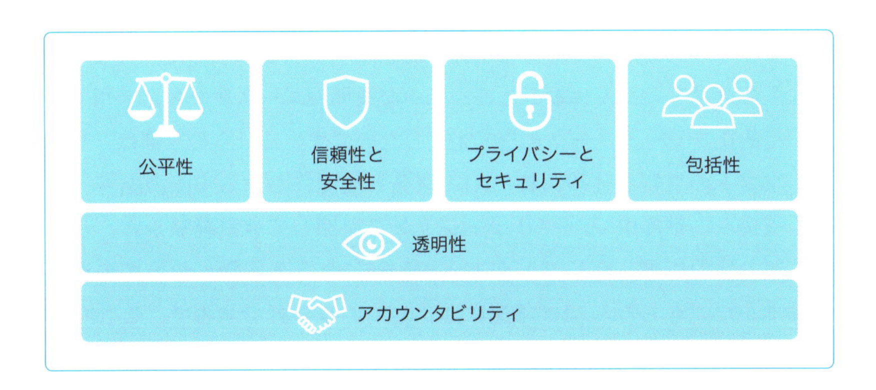

1. **公平性**：AIシステムはすべての個人を公平に扱い、バイアスを避ける
2. **信頼性と安全性**：AIは意図された通りに機能し、害を最小限に抑える
3. **プライバシーとセキュリティ**：AIシステムはプライバシーを確保し、個人データを保護する
4. **包括性**：AIはすべての社会のセグメントをエンパワーし、関与させる
5. **透明性**：AIが行った決定は理解可能で、追跡可能である

6：責任あるAIとは？ - https://learn.microsoft.com/ja-jp/azure/machine-learning/concept-responsible-ai

6.説明責任：組織は、AIシステムの結果に対して責任を取る

これらの原則は、私たちがAIを使用する際の指針として設計されています。これらの原則がAI開発を導くだけでなく、AIに関連する最大の課題やリスクに対処するための助けになることを具体例とともに紹介していきます。

責任あるAIの6つの原則は、無作為に作成されたものではなく、倫理的、技術的、社会的要因を深く考慮してマイクロソフトが開発したものです。これらの原則は、実世界の専門知識、経験、そしてAI技術の継続的な進化に基づいています。マイクロソフトは、様々なAI専門家、倫理学者、そして世界的なステークホルダーと協力してこれらの原則を作成しました。外部からの協力を得たことにより、AIの技術的側面だけでなく、公平性や透明性といった広範な倫理的懸念も反映されました。異なる視点からの意見を取り入れることで、様々な業界やユースケースに適用できる包括的なフレームワークとして完成したのです。これらの原則は、マイクロソフトの豊富な経験、特にAIの開発と展開における実際の顧客への導入支援や、世界中でAIソリューションを展開してきた経験から、現実の課題や法的影響、そしてAIが人々や組織に与える影響についての洞察を得ました。もちろんAIは急速に進化している分野ですので、これらの原則は静的なものではなく、変化を反映するために継続的に更新されています。

責任あるAIの原則は、AI技術が人権と尊厳を尊重する形で開発・使用されることを保証するためのフレームワークを提供します。AIが社会に与える影響は非常に大きく、これらの原則に従うことでAIシステムの開発と展開において、人間の社会的および組織的な価値観や倫理基準に一致し、信頼に値するものであることを保証します。

これらの原則は、AI開発者が意図しない害を防ぐための意思決定を支援する、道徳的および運用上の指針として機能します。AIの潜在的な悪影響を最小限に抑えることを目的としており、具体的には差別や、プライバシーと安全性のリスクを軽減することを目指しています。

差別とは、AIシステムにおけるバイアスを軽減し、AIがすべての個人を公平に扱うことを保証することです。プライバシーと安全性のリスクに関しては、個人データを保護し、AIシステムが侵害や悪意のある攻撃から安全であることを保証します。

これらの原則は倫理的行動を促進するだけでなく、ユーザーが信頼できるシステムを構築するための助けになるでしょう。AIは私たちに大きな利益をもたらしますが、それは責任を持って構築され、潜在的なリスクを見越して設計されている場合にのみ可能です。

本章では、これらの原則について紹介していきますので、あなた自身が関わるAIプロジェクトにどのように適用できるかを考えるうえでの参考にしていただければよいでしょう。責任あるAIを業務に組み込むための準備を整えるため、なるべくAIを用いる実際の業務シナリオを取り入れるようにしています。

責任あるAIを組織に組み込むための実践的なステップとして、マイクロソフトでは「責任あるAI成熟度モデル」を開発しました。組織がAI導入においてどの段階にあるかを評価し、より成熟したAIガバナンスと、倫理的なAI導入に向けた行動を特定するのに役立てることができます。

組織によっては、既に責任あるAIの実装を開始している可能性があるため、あなたが所属する企業や組織が、この成熟度モデルを使用してAI導入のどこにいるかを客観的に把握し、さらに前進するためのヒントを得ることができるでしょう。

まず、公平性の原則について説明したいと思います。これは、「AIシステムがそれを使う人間に対して公平に機会、リソース、情報を割り当てることを確保する」という原則です。AIシステムは、すべての人を公平に扱い、既存の偏見を助長したり、新たな偏見を生んだりしないようにする必要があります。公平なAIは、意思決定が公平であり、個人やグループに対して差別的でないことを保証します。

具体的な例を見ていきましょう。あなたが所属する企業では、新規採用プロセスにおいて、求人応募における優秀な候補者を審査するためにAI

システムを使用しているとします。履歴書から評価するために使用されるAIシステムは、過去の採用データでトレーニングされており、このデータには過去の決定からのバイアスが含まれる可能性があります。あなたが参加したことのあるAIプロジェクトや意思決定プロセスで同様の課題に直面したり、採用や他の分野でAIシステムがバイアスを強化しているように感じたりしたことはあるでしょうか。

この例では、企業がAIモデルを使用して履歴書を評価し、応募者の中からトップタレントをランク付けしている状況を見ていますが、AIが特定の大学の出身者を他の候補者よりも不釣り合いに高くランク付けしていることに気付くでしょう。他のすべての資格が同等であるにもかかわらず、このバイアスは顕著です。

これは、AIの意思決定システムにおける公平性を確保し、このような偏見を防ぐことの重要性を示しています。AIシステムは全ての人を公平に扱うべきです。これには、AIが既存のバイアスを増幅したり、新たなバイアスを生み出したりしないことが含まれ、AIシステムによって行われる決定が個人やグループに対する差別をもたらさないことを確実にする必要があります。

これは、バイアスと公平性の重大な問題を提起しています。AIシステムは過去のパターンから学んだ結果、特定の大学を優遇するバイアスを強化してしまいました。このバイアスが放置されると、他の大学出身の候補者、つまり同様に優秀であるかもしれない人々が低く評価され、採用プロセスにおける多様性が欠ける可能性があります。

ここで重要なことは、AIの判断を批判的に評価し、モデルからの出力を盲目的に信じるべきではない、ということです。データや過去の慣習がバイアスをもたらす可能性を考慮し、それを軽減する方法を見つける必要があります。

なぜAIモデルがバイアスを持っているのか。そして、このバイアスを減らし、会社が公平な採用プロセスを実現するために取るべき対策としてどのようなものが挙げられるかを考えてみましょう。この場合、組織はモデルを調整し、より多様なデータで再トレーニングするか、AIモデルの推奨事項が特定のグループに偏っていないかをチェックするために、公平性の指標を導入する必要があります。

AIシステムは、与えられたトレーニングデータに基づいてバイアスがかかってしまう可能性があります。この例では、特定の大学の候補者を優遇した過去の採用パターンを反映しているかもしれません。AIをトレーニングするために使用されたデータが主にその大学からの採用成功例を含んでいた場合、AIシステムはこれらのパターンに過剰適合し、結果としてバイアスのかかった推薦が行われる可能性があります。アルゴリズムは、意図せずに特定のキーワードや教育背景を優先してしまうかもしれません。これらは特定の大学の候補者の履歴書によく見られるもので、候補者選考において不均衡を引き起こす可能性があります。

この例で挙げているAIシステムは、トレーニングデータの影響を受けたバイアスを持っている可能性があります。例えば、トレーニングデータが特定の大学出身の候補者を多く含んでいた場合、そのモデルは同じ大学出身の応募者を優先する傾向を学習し、バイアスのかかった推奨を行うことになります。さらに、アルゴリズムが特定のキーワードや学歴を優先している可能性があり、これが特定の学校の候補者に共通していると、候補者の他の資格が同等であっても、選考に不均衡を生じさせる可能性があります。なぜこのようなことが起こるのでしょうか。モデルは大量のデータを使用して訓練されており、その多くは歴史的または社会的なステレオタイプや偏見を反映しています。これらの偏見はAIに組み込まれてしまいますが、AI自体が「意識」しているわけでも、意図的に害を及ぼそうとしているわけでもありません。しかし、この偏見の結果として、有害なステレオタイプが強化され、雇用から医療に至るまで様々な領域で不平等な待遇が生じる可能性があります。

このAIにおける偏見の例は、責任あるAI開発の重要性を強調しています。これらのモデルを訓練するデータを評価・調整し、出力を継続的に監視することが、社会的な不平等を助長または拡大させないために不可欠なのです。

特定の大学や特定のバックグラウンドを持つ候補者を優遇することは、多様性に大きな影響を与える可能性があり、これらのバイアスによって候補者がシステマチックに排除されると、労働力の多様性が失われることになります。これは単なる公平性の問題ではなく、多様性の欠如が組織にどのような影響を与えるかという問題でもあります。異なる視点、経験、革新的なアイデアを欠いた労働力を持つことは、より均質化したチームの醸成につながります。これにより、会社の創造性や問題解決能力が制限され、最終的には対外的な競争力と適応力が低下することになります。多様性のあるチームは新しい洞察や解決策をもたらし、競争力を維持し続けたい企業にとって不可欠なのではないでしょうか。

もしAI採用システムのバイアスが修正されなければ、深刻な評判の損害が発生する危険性があります。この会社は特定のグループを優遇していると認識され、多様な人材が応募をためらう可能性があります。時間が経つにつれて、これにより人材プールが狭まり、有能な候補者を逃すことになるかもしれません。さらに、潜在的な法的リスクも存在します。もしAIシステムの決定が差別的であると判断された場合、会社は訴訟や規制の罰則に直面する危険性があります。外部の結果だけでなく、内部環境にも影響が出るでしょう。多様性の欠如は、包括的な職場環境の不足につながり、直接的に従業員の士気やエンゲージメントに影響を与えます。人々が疎外されたり、軽視されたりしていると感じると、生産性が低下し、離職率が上がる危険性があります。

以上のような危険を避けるために、責任あるAIの6つの原則があるのです。6つの原則を取り入れることで、組織は倫理的で責任あるAIシステムを作り出すだけでなく、ユーザーから信頼され、社会的および規制上の要求を満たすシステムを構築できるのです。

次に、実際にエージェントを安全に管理する方法について、テナントレベル、個々のエージェントレベルでどのように実現できるかを紹介していきます。

7-3 エージェントの仕組みを理解する

Copilot Studio では、大規模なAIモデルを活用することで、対話内容に応じた柔軟な回答を自動生成する機能を提供しています。これは「生成型回答」と呼ばれ、従来の定型的なQ&A形式とは異なり、ユーザーの質問や文脈に合わせて多様な返答を生成できるものです。例えば、ある問い合わせに対して追加の情報や関連する知識を用いて回答を補足するなど、やり取りの流れや深掘りの仕方を動的に変化させることができます。結果として、ユーザーに対してより自然で的確なやり取りが可能となり、従来のシナリオベースのエージェントと比較して、柔軟性と幅広い対応力が期待できます。

この仕組みの背景には、大規模言語モデル（LLM）があり、Copilot Studio ではこれを活用して会話の文脈を理解しながら回答を生成しています。ユーザーは事前に定義したキーワードやルールに縛られすぎず、必要に応じて詳細情報を聞き出したり、条件を変えて再度質問したりと、より自然なコミュニケーションを行えます。生成型回答によって、単なる「決められた答え」ではなく、やり取りの中からベストな回答を組み立てることが可能となります。

この機能は便利な半面、どのような仕組みで動作しているかを把握しておくことも重要です。Copilot Studio から生成型回答を利用する場合に、安全に応答するために以下7つのステップで行われます[7]。

7：Microsoft Learn – Generative answers based on public websites - https://learn.microsoft.com/en-us/microsoft-copilot-studio/guidance/generative-ai-public-websites

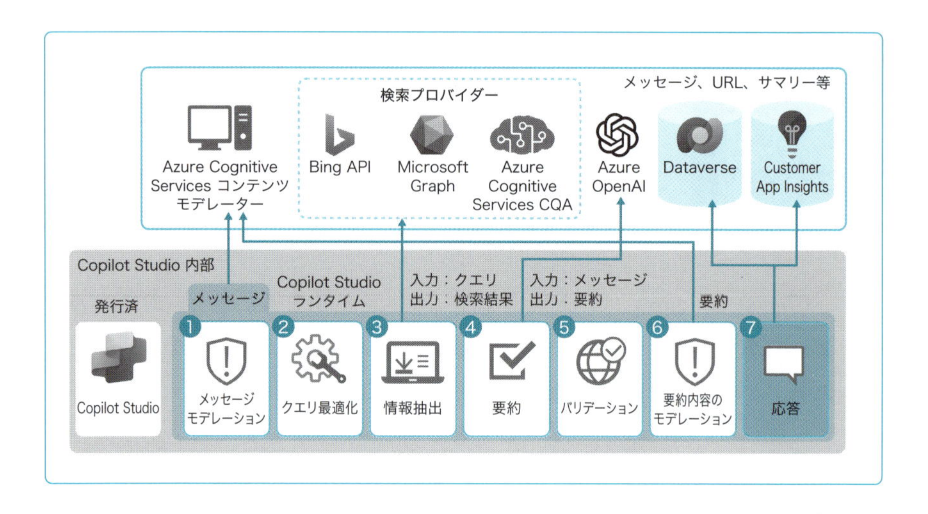

1. **メッセージモデレーション**：ユーザーのクエリから脅威あるコンテンツをフィルタリングします。
2. **クエリ最適化**：過去の会話履歴から位置情報・時間などのクエリのコンテキストを追加します。
3. **情報抽出**：ユーザーのプロンプトを検索クエリに変換し、事前に指定した検索フィルタリングが適用されたBing カスタム検索へ送信されます。
4. **要約**：Bing カスタム検索インデックスから、検索結果を抽出します。Bing カスタム検索はグローバルサービスであることから、この処理に対しては地域間の通信制御は行えません。
5. **バリデーション**：指定されたソースまたは顧客が設定したドメインから、関連性の高い検索結果を収集し、解析します。
6. **要約内容のモデレーション**：グラウンディングチェック、出典確認、および意味的類似性のクロスチェックを実施します。
7. **応答**：検索結果を要約し、エージェントのユーザーに分かりやすい言葉で提供します。

7-4 エージェントを利用するためにテナントをセキュアにする

エージェントは他のPower Platform 製品と同じく、共通のコネクタや、Power Automate のクラウドフローを利用することで、多くのデータソースやサービスに接続できます。これらのソースとサービスの中には、第3章でも触れたようにマイクロソフト以外の外部サービスやソーシャルネットワークを含む可能性があり、データの漏えい、またはデータへのアクセスを許可されていないサービスやオーディエンスへの接続により、意図せず機密情報を漏洩させてしまう可能性が生じます。

組織のデータを把握して保護し、データ損失を防ぐ包括的なツールを使用して、Power Platform 全体でセキュリティ保護されたエージェントを構築できます。

エージェントのデータ損失防止ポリシー

Copilot Studio で構築した エージェントは、ユーザーとの対話内容や参照するデータによって業務に役立つ高度な機能を実現できます。しかし、その一方で外部サービスや様々なデータソースへの接続が多岐にわたるため、データ保護の仕組みを適切に設計しなければ、機密情報や個人情報が意図しない形で外部に漏洩してしまう可能性があります。そこで重要になるのが、第３章でも触れた、データ損失防止ポリシー、すなわちData Loss Prevention（DLP）ポリシーです。Copilot Studio 用のDLP ポリシーを正しく設定することで、Copilot Studio で構築するエージェントを組織のルールに沿った安全な形で運用できます。

管理者は、他のコネクタと同じ設定方法でCopilot Studio 用のDLP ポリシーを使用して組織内のエージェントを管理でき、以下のCopilot Studio機能とエージェント機能を管理できます。設定を有効にすると、以下のようなエラーが作成者に表示されるようになります。

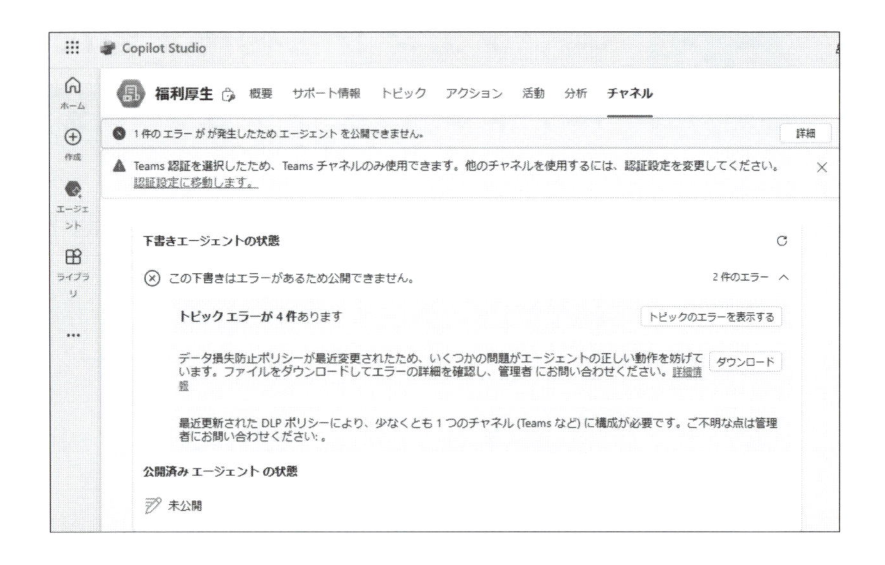

各種設定の意味は後ほど詳細に触れていきます。

- 作成者とユーザーの認証
- ナレッジソース
- アクション、コネクタ、スキル
- HTTP 要求
- チャネルへの公開
- AppInsights
- トリガー

それでは設定について触れていきます。設定に向けた前提条件として、テナント管理者またはPower Platform 管理者の権限が必要です。

自律型エージェントのDLP

管理者は、DLP ポリシーを使用したトリガーで エージェント機能を管理し、データ流出やその他のリスクからの保護を確保できます。

例として、エージェントのイベントトリガーをブロックする方法を紹介します。組織内のエージェント作成者は、エージェントイベントトリガーを追加でき、これを使用すると、エージェントは人間のプロンプトなしで外部イベントに対応することができるようになります。ただし、データの流出、不要な消費、クォータの使用などを防ぐために、管理者は、Power Platform 管理センターでDLP ポリシーを使用し、エージェント作成者がイベントトリガーをエージェントに追加できないようにすることでこの使用を制限することができます。手順は以下の通りです。

■ 設定手順

1. Power Platform 管理センター（https://aka.ms/ppac）＞セキュリティ＞データとプライバシー＞データポリシーを開きます。

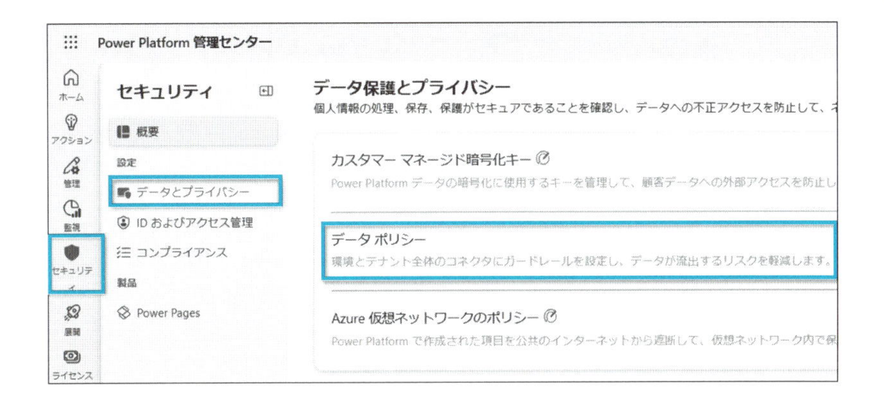

2. 「新しいポリシー」をクリックし、ポリシー名を入力し、「次へ」をクリックします。この例では「Copilot」というポリシー名にしました。

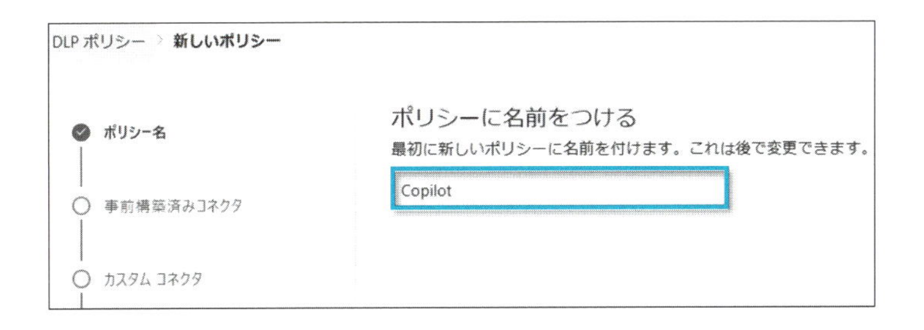

3.「事前構築済みコネクタ」のステップでは、画面右上の検索ボックスから「**Microsoft Copilot Studio**」を検索し、Microsoft Copilot Studio コネクタを見つけます

4. コネクタを選択してから「ブロック」を選択し、「次へ」を選択し、「スコープ」のステップまで進みます。
5.「特定の環境を除外する」をクリックします。
※この例はCopilot Studio で利用する環境以外をブロックする想定です。実際は利用用途に合わせて指定してください。

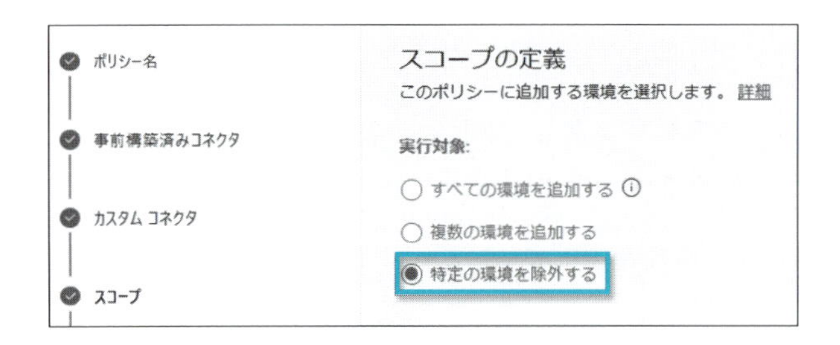

6. 対象の環境を選択し、「ポリシーに追加する」をクリックします。

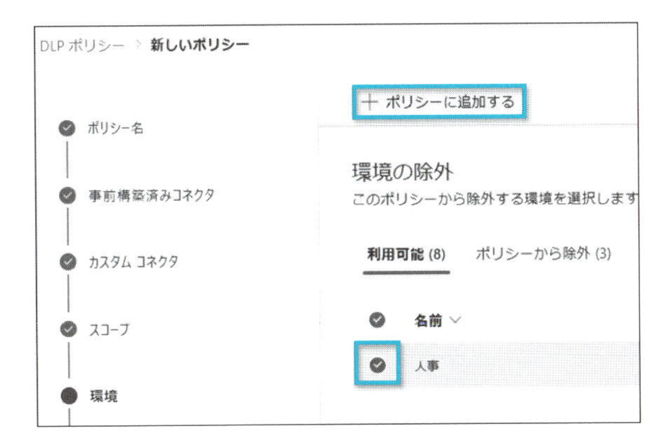

7.「レビュー」のステップではポリシーを確認してから「**ポリシーの作成**」を選択します。

エージェントのチャネルと機能に対するDLP

Copilot Studio で作成したエージェントはMicrosoft Teams（以下、Teams）やMicrosoft 365 Copilot などの内部向けの利用用途に加え、LINEやカスタムのWebサイトなどの外部向けの利用用途に対して「発行」することができます。これらの発行先のことを「チャネル」と呼び、各チャネルに対する発行の制御を、DLPポリシーを用いて設定できます。

設定方法

1. Power Platform 管理センター（https://aka.ms/ppac）＞セキュリティ＞データとプライバシー＞データポリシーを開きます。

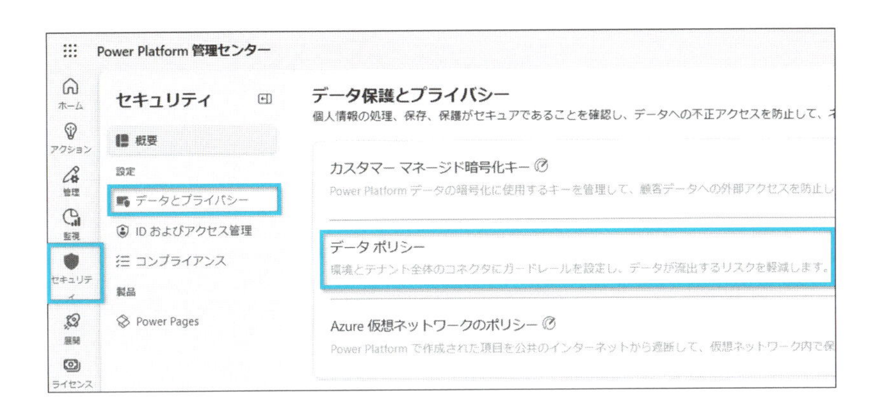

2. 先ほど作成したCopilot のポリシーを選択し、「ポリシーの編集」をクリックします。

3.「事前構築済みコネクタ」のステップに進み、画面右上の検索ボックスから「**Copilot**」を検索し、クラスの列を「組み込み」にフィルタします。

4. 各種ブロックしたいものにチェックを入れ、「**ブロック**」を選択します。
※操作手順の後に各項目に関する説明表を記載していますので、詳細はそちらをご覧ください。

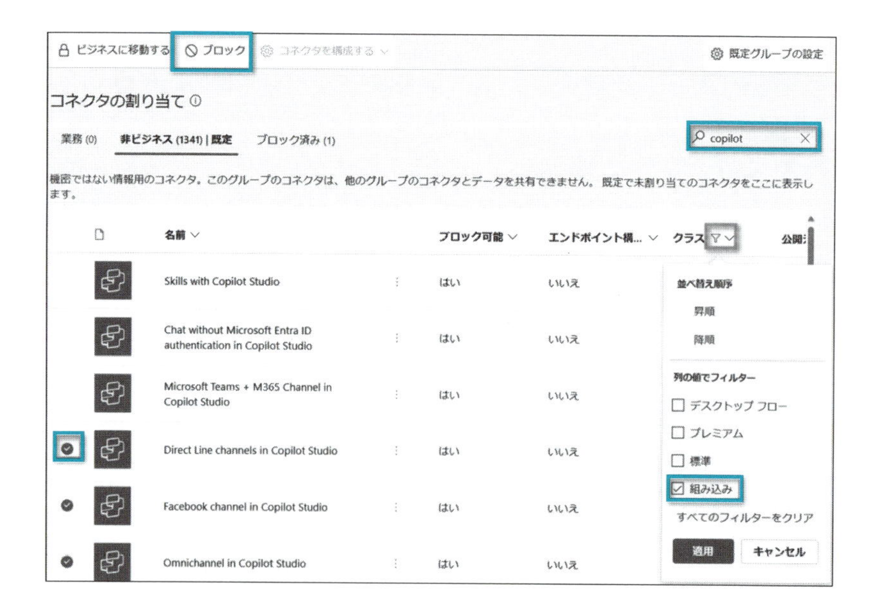

5.「**次へ**」を選択し、「スコープ」のステップまで進みます。

6.「特定の環境を除外する」をクリックします。

※この例はCopilot Studio で利用する環境以外をブロックする想定です。実際は利用用途に合わせて指定してください。

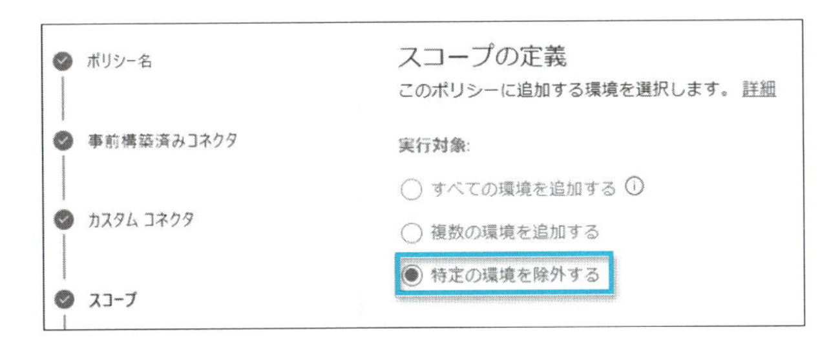

7. 対象の環境を選択し、「ポリシーに追加する」をクリックします。

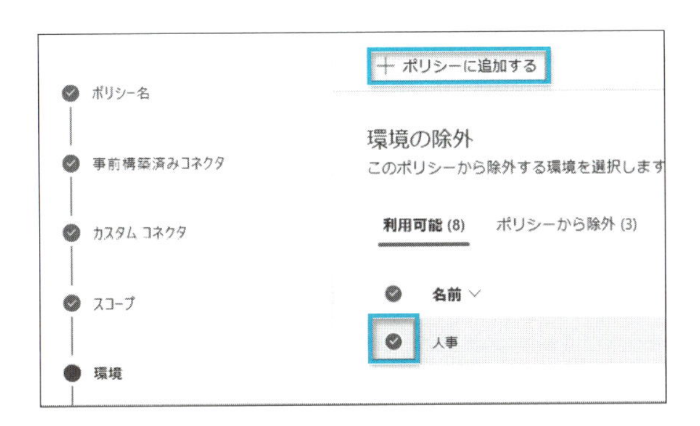

8.「レビュー」のステップではポリシーを確認してから「ポリシーの更新」を選択し、設定は完了です。

それぞれのコネクタとその意味は以下の表にまとめました。

チャネルのDLP

名前	用途
Direct Line channels in Copilot Studio	Copilot Studio で構築したエージェントを Direct Line（デモサイトやカスタムサイト、モバイルアプリやその他の Direct Line チャネル）に接続できないようにブロックします。
Facebook channel in Copilot Studio	Facebook チャネルを利用しようとしたときにブロックするシナリオです。
Microsoft Teams channel in Copilot Studio	Teams チャネルに公開・連携させないようにブロックします。
Omnichannel in Copilot Studio	Omnichannel チャネルに接続するのをブロックするシナリオです。Omnichannelチャネル はDynamics 365などで利用されています）。

参照先データのDLP

名前	用途
Knowledge source with SharePoint and OneDrive in Copilot Studio	SharePoint やOneDrive for Business を参照先のデータソースとして参照できないようにブロックします。
Knowledge source with documents in Copilot Studio	アップロードしたファイルやドキュメントを参照先のデータソースとして利用できないようにブロックします。例えば、社外秘資料やコンフィデンシャル情報が含まれるドキュメントの取り扱いを統制し、誤ってエージェントに学習させないようにする目的です。
Knowledge source with public websites and data in Copilot Studio	公開されているWebサイトを参照先のデータソースとして利用できないようにブロックします。

その他の機能のDLP

名前	用途
Skills with Copilot Studio	Copilot Studio で構築したエージェントに Skills（外部の拡張機能や機能モジュール）を組み込むのをブロックします。Skills は HTTP 要求などを通じて外部リソースにアクセスするようなシナリオをブロックできます。

名前	用途
Application Insights in Copilot Studio	Copilot Studio 上で構築したエージェントを Application Insights へ接続することをブロックします。
Chat without Microsoft Entra ID authentication in Copilot Studio	Microsoft Entra ID（旧称 Azure Active Directory）の認証を利用しないエージェントは公開できないようにブロックするシナリオです。これにより、エージェントを利用するユーザーは必ず認証を通過する必要があるため、社内利用や限定公開をしたい場合に安全性を高めることができます。

AI用DSPMを利用してデータレベルで強化

調査会社の米ガートナーが2023年に提唱した「DSPM」とは「Data Security Posture Management（データ・セキュリティ・ポスチャー・マネジメント）」[8]の略称で、企業や組織が扱うデータの安全性を総合的・継続的に管理・改善するための新しいアプローチです。

従来のセキュリティ対策ではネットワークやシステムの脆弱性に焦点が当てられがちでしたが、DSPMはデータそのものを中心に据えて、「どんなデータがどこにあるのか」「そのデータは今どのように使われているのか」、「データが適切に保護されているか」といったポイントを可視化し、リスクを抑えながらデータの活用を進めるための仕組みです。データを保存している場所や使用される環境が多岐にわたり、様々なクラウドサービスやデバイスが絡む現代では、必要なデータを必要な時だけ安全に扱うために、こうした新しい視点のマネジメントが重要だと考えられます。DSPMを導入することで、データに対するアクセス権限や暗号化の適用、利用状況の監視などを統合的に管理でき、企業や組織は自分たちが保有する情報の安全性をより確実に確保できるようになります。クラウドの利用が加速し、セキュリティリスクが複雑化する中、DSPMはデータセキュ

8：Gartner Research - Summary Translation: Innovation Insight: Data Security Posture Management - https://www.gartner.com/en/documents/4405499

リティの新しい基準となり得る取り組みとして注目を集めています。

そんな中、マイクロソフトは2024年11月に「AI用データセキュリティポスチャーマネージメント」(以下、AI用DSPM)をリリースしました[9]。AI用DSPMは、AI活用におけるセキュリティとガバナンス、リスクの可視化を包括的に支援するソリューションです。Copilot、Copilot Studioや他社製AIツールを含めた幅広いAIアプリケーションに対応し、組織がAIを安全かつ適切に導入するための枠組みを提供します。あらかじめ用意されたポリシーによってAIプロンプトへの機密データの流出を防止でき、例えば個人情報や社外秘データなどが誤って公開されるリスクを最小限に抑えられます。これらのポリシーは、Microsoft Purview(以下、Purview)の各種機能とも統合されており、Purviewが持つ機密ラベル付け、監査、データ分類といった既存のセキュリティ・ガバナンス機能と一貫した管理が行いやすいのも大きなメリットです。

Copilot Studioの観点では、AI用DSPMにより、ユーザーがエージェントに入力したプロンプトや、エージェントが返信した内容を分析して機密データを検出できます。加えて、ユーザーの行動異常(アノマリー)やリスキーな利用パターンを把握する仕組みも用意されており、仮に機密情報が誤って公開されそうな場合などには、監査ログやeDiscovery、保持ポリシー、ポリシー違反の検知などの機能を通して対処を講じることができます。これにより、ローコード/ノーコードAIであっても、セキュリティ担当者やコンプライアンス担当者は高度な監視とポリシー適用を実現し、ガバナンスを強固にすることが可能です。

9：Microsoft Security Blog – Accelerate AI adoption with next-gen security and governance capabilities https://techcommunity.microsoft.com/blog/microsoft-security-blog/accelerate-ai-adoption-with-next-gen-security-and-governance-capabilities/4296064

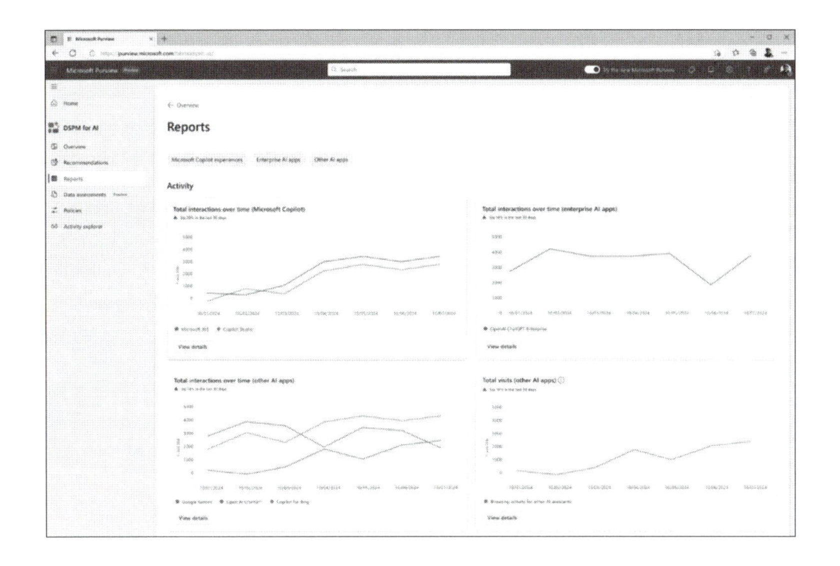

なお、本書ではAI用DSPM そのものの構成についての詳細は触れません。興味がある方は、https://go.myty.cloud/book/ai-dspmをご覧ください。

» Purview の秘密度ラベルでSharePoint のデータを保護

企業や組織のユーザーは、組織内外の両方のユーザーと共同作業しながら業務や作業を遂行しています。つまり、データはあらゆるデバイス、アプリ、サービス上のどこにでも保存される可能性があり、コンテンツが必ずしも社内ネットワークからアクセスされるわけではありません。インターネットからアクセスする際は、組織のビジネスおよびコンプライアンスポリシーを満たす、安全に保護された方法を使用する必要があるため、データを安全に保ち、自社組織のポリシーに準拠させる必要があります。

そこで、Purview Information Protection の秘密度ラベルを使用すると、組織のデータを分類および保護しながら、ユーザーの生産性と共同作業を行う能力が損なわれないようにすることが可能になります。組織やビジネスのニーズに応じて、組織内の様々なレベルの機密コンテンツのカテゴリを作成できます。例えば、「個人」「公開」「一般」「社外秘」「極秘」といった秘密度ラベルを設定できます。

本書ではInformation Protection そのものの構成について触れませんが、これらのラベルを作成および構成するにはInformation Protection 管理者以上の権限を持つ管理者で、秘密度ラベルを適用するには、ユーザーはMicrosoft 365 の組織アカウントを使用して、サインインする必要があります。また、Microsoft 365 E3 以上、F1 以上、もしくはBusiness Premium などのライセンスが必要です。ライセンス要件の詳細はhttps://go.myty.cloud/book/purviewiplicenseからご覧ください。

Copilot Studio は、ナレッジまたは生成型回答を利用する際に、SharePoint で設定された秘密度ラベルに対応しており、データのセキュリティとコンプライアンスが強化されます。エージェント作成者とユーザーは、応答で使用されるソースに適用される秘密度ラベルと、チャット内の個々のラベルを確認することができます。

ユーザーがデータにアクセスできないラベルに設定されている場合（例えば「極秘」など）、エージェントはテナントに保存されているデータがユーザーに返されたり、生成AIによって使用されたりしません。そのため、データのコンテンツに組織の秘密度ラベルが適用されている場合は、更なる保護が得られます。また、応答時には使用されるファイル（Word 、Excel 、PowerPoint など）で設定されている秘密度ラベルが付いたシールドアイコンが表示されます。ユーザーには、さらに応答参照内の各ファイルの秘密度ラベルも表示されます。

以下は、エージェントのユーザーに対して、WebおよびTeams チャットで秘密度ラベルがどのように表示されるかを示す例です。[10]

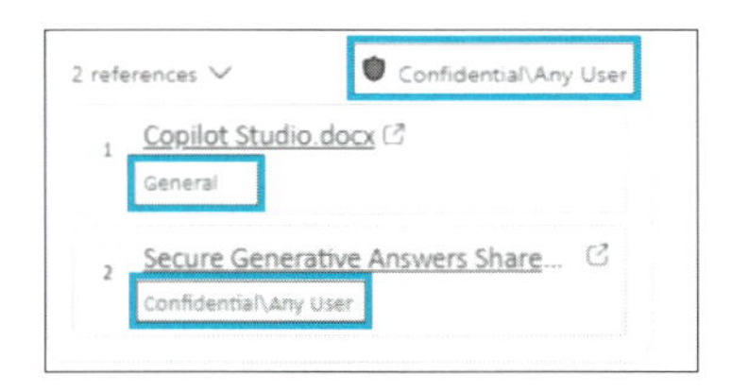

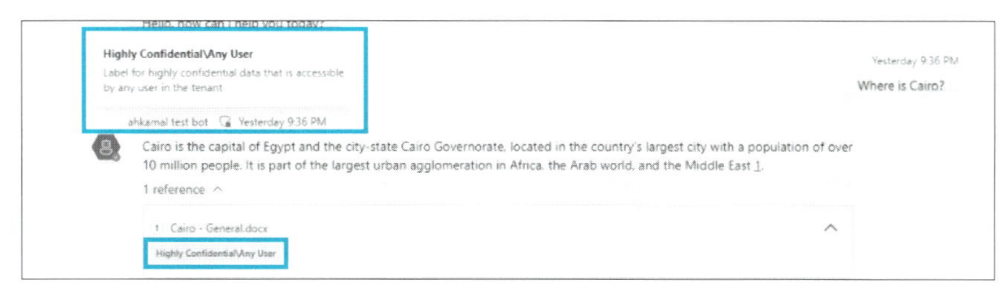

Purview 秘密度ラベルは、SharePoint またはOneDrive をデータ元としてエージェントを構成する場合、既定で有効になります。秘密度ラベルがどのように使用されているかを確認するには、Microsoft Purview ポータルからレポートを表示[11]してください。

エージェントの作成を特定のセキュリティグループに制限する

誰でもエージェントを作成できる状態にしないようにし、特定のセキュリティグループに制限をすることで、組織内で適切なトレーニングを受けたユーザーや、プロ開発者のみに利用を限定することが可能となります。

設定手順

1. Power Platform 管理センター（https://aka.ms/ppac）を開き、管理＞テナント設定をクリックします。
2. Copilot Studio 作成者をクリックします。

10：Microsoft Learn - Microsoft Purview strengthens information protection for Copilot Studio - https://learn.microsoft.com/en-us/microsoft-copilot-studio/sensitivity-label-copilot-studio より

11：https://purview.microsoft.com/informationprotection/purviewmipreports

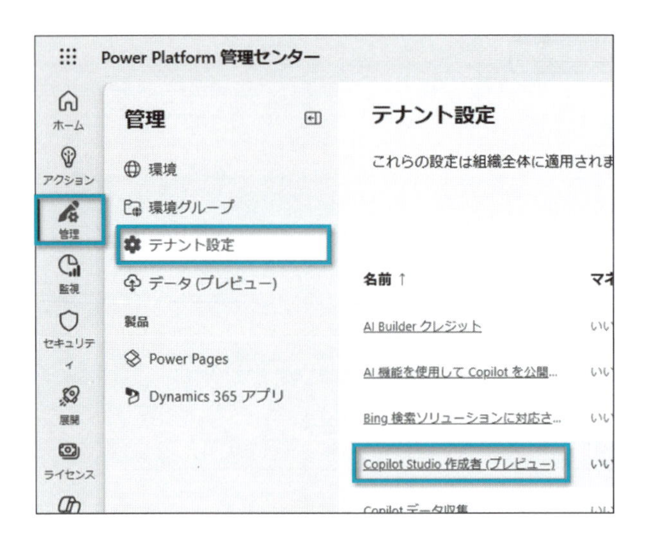

3. セキュリティグループを選択し、「保存」をクリックします。

7-5 個々のエージェントをセキュアにする

テナントレベルでの様々なセキュリティ設定に加え、個々のエージェントに対してもよりセキュアな構成を設定し、安全に生成AIのソリューションを運用することができます。

エージェントの認証モード

Copilot Studio では、エンドユーザーがエージェントとやり取りするときの認証方法を選択できるようになっています。3つの認証モード(認証なし、Microsoft で認証する、手動で認証する)が存在し、それぞれの特徴と管理者が注意すべきポイントを理解しておくことで、セキュアかつスムーズな運用を行うことができます。

認証なし

「認証なし」モードでは、ユーザーにサインインを求めず、そのままエージェントの対話を開始できる認証モードです。ユーザー体験としては手軽で、例えば公開サイト上でのFAQや問い合わせ対応用エージェントなどに向いています。ただし匿名アクセスは、ユーザーの身元が明確にならないため、不正利用が起こった際に追跡やアクセス制御が難しくなるリスクがあります。そのため、管理者としては公開範囲を限定したり、利用状況をこまめに監視したりするなどの対策が必要になります。また、API やデータ接続を伴う操作の場合、匿名アクセス(もしくはAPIキーベース、作成者の認証ベースでのアクセス)になるため、取り扱いには十分気を付ける必要があります。

Microsoft で認証する

「Microsoft で認証する」(組織アカウントを用いる認証)は、Teams 、Power Apps 、またはMicrosoft 365 Copilot での利用のみに限定されたモードで、Copilot Studio でエージェントを作成する際の既定のモードとなっています。

このモードを選ぶとユーザーは自分の組織アカウントを使ってログインしたうえで対話を行います。そのため、個々のユーザーのアクセス状況を正確に把握したり、ユーザーごとの権限をコントロールしたりできるメリットがあります。また、Entra ID の条件付きアクセスや多要素認証(MFA)などと組み合わせることで、利用者のデバイス状況やネットワーク環境などを細かく制御できます。この設定は、Copilot Studio ポータル(https://copilotstudio.microsoft.com)を開き、エージェント＞セキュリティ＞認証からアクセスできます。

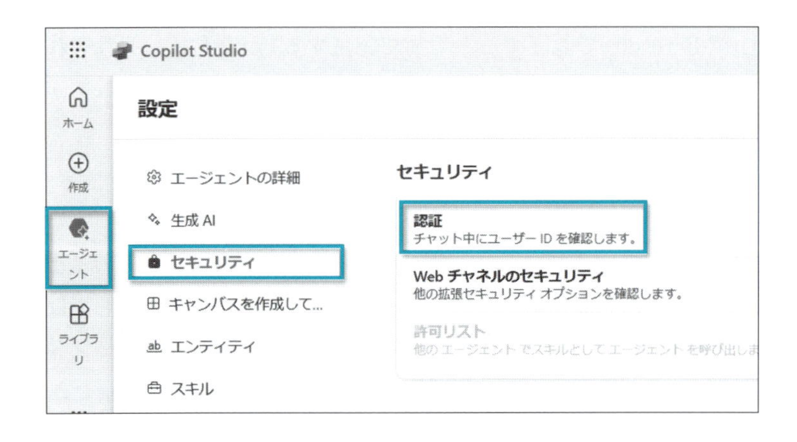

各認証モードの詳細は、以下で解説していきます。

手動で認証する

「手動で認証する」モードでは、カスタムOAuth 2.0認証やその他の外部IDプロバイダー連携が可能となります。例えば社内独自のID基盤や、B2C向けに構築した外部ID管理サービス(Googleアカウントなど)を使った認証をエージェントに組み込むケースが当てはまります。このモードを利用すれば、Entra ID に限らず幅広い認証プロバイダーと連携できますが、設定手順がやや複雑になりやすい点は念頭に置く必要があります。具体的には、クライアントIDやシークレットの管理、リダイレクトURIの設定、リフレッシュトークンの扱いなど、外部認証で発生する技術的なプロセスをきちんと把握しないと、利用者がサインインできない問題やセキュリティリスクを引き起こす可能性があります。

管理者としては連携先のポリシーや利用規約、セキュリティ標準をよく確認し、Copilot Studio 側の設定画面から正しく情報を入力することが大切です。また、更新期限が切れたトークンに関する挙動や再認証の流れなど、運用時の仕様を周知徹底する必要もあるでしょう。

上記3つの認証モードにおいて、エージェント作成者は、Copilot Studio での公開前にセキュリティスキャンを自動的に実行することで、セキュリティとガバナンスの既定の構成が変更された場合、エージェントを公開する前にセキュリティ警告を表示します。例えば、エージェント作成者は、安全な既定の設定から、以下のように構成を更新すると、セキュリティアラートによってリスクを認識できるようになります。

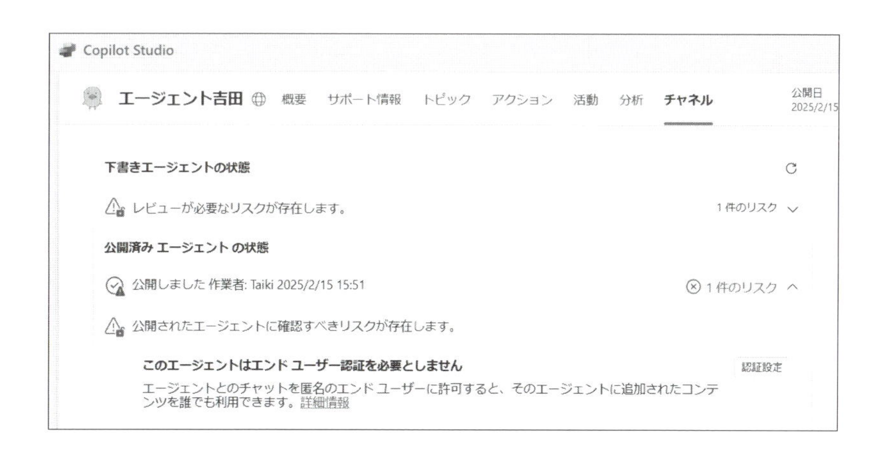

エージェントアクティビティの可視性

管理者は、Purview でCopilot Studio での操作によるエージェントに関する監査ログを表示し、Microsoft Sentinel（以下、Sentinel）を介してエージェントアクティビティに関するアラートを受信できるように設定できます。

管理者向けPurview の作成者監査ログ

他のPower Platform 製品同様に、管理者は、Purview でCopilot Studio の監査ログを閲覧することができ、Copilot Studio でエージェントの作成や修正、削除といった操作が行われた場合に、その操作がいつ、どのユーザーによって、どの環境に対して実行されたのかが記録されます。

Copilot Studio はTeams などのチャネルと連携してエージェントを展開するため、あらかじめ監査ログで操作内容を追跡できるようにしておくと、運用時のトラブルシューティングやガバナンス強化につながります。例えば、特定の環境で予期せずエージェントがダウンしてしまったとき、監査ログから直前に誰がエージェントの設定を変えたのかを瞬時に特定できるようになり、復旧対応を迅速化できます。

さらに、内部統制やコンプライアンス監査の観点からも「誰がどの操作をいつ行ったか」をエビデンスとして示すことができ、組織のリスクマネジメントに大いに役立ちます。

前提条件

- テナントでの監査ログが有効であること
  ※有効でない場合は、第5章の「統合監査ログの有効化」（171ページ）をご覧ください。
- 監査ログへの読み取り権限以上の権限が最低限付与されていること
  ※付与されていない場合は、管理者へお問い合わせください。

閲覧方法

1. Purview ポータル（https://purview.microsoft.com/）へアクセスし、ソリューション＞監査を開きます。

2. 閲覧したいログの開始・終了日時を指定します。
3. アクティビティ・フレンドリ名で、「Copilot」を検索し、「Power Platform のCopilot（ボット）の管理操作」配下にあるログの種類を選びます。
4.「検索」をクリックします。検索には数分から数十分かかります。

5. 検索結果は画面下部に表示され、クリックすると開きます。

Sentinel で監査ログからアラートを作成する

Sentinel を通じて、エージェントアクティビティに関するアラートを監視および受信できます。第6章でSentinel の設定に触れましたが、Copilot Studio については2025年2月現在、他のPower Platform 製品と違い、専用のアラートテンプレートが用意されていないため、本書用に作成しました。以下手順で利用するKQLスクリプトはこちらのURLから開いて、コピーしてください。https://go.myty.cloud/book/mcssentinelalertsample

前提条件

- Sentinel とPower Platform の監査ログ連携を完了している（第6章のSentinel のセットアップを参照）

設定手順

1. Azure ポータル（https://portal.azure.com）から、Sentinelを開きます。
2. 全般＞ログを開きます。クエリハブが表示された場合は×をクリックし、閉じます。

3. サイトhttps://go.myty.cloud/book/mcssentinelalertsample で表示されたスクリプトを貼り付け、中のスクリプトを編集し「実行」をクリックします。

※直近でCopilot Studio が利用されていない場合は、「指定した時間範囲の結果が見つかりませんでした」と表示されます。このスクリプトは直近1時間のアクティビティのみを抽出するように作られています。

4.「新しいアラートルール」から「Microsoft Sentinel アラートの作成」をクリックします。

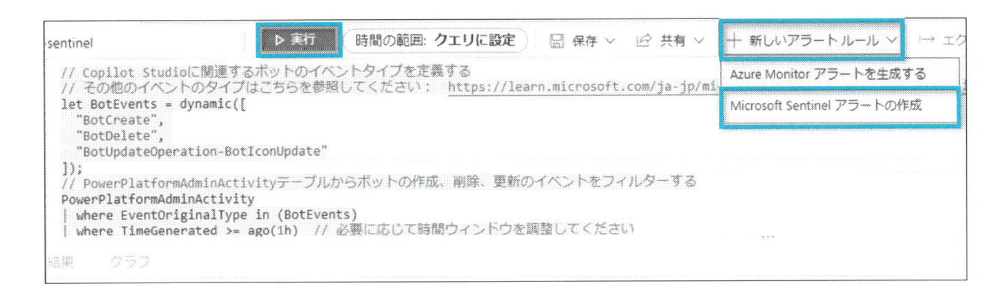

5. 分析ルールウィザードが立ち上がります。名前、重要度、ログの種類を選択し、「次へ：ルールのロジックを設定」をクリックします。

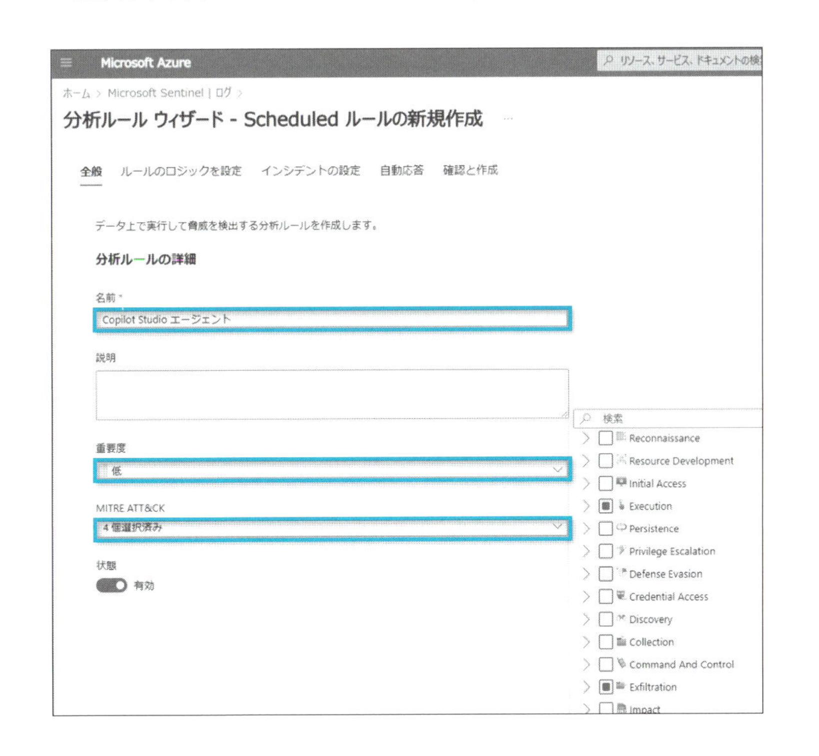

6. クエリのスケジュール設定にある、「クエリの実行間隔」を1時間、「次の時間分の過去データを参照します」も1時間にして、「次へ：インシデントの設定」をクリックします。

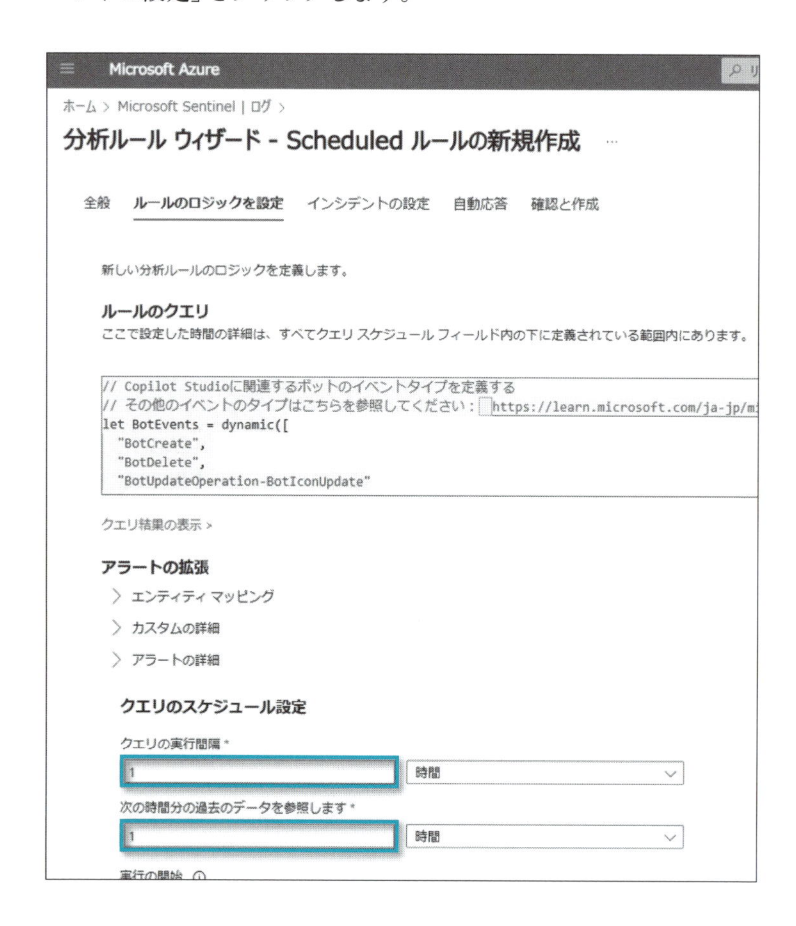

7.「この分析ルールによってトリガーされるアラートからインシデントを作成する」を「有効」にします。

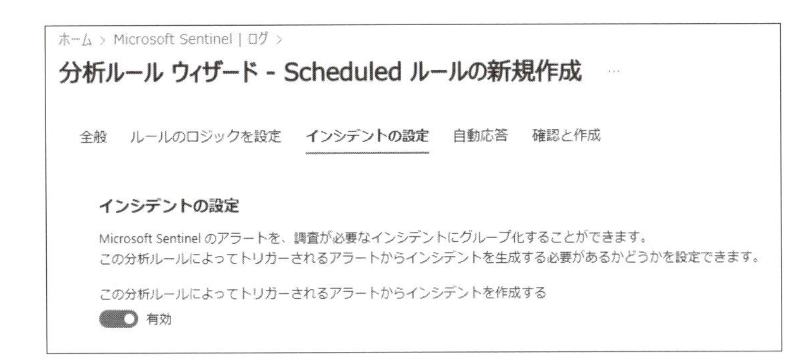

8.「次へ：自動応答」をクリックします。
9. インシデント管理を行うために、オートメーションルールを設定できます。「新規追加」をクリックします。

10. 各項目を記入し、最後に「適用」をクリックします。
- Automation rule name: オートメーションルールの名前
- Actions：どのような動作を自動で行うかを設定します。

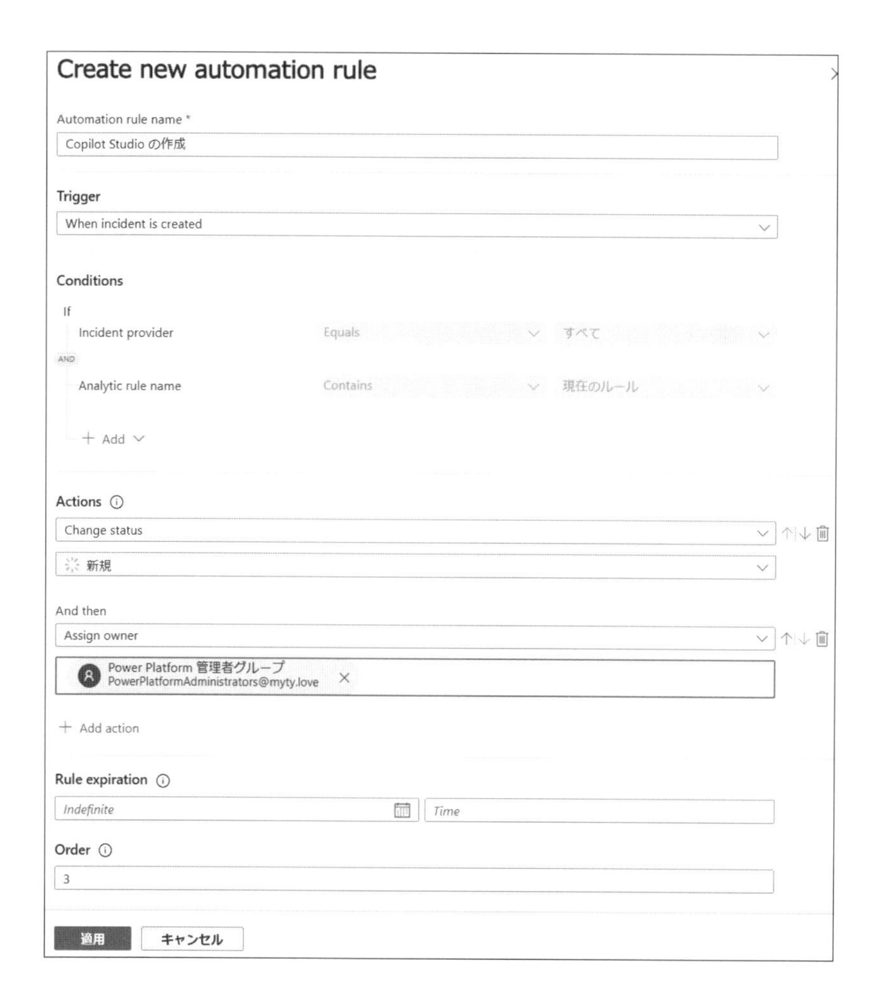

11.「次へ：確認と作成」をクリックします。

12. 最後に「保存」をクリックして、ルールの設定を終えます。

13. 条件に一致した場合にはSentinel にインシデントが自動作成されます。アクセスするには、脅威管理＞インシデントから確認できます。

7-6 Power Platform サービス内の生成AI機能

Copilot for Power Platform の仕組み

Power Platform の各サービスでは、あらゆる機能にCopilot が搭載されています。ここでは実際にプロンプトを入力すると、Copilot の内部でどのように処理されているのかを説明します。

1 プロンプトの入力

ユーザーがPower Platform 内で質問やアクションを入力します。例えば、Power Automate の画面から「上司からメールが届いたら、Teams で通知して」というプロンプトを入力します。

2 グラウンディング

Copilotは、Microsoft Dataverse やMicrosoft Graph 、または外部のデータソースから情報を取得する「グラウンディング」という方法を使用してプロンプトを処理します。これにより、ユーザーのタスクに適した応答が得られます。

3 データアクセスの制限

Copilot は、ユーザーごとに特定のデータにアクセスします。つまり、現在のユーザーがアクセス権を持つデータのみを使用します。データ元で適切なセキュリティ設定が行われていれば、その設定がそのまま引き継がれることを意味します。

4 応答の生成

Copilot は、Azure OpenAI Service を使用して生成AIモデルにアクセスし、自然言語入力を理解して適切な形式で応答を返します。例えば、チャットメッセージ、JSON、メール、チャートなどの形式で応答が提供されます。

5 応答の確認

ユーザーは、応答を確認してからアクションを実行する必要があります。自動的に行われることはありません。

6 ビジネスデータの使用

Copilot の応答は、ユーザーのビジネスコンテンツとビジネスデータに基づいています。リアルタイムでデータにアクセスし、正確で関連性の高い応答を生成します。DLPポリシーや、セキュリティポリシーが設定されている場合は、それらも適用されます。

7 データの保護

Copilot は、Azure OpenAI Service のエンタープライズグレードのセキュリティ機能を活用し、データの保護とプライバシーを確保します。これには、コンテンツフィルタリングやデータ暗号化などが含まれます。

Copilot は、マイクロソフトの包括的なセキュリティ、プライバシー、コンプライアンスのアプローチに基づいて構築されています。これにより、企業のセキュリティポリシーやプロセスを自動的に継承します。顧客データは、保存時および転送時に暗号化されます。データ転送は、マイクロソフトのバックボーンネットワークを介して行われ、信頼性と安全性が確保されます。

上記のように、Power Platform で生成AIの機能を利用する場合には、素のGPTへアクセスしているわけではなく、複雑なステップを経て[12]、初めて応答したり、アプリやフローを自動的に作成したりしていることがわかります。

12：Microsoft Dynamics 365 Blog - Building digital trust in Microsoft Copilot for Dynamics 365 and Power Platform - https://www.microsoft.com/en-us/dynamics-365/blog/it-professional/2024/04/04/building-digital-trust-in-microsoft-copilot-for-dynamics-365-and-power-platform/

以下の図では、Power Platform におけるCopilot が、どのようなアーキテクチャになっているのかを表しています。

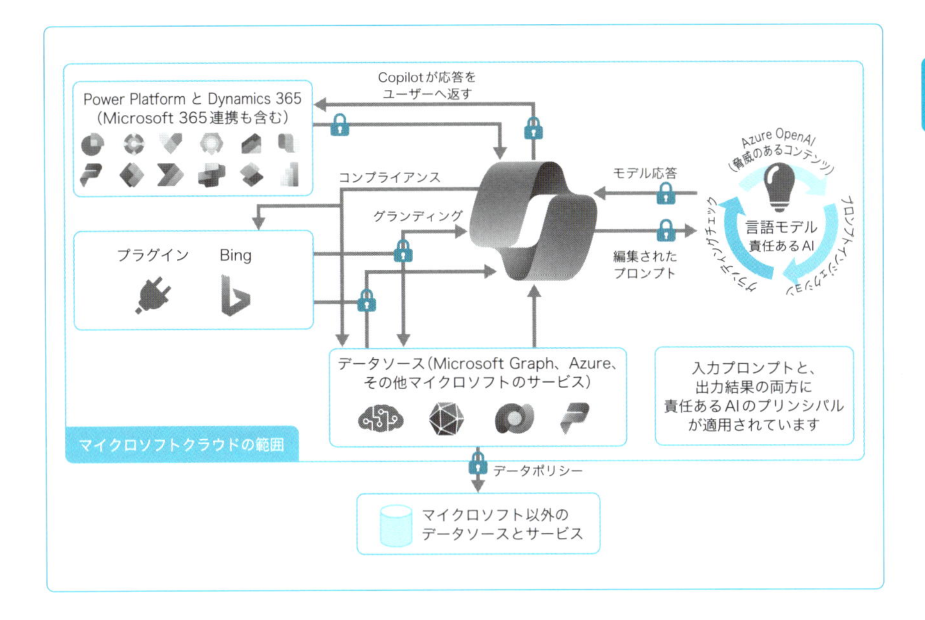

生成AI機能の無効化

組織によっては生成AIを利用したくない場合もあると思います。Copilot と生成AI機能を無効化すると、アプリ、フロー、エージェントの構築、データの分析、情報の要約、メッセージへの返信、アイデアの生成などのCopilot 機能が利用できないようになります。機能によっては、無効化は環境単位で行うことができ、例えば「財務データのある環境は無効化したい」といったニーズに答えることができます。設定は以下の手順で行います。

前提条件

Power Platform 管理者またはグローバル管理者権限

■ 設定方法

1. Power Platform 管理センター（https:/aka.ms/ppac）へアクセスし、「コパイロット」を選択します。
2. 下へスクロールし、ガバナンスの「設定を管理する」をクリックします。

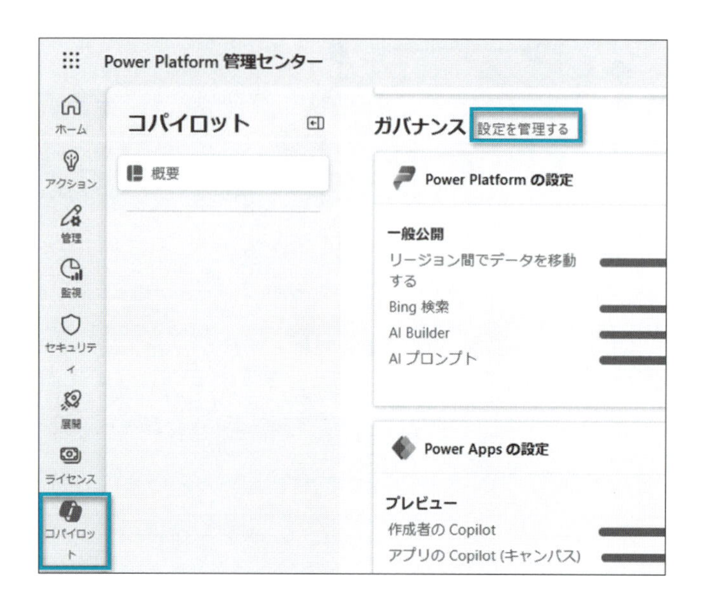

3. 無効化したい環境を選択します。

4. 「環境設定」のタブでは指定した環境に対する各生成AIの機能が有効・無効化できます。

5.「テナント設定」のタブでは、組織全体に対する各生成AIの機能が有効・無効化できます。ここで設定を変更したものは、選択した環境に関係なく、組織全体に適用されます。

6. 設定を終えたら、「保存」をクリックします。

各設定項目の説明は以下の通りです。

Bing 検索の使用条件

Copilot の各種機能利用時に、Bing カスタム検索による関連する情報も合わせて回答として含めるかを制御できます。

AIモデルの無効化 (Enable the usage of AI Builder model types that are in preview)

AI Builder の一部のモデルにおいてはプレビューのものが含まれます。この設定はプレビューになっているモデルの利用を無効化するためのものです。

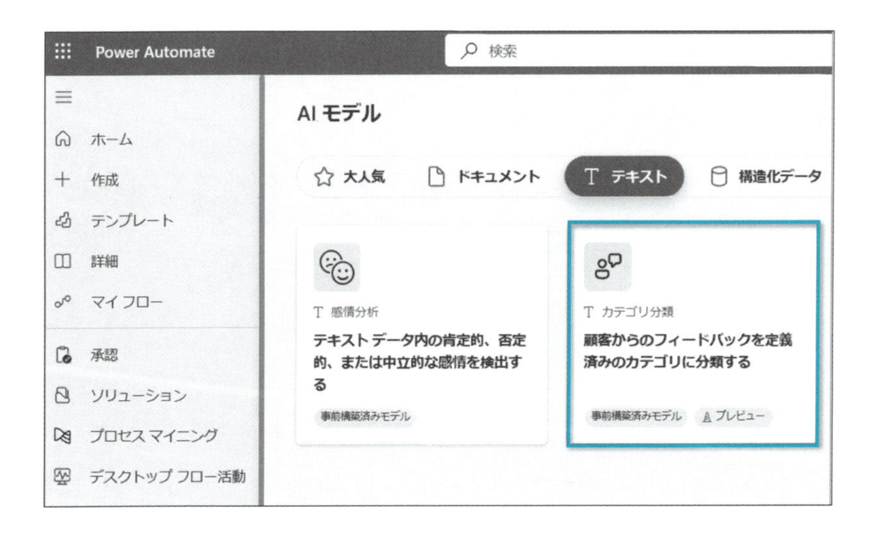

AIプロンプトを無効化する

Power Platform とCopilot Studio では、プロンプトを含んだステップを設定し、生成AIを組み込むことができます。「Enable the AI prompts feature in Power Platform and Copilot Studio」という設定は、そのAIプロンプト機能を有効・無効化するためのものです。AIプロンプトへは、Power Automate ポータル（https://make.powerautomate.com）から、AIハブ＞プロンプトからアクセスできます。

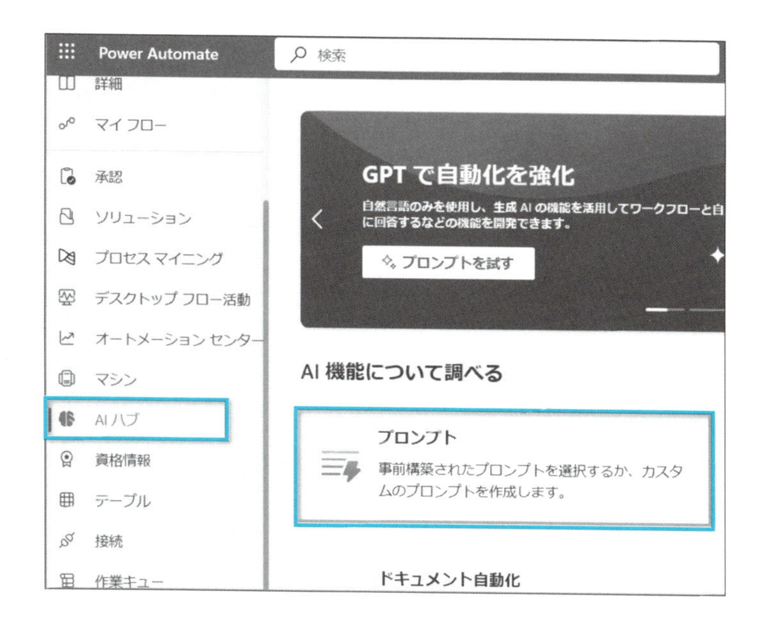

Power Apps ポータルのCopilotによるアプリ作成

「アプリを作成するユーザーに対して、AI を活用した新しい Copilot 機能を有効にします」という設定は、Power Apps ポータル(https://make.powerapps.com)にアクセスした際に表示される、プロンプトでアプリを作成するCopilot 機能のことです。

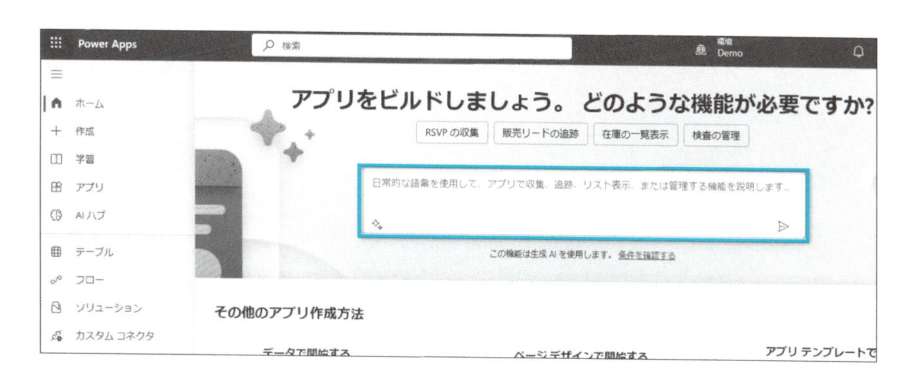

画面右側のCopilot 表示の無効化

「AI を活用したチャットエクスペリエンスを キャンバス とモデル駆動型アプリで使用し、データを分析することをユーザーに許可します」の設定では、アプリ実行時に有効にできる画面右側のCopilot を用いて、開いているアプリのデータに対する質問等が行える機能を無効化します。

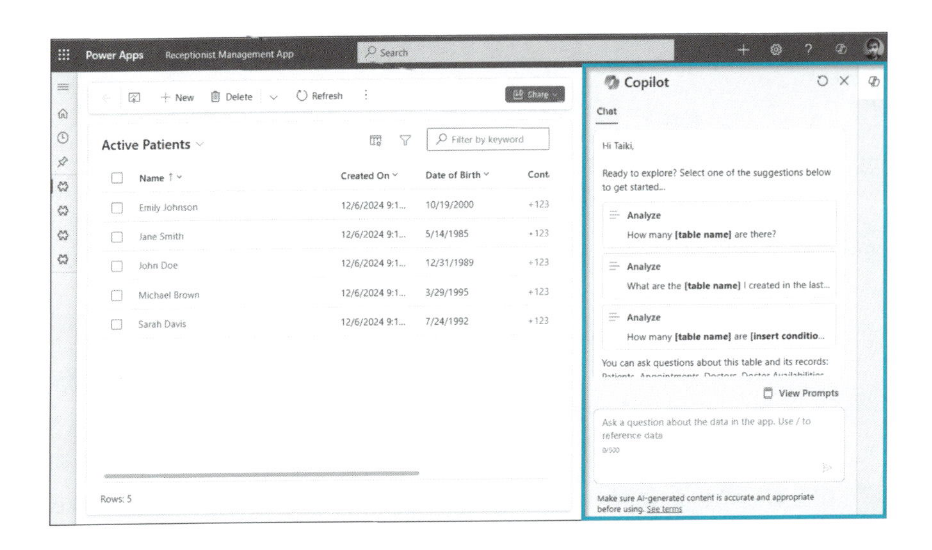

キャンバスアプリでCopilot の画面パーツを挿入できないようにする

「キャンバス エディターで Copilot 回答コンポーネントを挿入することが可能になるため、事前定義されたデータ クエリに対し、AI を活用した回答を受信できます」の設定は、キャンバスアプリを作成する際に、Copilot を画面パーツとして追加できるようになります。

モデル駆動型アプリでコピー＋貼り付けによる自動入力の無効化

「AI フォーム入力支援のスマート貼り付け機能を有効化/無効化します」という設定は、モデル駆動型アプリからフォームを開き、クリップボードにあったデータをそのまま貼り付ける（Ctrl＋V）と、自動的にフォームを記入する機能を無効化する設定項目です。

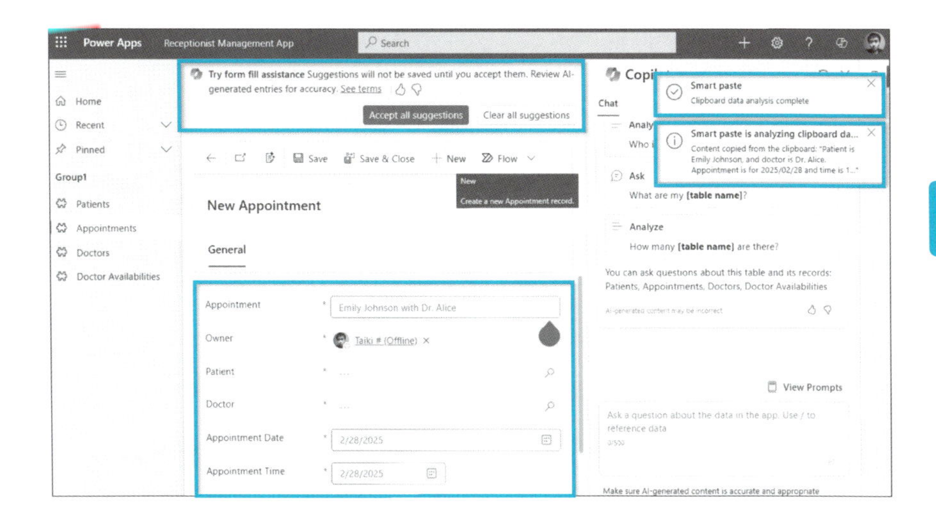

キャンバスアプリの関数バーのCopilot を無効化する

「数式列を作成する際にユーザーが AI による提案を取得できるようにします」の設定は、Power Apps のキャンバスアプリ作成画面にある、数式バーで関数作成を支援するCopilot 機能を無効化します。

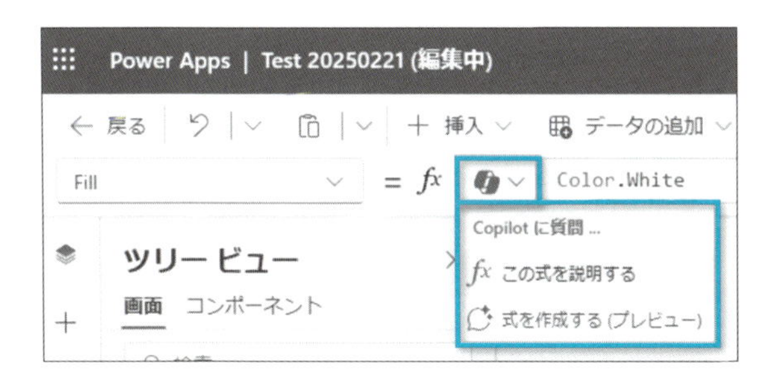

モデル駆動型アプリのビューをCopilot で作成する機能の無効化

「Copilot の支援を利用してモデル駆動型アプリ ビューでデータを検索します」では、モデル駆動型アプリからビューを自然言語で検索する機能を無効化します。

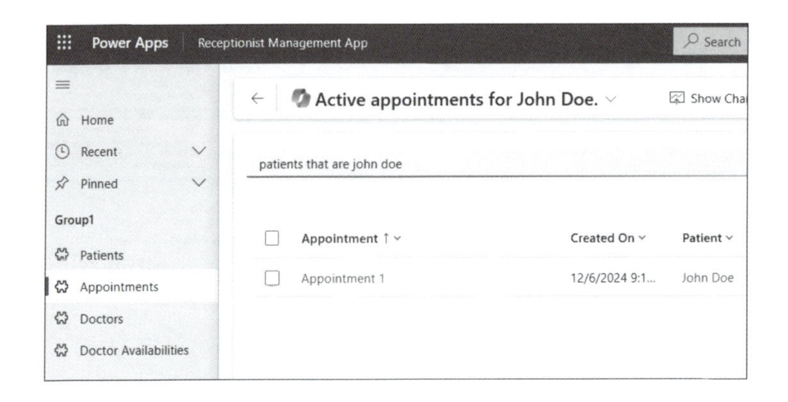

モデル駆動型アプリのメインフォームでのCopilot による要約を無効化

「メインフォームには記録の概要や、その他の Copilot インサイトが表示されます」の設定は、フォームを開いた際に上に表示されるCopilot による概要の表示を制御します。

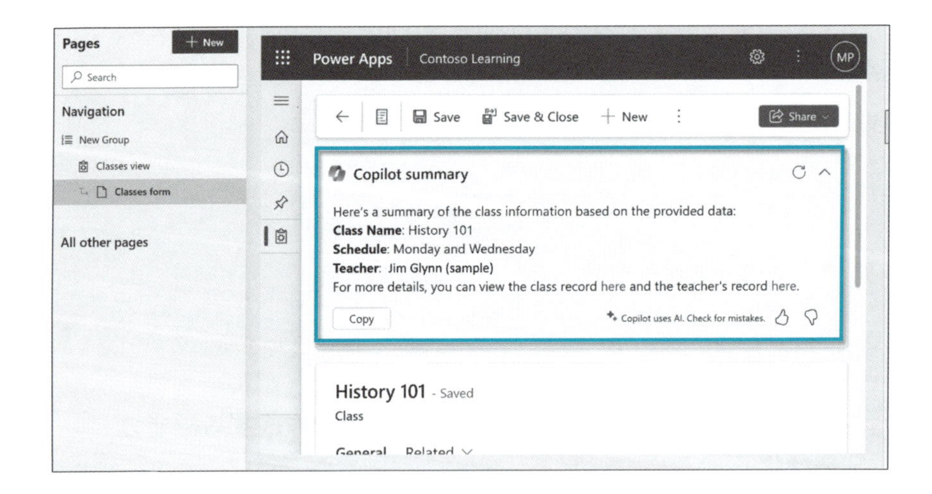

Power Apps の Copilot

「アプリを作成するユーザー向けにCopilot のプレビュー機能を有効化します。」の設定では、Power Apps のアプリ作成画面で画面右側に表示されるCopilot の有効化・無効化をテナント単位で制御します。

AI機能を使用してボットを公開する

「AI機能を使用してボットを公開する」の設定を無効化すると、テナント全体でCopilot Studio で作成されたボットを公開できなくなります。

地域別のCopilot 機能の利用状況

Power Platform は様々なCopilot 機能を搭載しており、地域ごとに実行可能な機能が異なります。詳細はDynamics 365 とPower Platform 製品提供状況レポート（https://aka.ms/bapcopilot-intl-report-external）にある、「Copilot 機能のレポートを地域及び言語別に確認する」をご覧ください。

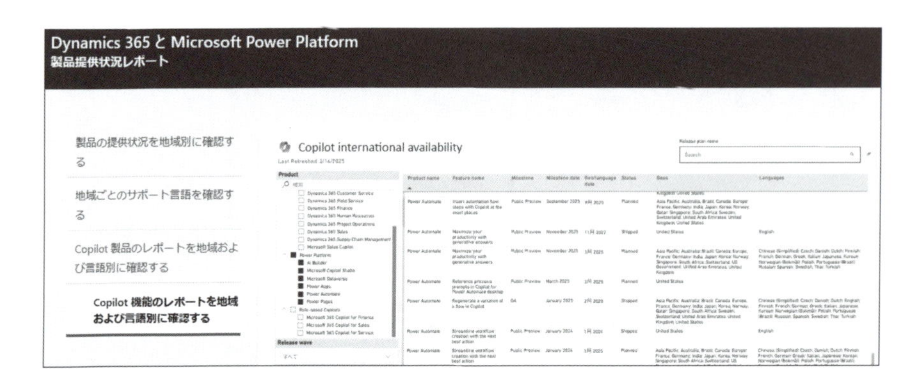

マネージド環境におけるCopilot の管理

マネージド環境での共有ルールに新しくCopilot Studio エージェントの共有制限が追加されました。エージェントを共有する際の編集者・閲覧者のアクセス許可、共有可能な人数などを制御することができます。詳細は、第4章の「共有の管理で共有を制限（マネージド環境）」（77ページ）をご覧ください。

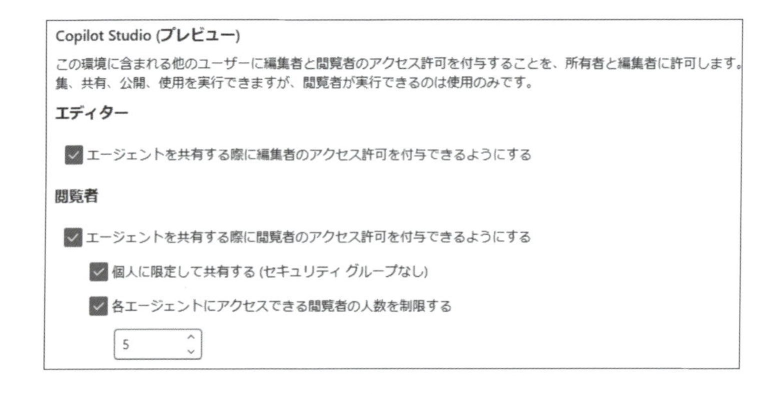

第8章

アプリケーション(ボット)ライフサイクルの確立

» **8-1**　ALM を実装するには

» **8-2**　Power Platform でALM を実現するための方法

» **8-3**　Security Development Lifecycle (SDL)とは

» **8-4**　まとめ

本章では、Power Platform を使用したアプリケーション（ボット）ライフサイクル管理（ALM ）およびセキュリティ開発ライフサイクル（SDL ）を中心に説明します。

8-1 ALMを実装するには

ALMとは

最初に、ALMとは、Application Lifecycle Managementの略称で、ガバナンス、開発、メンテナンスを含むアプリケーションがその役目を終えるまでのライフサイクル全体を管理するためのプロセスです。計画立案、開発、構築およびテスト、デプロイ、運用、監視と課題分析を繰り返していくサイクルを意味しています。

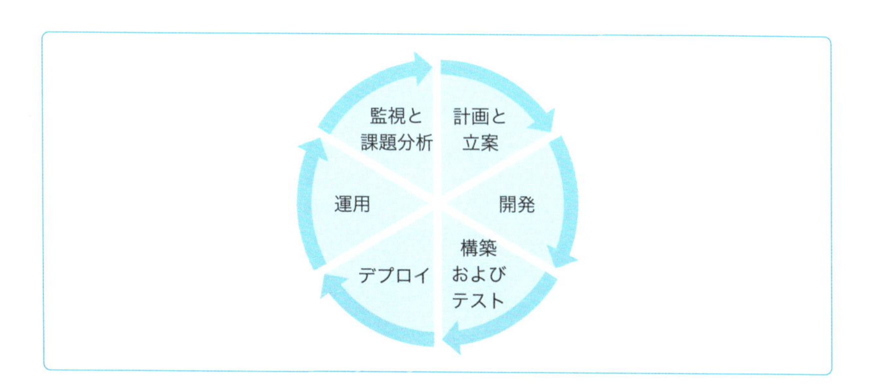

ALMを組織内で導入することで、アプリケーションのデプロイの自動化、開発者がアプリケーションのデプロイにかける時間の短縮化、ワークフローの可視化を実現することができます。さらに、ユーザーのニーズやビジネス要件に応じた臨機応変なアプリケーションのデプロイが可能となり、同時に開発者の負荷を減らすことにもつながるのです。

Power PlatformにおけるALMは、Power Appsのアプリ、Power Automateのフロー、Copilot Studioのカスタムエージェント、Dataverse、セキュリティ ロールなどのソリューションに含めることができるものが対象となります。

ソリューションとは

まず、ALM を実現する上で必須となる、「ソリューション」の概要について説明します。第3章で解説した通り、Power Platform でガバナンス運用設計を行う場合、環境ごとに目的を設定し、用途別、セキュリティ別に環境を分けることで、ユーザーの利便性を損なわずにセキュリティを適切な範囲で保護することが可能です。複数の環境を作成し、開発用、テスト用、運用用にそれぞれ別の環境を設定することで、ソリューションの開発とデータストレージを管理できます。Power Platform におけるソリューションとは、アプリケーションやフロー、カスタムエージェント、データベース、セキュリティロールなどを1つにまとめたパッケージのことを指しています。

これにより、ALM を実装するためのメカニズムとして機能します。開発環境は、開発者がソリューションを作成するための環境です。ソリューションは、テストの準備が整ったら、テスト環境と呼ばれる別の環境に移動されます。別の環境を使用すると、ユーザーに影響を与えることなく、

すべてを確実にテストできます。ソリューションは、準備が整ったら、運用環境に移動できます。

ソリューションには、以下の2種類があります。

- **アンマネージドソリューション**：開発環境用で、開発者が自由に変更やカスタマイズを行うことができます。アンマネージドまたはマネージドとしてエクスポートすることができます。ソリューションの開発中の利用が推奨されます。
- **マネージドソリューション**：運用環境用で、変更やカスタマイズが制限され、安定した運用が求められます。マネージドソリューションは直接編集することができず、エクスポートすることもできません。従って、ソリューションの開発が行われない際の利用が推奨されます。マネージドソリューションを利用する利点として、インストール後にバージョンのアップグレードがあった際や、取り込んだマネージドソリューションに問題があるような場合、該当のマネージドソリューションを削除することができ、元の状態に戻すこと（つまりロールバック）ができます。その特性上、ALM においてマネージドソリューションを利用することは重要となり、特にミッションクリティカルな開発を行う場合にはマネージドソリューションを利用して本番環境へ展開することを推奨します。また、マネージドソリューションは複数組み合わせて利用することが可能で、マネージドソリューションを別のマネージドソリューションと依存関係を持たせたり、バージョンを管理したりすることもできます。そのため、開発を複数人で行い、担当する領域を分けて開発することが可能です。例えば、ある開発者がデータレイヤー（Dataverse ）でテーブルやデータモデルを設計し、別のメンバーがビジネスロジックレイヤー（Power Automate ）などでワークフローを作成し、さらに別のメンバーがアプリケーションレイヤー（Power Apps ）でユーザーインターフェースを構築することができます。以下の例では事前にソリューションAでテーブルやビューなどを構成し、その後、別の開発者がソリューションBを作成し、Aで作成したテーブルを基にアプリを作りました。ソリューションCでは更にクラウドフローなどを用いて業務を自動化させた後に、アンマネージドソリューションとして試験的にカスタムのエージェントを作っている最中の構成を表しています。

8-2 Power Platform でALMを実現するための方法

Power Platform でALM を実現しようとする場合、利用用途ごとに環境を独立させて開発を行うことで、運用中のアプリケーションやフローなどに影響を及ぼすことなく開発を進めることができます。また、各環境へのデプロイを自動化させることで、開発者の負荷を減らすこともできます。これにより、Power Platform でのアプリケーションの信頼性を高め、開発速度を上げ、ユーザーエクスペリエンスの向上を図ることが可能となります。

前提として、Power Platform でALM を構築するうえで最低限必要な事項を挙げていきます。

- 対象となる環境に対して、Dataverse が必要となる
- 対象となるアプリケーションやフローなどは、ソリューション化されている必要がある
- アプリケーションの開発を行うための開発環境と、アプリケーションの実運用を行うための本番環境の最低2つ以上の個別の環境を用意する必要がある
- GitHub やAzure DevOps などのソース管理システムを利用してCI/CDを構築する必要がある

メモ：

CI/CDとは「Continuous Integration（継続的インテグレーション）/ Continuous Delivery（継続的デリバリー）」の略称です。CI/CDは、特定の技術を指すものではなく、ソフトウェアの変更を常にテストし、自動で本番環境に適用できるような状態にしておく開発手法のことを言います。アジャイル開発を実現する手段として開発と運用

を一体として考えるDevOpsが普及しましたが、そのためのツールとして取り入れられています。

Power Platform でALM を実現するための具体的な方法は、以下が候補に挙げられます。

- Power Platform Pipelines を用いた市民開発者向けALM
- Azure DevOps やGitHub を利用したプロ開発者向けALM

本書ではPower Platform Pipelines とAzure DevOps でのALM の実装方法について解説します。

市民開発者向けの方法(Power Platform Pipelines)

Power Platform Pipelines は、コードを記載することなくALM とCI/CDの機能を実現することができるため、市民開発者をはじめとするすべてのユーザーにとって扱いやすいPower Platform でのALM実現方法です。開発、テスト、本番へのリリースサイクルを自動化するパイプラインを設定することができ、ソリューションのバージョン管理や、リリース時の承認機能なども提供されています。

Pipelines はALM を普及させることを目的として用意されているため、少ない労力と知識でALM を実現可能です。例えば、以下のような利点があります。

- ソリューションのデプロイメントが自動化
- 数分間で簡単にALM を構築し、インテグレーション(CI)および継続的デリバリー(CD)のプロセスを容易に実装できる
- 直感的な操作でソリューションを簡単に展開できる
- プロ開発者はPipelines を拡張することで、自社の要件に合わせてALMをカスタマイズし、ソースコードやソリューションのバージョン管理を組織全体で見える化することができる
- ALM の事前知識なく、市民開発者はALM のプロセスを利用できる

それでは、Pipelinesの構築方法を説明していきます。

前提条件

- Power Platform管理者もしくはDataverseでのシステム管理者（System Administrator）権限が付与された環境
- Pipelines／ALM用の環境構成の準備が必要です。以下の表のようなDataverseが有効になった環境構成を用意しましょう。

環境の用途	環境の種類	最低限のライセンス	必須・任意
Pipelines用	実稼働	開発者	必須
開発用	開発者	開発者	必須
テスト用	開発者	開発者	任意（推奨）
本番稼働用	実稼働（マネージド環境）	プレミアム	必須

制約事項

- 異なるテナントに対してのPipelinesは構築できません。
- 複数の環境が複数のホストに連携することはできません。ただし、1つのホストで複数のPipelinesを設定することができます。
- アンマネージドソリューションを展開することはできません。ベストプラクティスにも反します。
- Pipelines実行過程で自動的にアンマネージドソリューションを発行しないため、事前に手動で公開しておく必要があります。

Pipelinesをインストールする

1. Power Platform管理センター（https://aka.ms/ppac）を開き、管理＞環境から、Pipelines用の作成した環境をクリックします。

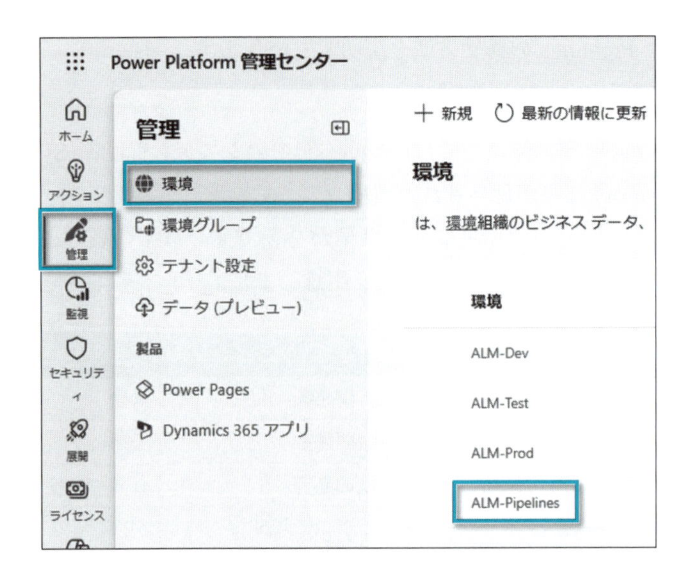

2. リソース＞Dynamics 365 アプリをクリックします。

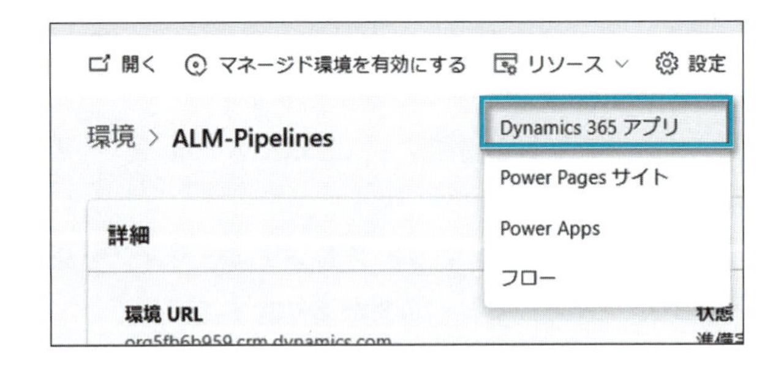

3.「アプリのインストール」をクリックすると画面右側にアプリの一覧が表示されます。「Power Platform Pipelines 」にチェックを入れ、「次へ」をクリックします。

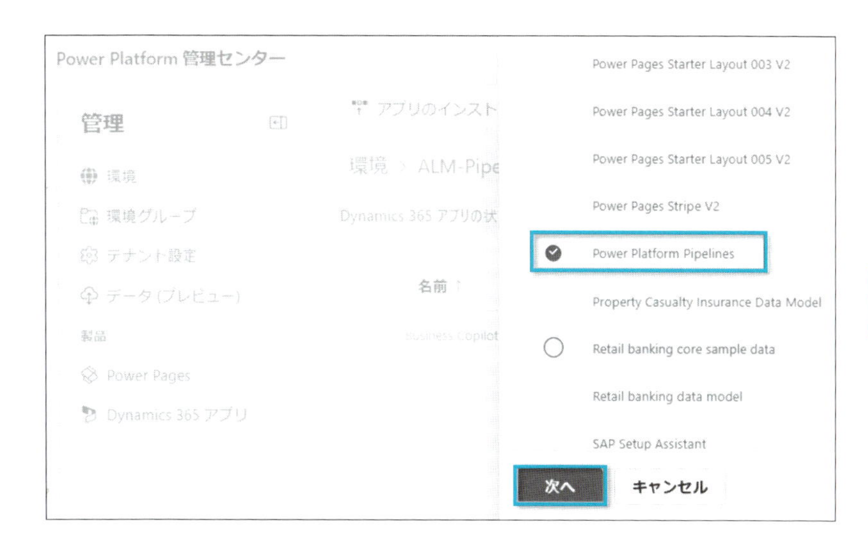

4.「サービス使用条件に同意する」にチェックを入れ、「インストール」をクリックします。

5. インストールが完了するまでしばらくお待ちください。約15分ほどかかります。インストールが完了すると、「インストール済み」と表示されます。

6. インストールを待っている間に、ブラウザーの別の画面またはタブでPower Platform 管理センター（https://aka.ms/ppac）を開きます。
7. 管理＞環境からPipelines で利用する各環境を開きます。

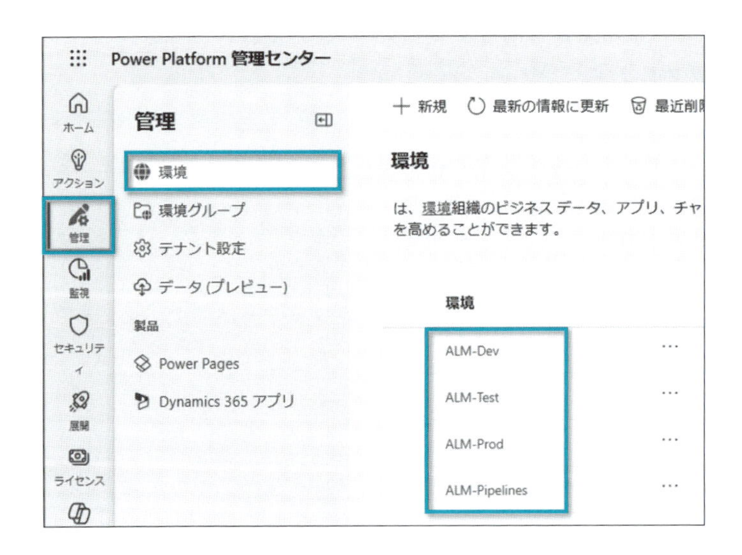

8. 表示される環境IDをメモ帳などにコピーペーストしてください。Pipelines を構成する際に利用します。

Pipelines の構成

1. インストールが完了したところで、次にPipelines を構成していきます。Power Apps（https://make.powerapps.com）を開き、Pipelines 用の作成した環境に切り替えます。

2. アプリ＞展開パイプラインの構成を開きます。

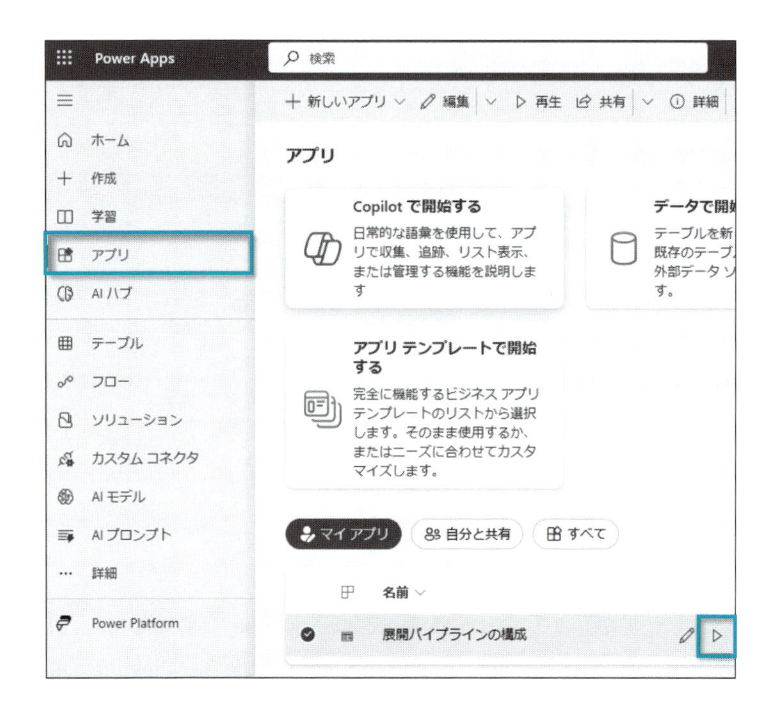

3. アプリが立ち上がったら、パイプラインの設定＞環境から「新規」をクリックします。

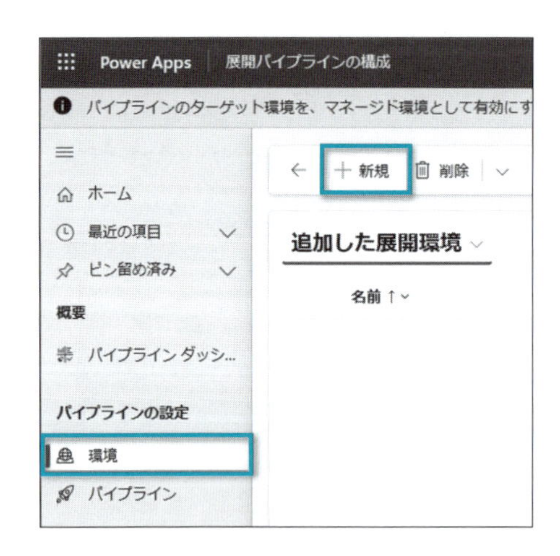

4. 各項目を記入していきます。

a. **名前**：わかりやすい任意の名前を入力します。

b. **所有者**：この環境をだれが所有するかを指定します。

c. **環境の種類**：開発環境またはターゲット環境を選びます。

※テスト、本番、QC等、開発用途以外はターゲット環境を選びます。

d. **環境ID**：先ほどメモした環境IDを入力します。

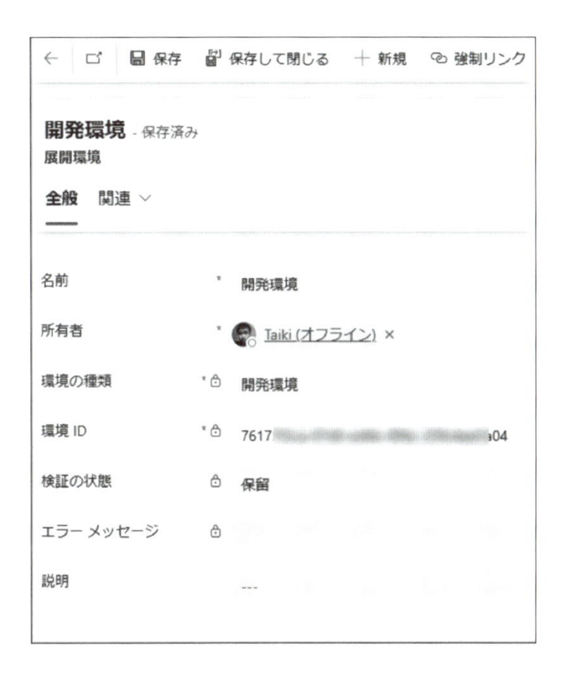

5.「保存」をクリックします。各環境用に上記手順を繰り返し、設定します。

追加した展開環境

名前 ↑	環境の種類	環境 ID	検証の状態
テスト環境	ターゲット...	24c...-87b...	成功
開発環境	開発環境	761...-89...	成功
本番環境	ターゲット...	c9c...-a78...	成功

6. パイプライン＞「新規」をクリックします。

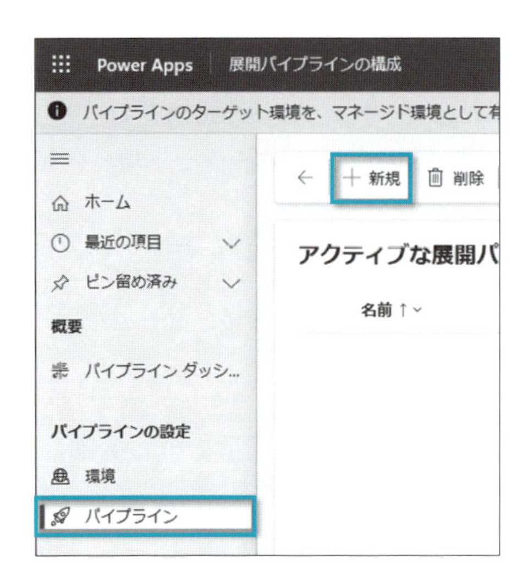

7. パイプラインの名前と説明を記入し、「保存」をクリックします。

8. このパイプラインに開発環境を紐づけるため、「既存の展開環境の追加」をクリックし、開発環境を選びます。

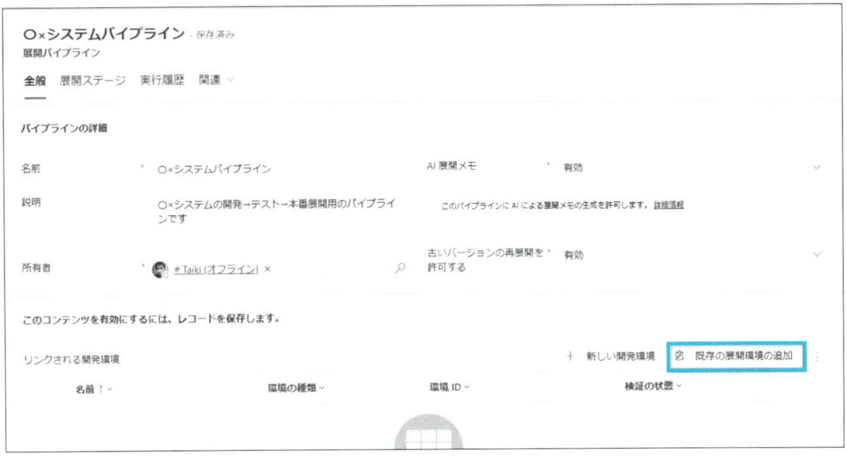

9. 次に、さらに画面下にある「新しい展開ステージ」をクリックします。

10. 展開ステージの各項目を記入します。

a. **名前**：展開ステージの任意の名前を入力します。

b. **ターゲット展開環境ID**：展開先の環境を選びます。

c. **エクスポート前の手順が必要です**：チェックを入れると、このステップが完了するまで開発環境からソリューションをエクスポートしなくなります。例えばユーザー受入テストを完了するまでは展開したくないときに有効にします。

d. **展開前ステップが必要**：チェックを入れると展開の承認後にさらにステップを加えることができます。

e. **委任された展開である**：チェックを入れるとリクエスト者ではなく、パイプラインの所有者もしくはサービスプリンシパルが実行者となります。

※この例では開発環境からテスト環境へ展開します。

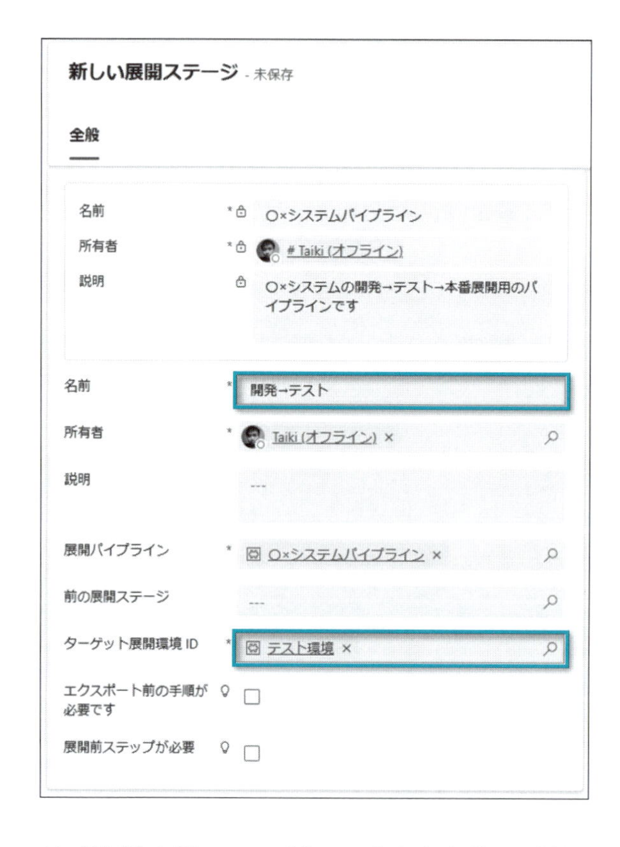

11. (任意) 上記ステップをテストから本番への展開にも設定します。以下のような構成画面になります。

〇×システムパイプライン - 保存済み
展開パイプライン

全般　展開ステージ　実行履歴　関連

行: 1

展開ステージ (展開パイプライン)

名前	展開パイプ...	前の展開ス...	ターゲット...
開発→テスト	〇×システム...		テスト環境
テスト→本番	〇×システム...	開発→テスト	本番環境

これでPipelines の構成は完了しました。

Pipelines の実行

1. Pipelines の構成が完了したところで、実際に実行してみます。
   お手元に試したいアンマネージドソリューションをお持ちでない場合は本書の「サンプルソリューションのセットアップ(任意)」をご覧ください。
2. アンマネージドソリューションを開きます。(サンプルソリューションを利用した場合は、Contoso Coffeeのソリューションを開きます)
3. 「すべてのカスタマイズの公開」をクリックします。
   ※パイプラインは自動でカスタマイズを公開しないため、手動でこのステップを行う必要があります。
4. 「パイプライン」を選択し、「ここに展開」をクリックします。
   ※この例では開発からテスト、テストから本番へ展開する2ステップになっています。

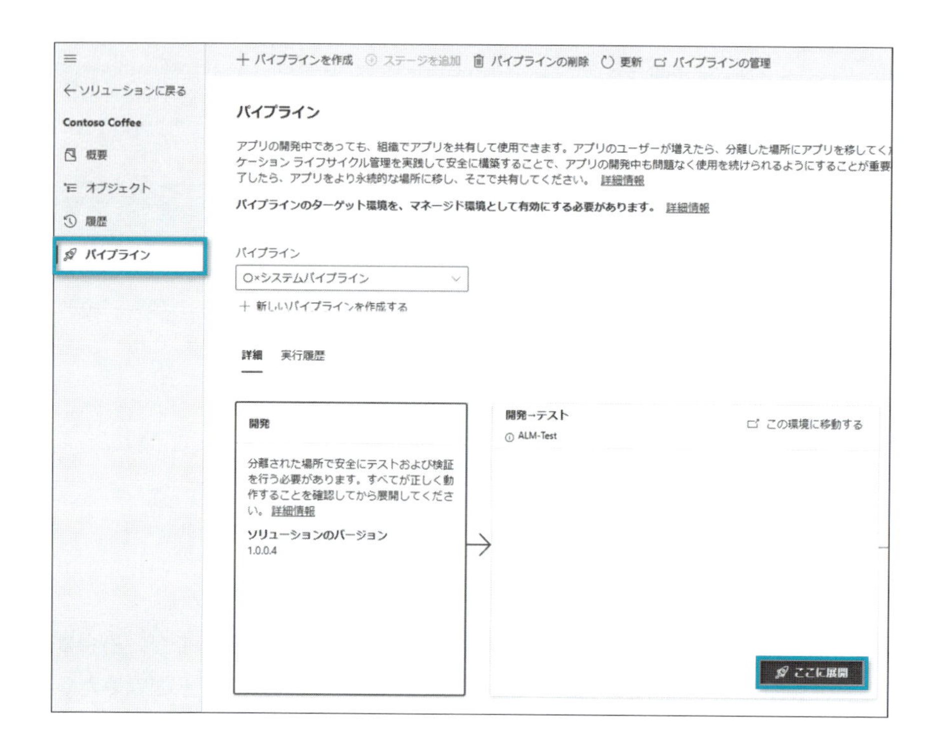

5. 展開先の選択画面が表示されます。設定をそのままにし、「次へ」をクリックします。

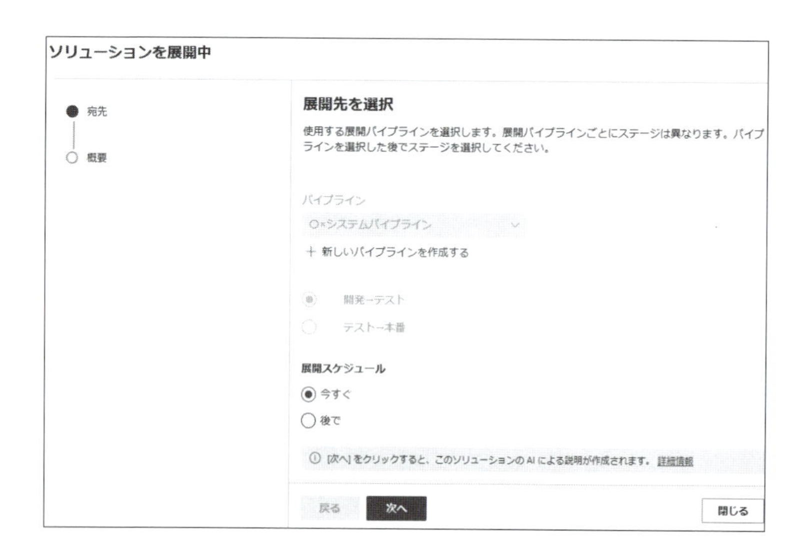

6. 各接続へのサインインが求められます。「次へ」をクリックします。

7. AIが展開のメモを生成します。内容を確認し、「展開」をクリックします。

8. 展開が完了すると、次の展開ステージで展開できるようになります。展開先の各環境へは、マネージドソリューションとして展開されます。

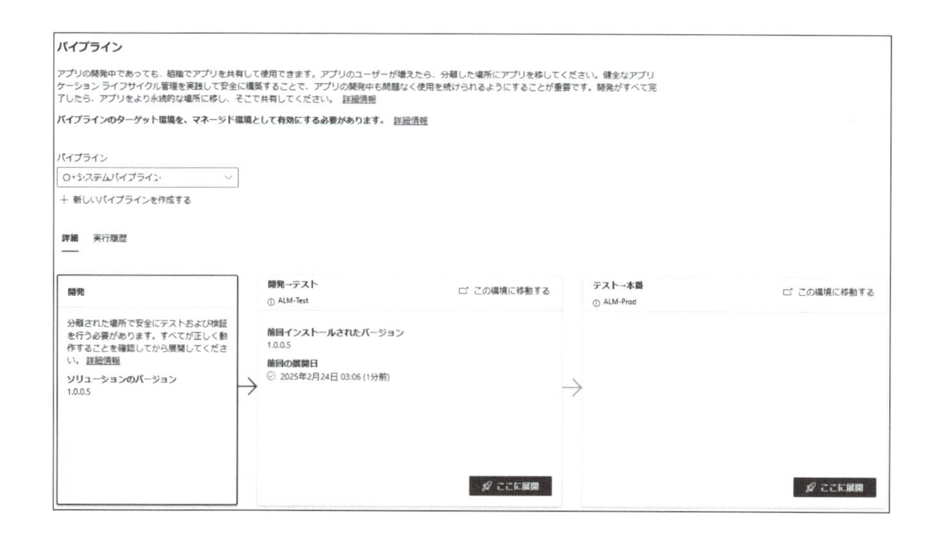

» プロ開発者向けの方法（Azure DevOps でのALM）

開発者は、Azure DevOps のMicrosoft Power Platform Build Tools for Azure DevOps 、またはGitHub のPower Platform Actions を導入することで、Power Platform で構築されたアプリケーションのALM をAzure DevOps ビルドタスク、またはGitHub Actions のワークフロー上で管理することができるようになります。この場合、YAML 形式でタスク定義やワークフロー定義を行い、構成する必要があるため、いずれもプロ開発者向けのPower Platform のALM 実現方法となっています。Azure DevOps やGitHub を利用するメリットとPower Platform Pipelines との違いは、以下の通りです。

比較項目	Power Platform Pipelines	Azure DevOps
開発・テスト・本番のALM	可能	可能
異なるテナントへのデプロイ	不可	可能
データの移行	不可	可能
環境の管理（作成・複製・削除等）	不可	可能
複雑なALMの構成	不可	可能
カタログの管理	不可	可能
ユーザー・グループ管理	不可	可能

それでは、実際にAzure DevOps 上で構築していきます。

Azure DevOps にBuild Tools をインストール

前提条件

- Azure DevOps Basic Plan（5人まで無償です）もしくはそれ以上
- Azure Pipelines の無償または有償ライセンス（無償での実行には、https://aka.ms/azpipelines-parallelism-request のフォームを記入し、リクエストできますが、最大5営業日かかりますので、早めにリクエストすることをお勧めします）
- Power Platform 管理者もしくはDataverse でのシステム管理者（System Administrator）権限が付与された環境
  ※以下の表のようなDataverse が有効になった環境構成を用意します。

環境の用途	環境の種類	最低限のライセンス	必須・任意
開発用	開発者	開発者	必須
ビルド用	開発者	開発者	任意（推奨）
テスト用	開発者	開発者	任意（推奨）
本番稼働用	実稼働	プレミアム	必須

設定方法

1. Azure DevOps を開き、買い物バッグのアイコン＞Browse marketplace を開きます。

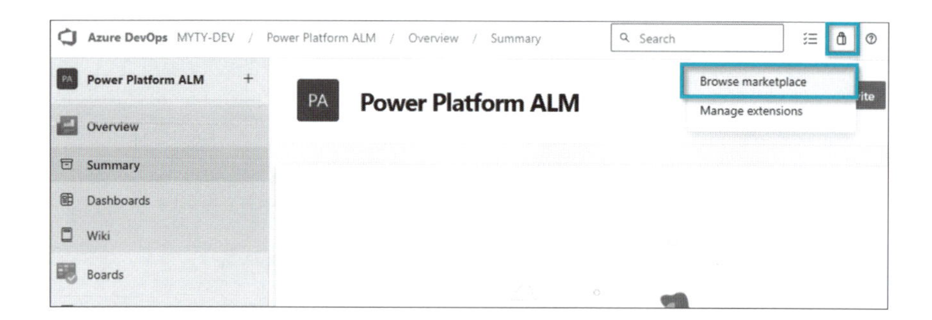

2.「Power Platform 」を検索し、「Power Platform Build Tools」をクリックします。

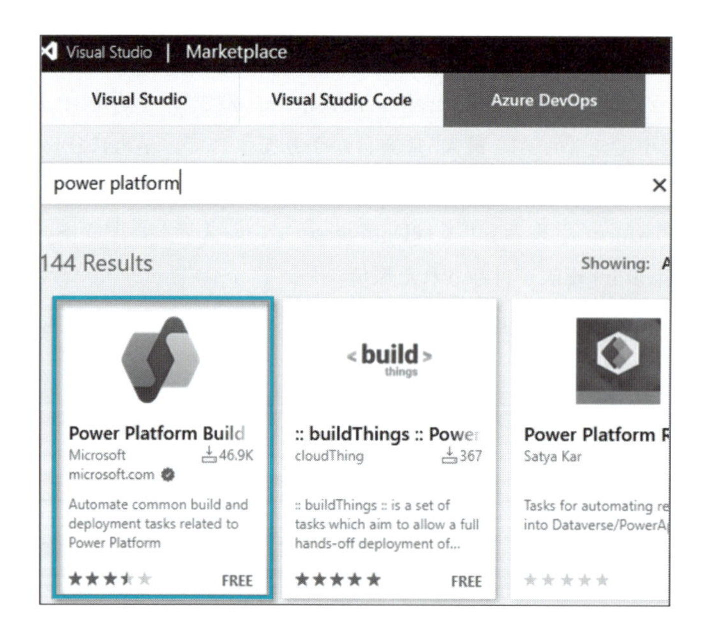

3.「Get it free」をクリックします。

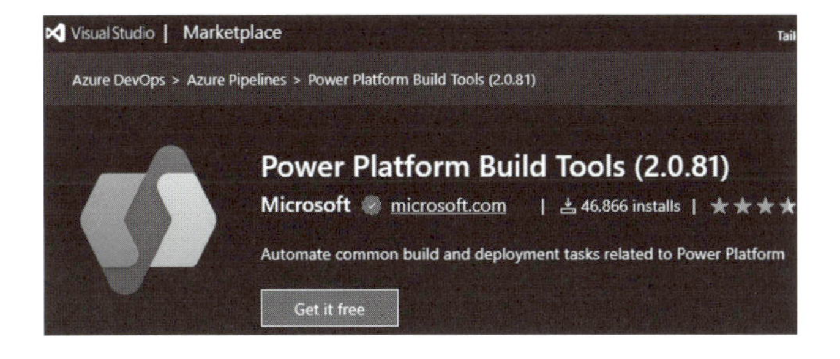

4. 組織を選択し、「Install」をクリックします。

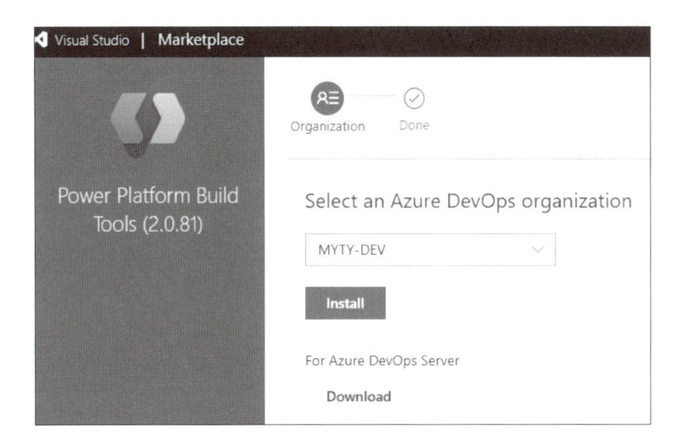

5. インストールが完了すると、以下の表示に切り替わります。「Proceed to organization」をクリックします。

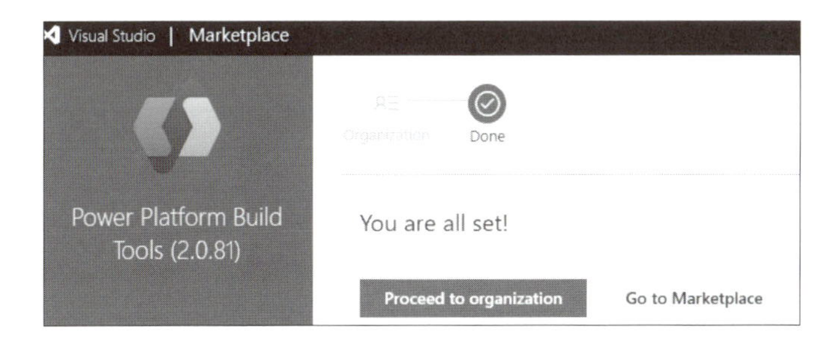

Power Platform とAzure DevOps の連携

Azure DevOps 上のPower Platform Build Tools を各Power Platformの環境へ接続します。接続するには3つの方法があります。

ⅰ. Entra ID Workload Identity Federation を利用したサービスプリンシパル
ⅱ. サービスプリンシパルとクライアントシークレット
ⅲ. ユーザー名とパスワード

本書ではマイクロソフトが推奨している、多要素認証を有効にしているテナントでも利用でき、シークレットレスで認証できる、Entra ID Workload Identity Federation を利用したサービスプリンシパルについて設定方法を解説します。

Entra ID Workload Identity Federation とは？

アプリケーションやサービス（ワークロード）の認証・認可において、従来のようにクライアント シークレットをAzure に直接登録して使用するのではなく、外部IDプロバイダーや他のクラウドサービスが発行する短期トークンをEntra ID が信頼関係に基づいて検証・受け入れることで、アプリが静的なシークレットを保持せずに安全にトークンを取得できる仕組みです。
これにより、シークレット自体が不要となりローテーションや漏洩に伴うリスクが大幅に低減されるとともに、管理コストも削減されます。また、クライアント シークレットを保持する必要がなくなるため、万が一の漏洩リスクを抑えられ、セキュリティと運用効率を同時に向上できる点が大きなメリットです。

1. Azure ポータル（https://portal.azure.com）を開き、Microsoft Entra ID を開きます。
2.「アプリの登録」から「新規登録」をクリックします。

3. 分かりやすい名前を設定し、「この組織のディレクトリのみに含まれるアカウント」を選択します。「登録」をクリックします。

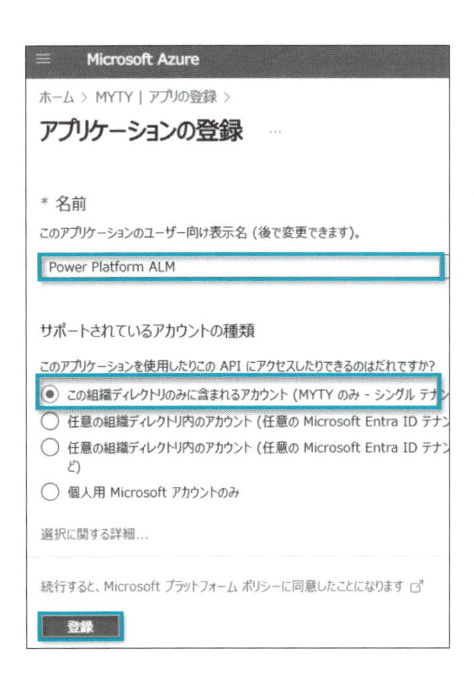

4.「アプリケーション（クライアント）ID」と、「テナントID」をメモ帳などにコピーします。

5. 一旦アプリケーションの登録はこれで終えます。後ほどEntra ID を完了させますが、その前にPower Platform とAzure DevOps 側で設定を行います。
6. Power Platform 管理センター (https://aka.ms/ppac) を開き、管理>環境から、ALM で利用する環境を開きます(いずれは開発・テスト・本番のすべてのALM で利用する環境で設定を行いますが、本書では開発環境を例にしています)

7. 環境URLをメモし、「設定」をクリックします。

8.「ユーザーとアクセス許可」を開き、「アプリケーションユーザー」をクリックします。

9.「新規アプリユーザー」をクリックし、アプリの追加をクリックします。

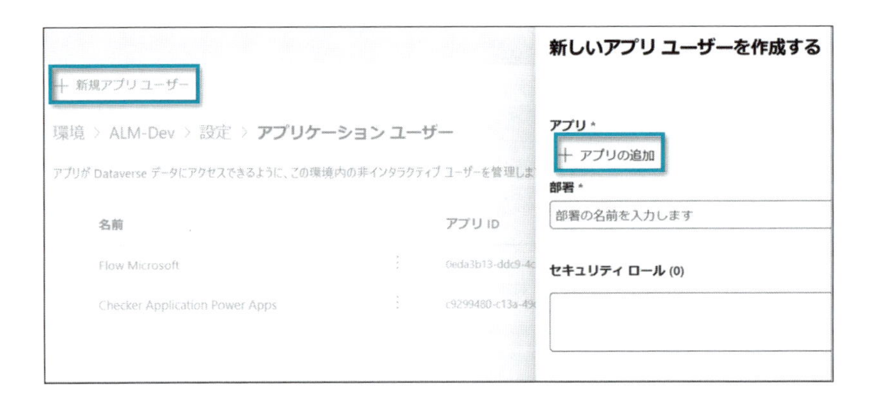

10. リストからEntra ID で設定したアプリケーション名(本書ではPower Platform ALM)を選び、「追加」をクリックします。

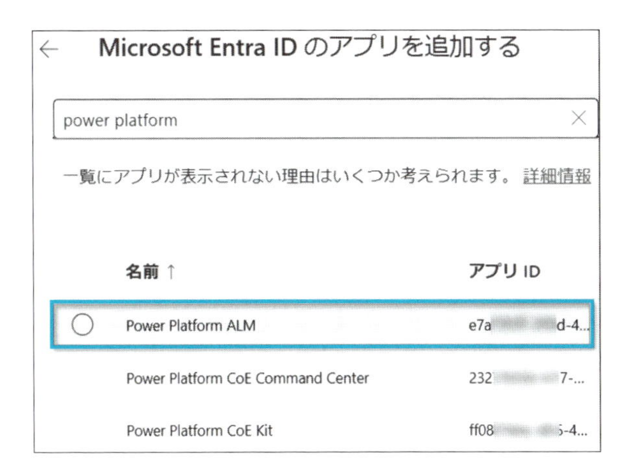

11. 部署を選択します。特に初期設定から変更していない場合は「org」から始まる部署を選択します。
12. セキュリティロール「System Administrator」(システム管理者)を選択し、「作成」をクリックします。

13. Azure DevOps（https://dev.azure.com）へアクセスし、プロジェクトを開き、「Project settings」をクリックします。

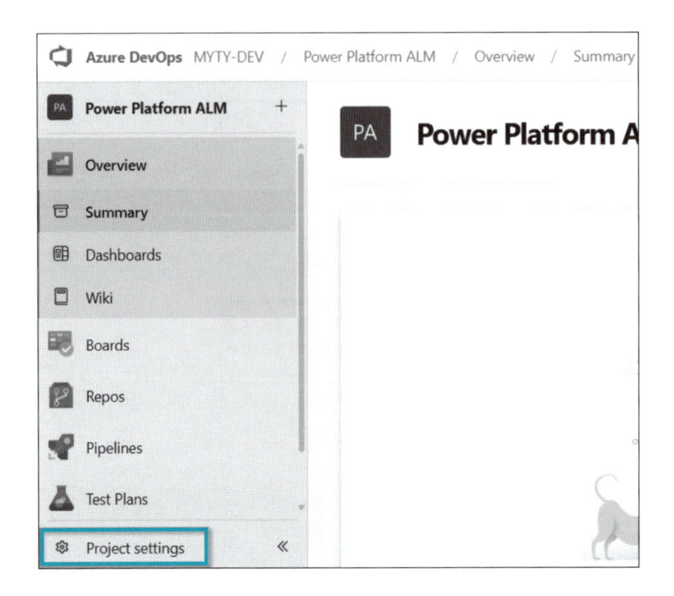

14. 「Service Connections」を選び、画面右上の「New service connection」もしくは「Create service connection」をクリックします。

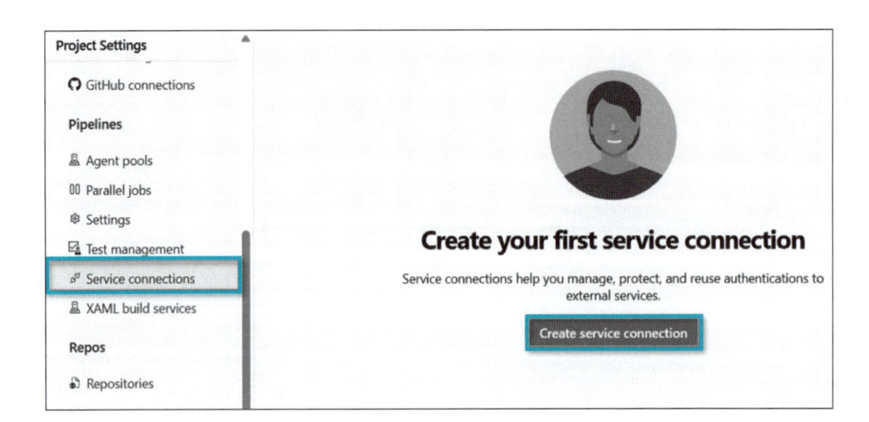

15.「Power Platform 」を選択し、「Next」をクリックします。

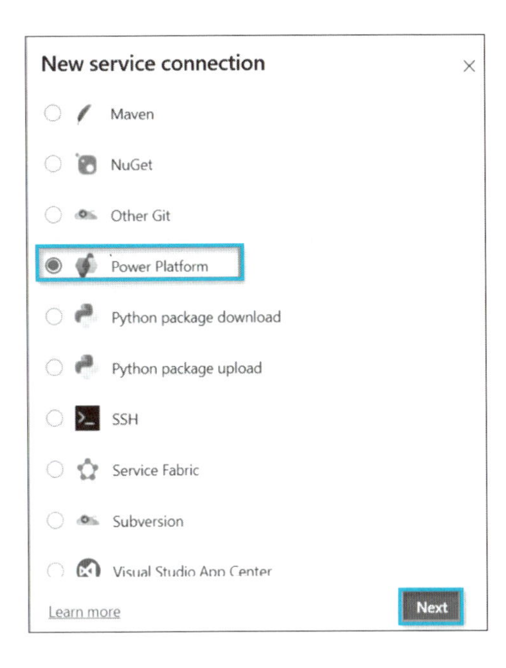

16. 各項目を記入し、「Save」をクリックします。

i. **Authentication method**：Workload Identity federation を選択します。

ii. **Service Principal Id**：アプリ登録時のアプリケーションIDを記入します。

iii. **Service connection name**：わかりやすい名前を設定します。（例えばPower Platform ALM Dev等）

iv. **Grant access permission to all pipelines**：チェックを入れます。

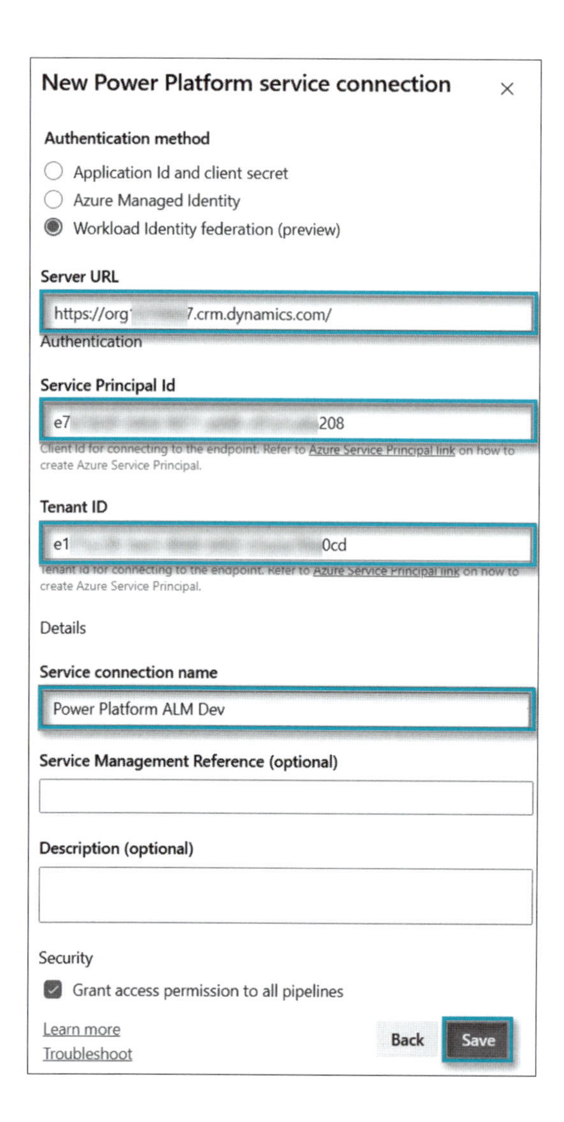

17. 次に、Azure DevOps のアイコンをクリックし、「Organization settings」を開きます。

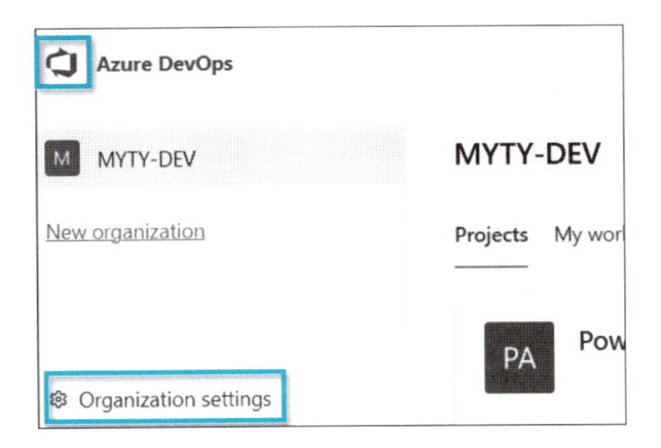

18.「Entra ID」のセクションを開き、「Download」ボタンをクリックします。

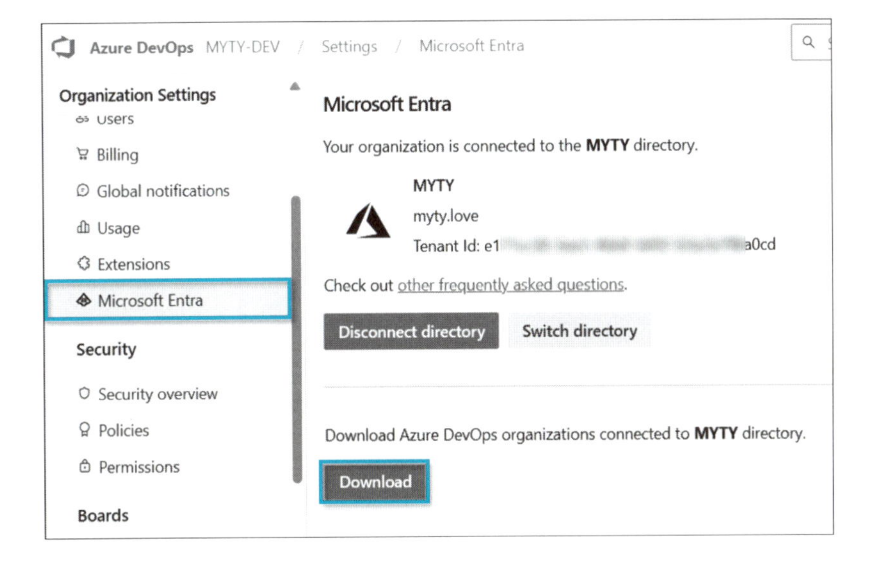

19. ダウンロードされたCSVファイルから、Organization Id をメモ帳などに控えておきます。

20. 次に、Workload Identity federation を設定します。Azure DevOps の接続を行うには、既に作成したアプリ登録に対して、追加の手順が必要となります。Azure ポータル（https://portal.azure.com）からEntra ID を開きます。

21.「アプリの登録」を開き、「すべてのアプリケーション」の一覧から、先ほど作成したアプリの登録を開きます。

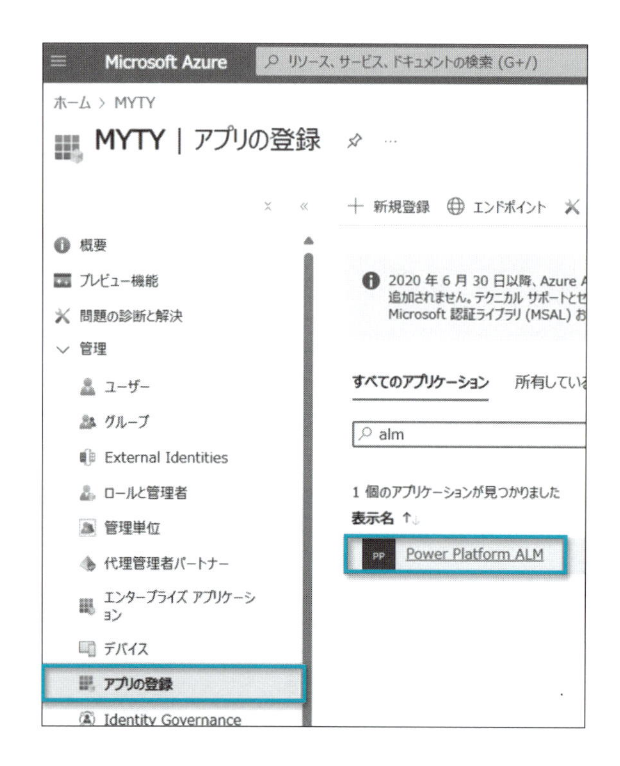

22.「証明書とシークレット」を開き、「フェデレーション資格情報」タブに切り替えます。「資格情報の追加」をクリックします。

23. 各項目を記入していきます。

　i. **フェデレーション資格情報のシナリオ**：その他の発行者

　ii. **発行者**：https://vstoken.dev.azure.com/<Azure DevOps の Organization ID >

　　※先ほど取得したOrganization ID を利用します。

　iii. **Type**：Explicit subject identifier

　iv. **値**：sc://<Azure DevOps の組織名>/<プロジェクト名>/<サービス接続名>

　　※組織名とプロジェクト名、接続名はAzure DevOps から取得できます。空白を含む場合はURLエンコーディングせず、そのまま空白とします。

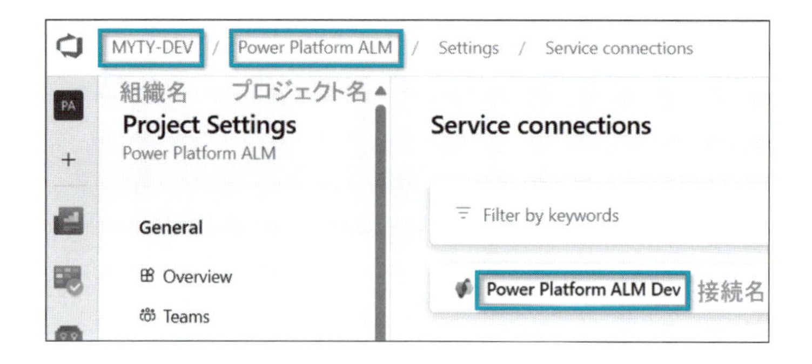

v. 名前を入力し、「追加」をクリックします。正しく設定していれば、以下のように構成されます。

24. 上記で設定は完了ですが、テスト環境と本番環境においても、「Azure DevOps でALM を構築する(Power Platform とADO の連携)」の項での手順を始めから繰り返し登録します。

プロジェクトのセキュリティ設定

パイプラインからリポジトリにプッシュできるようにするため、セキュリティの設定を行います。

1. プロジェクトのセキュリティ設定を行います。画面左下の「Project Settings」から、Repositories>Security>Project Collection Build Service Accounts を開きます。

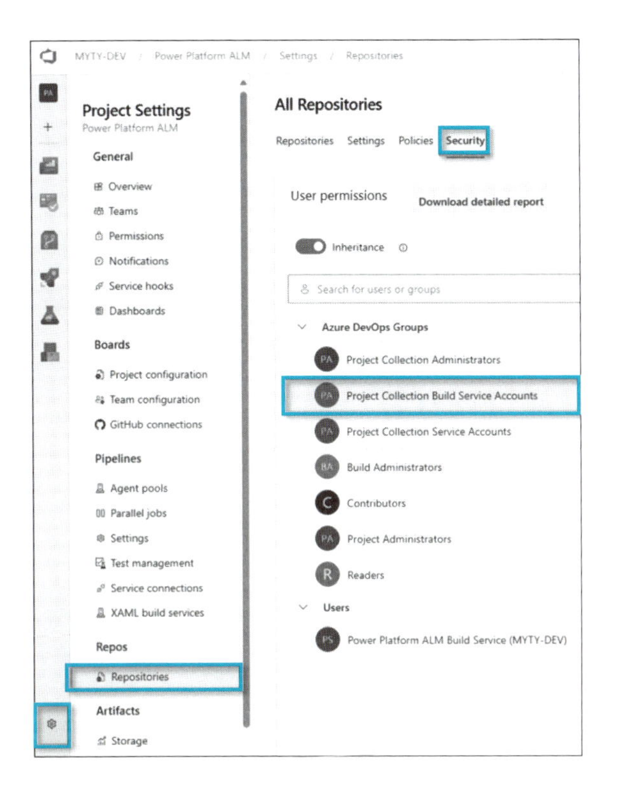

2. 「Contribute」の値を「Allow」にします。

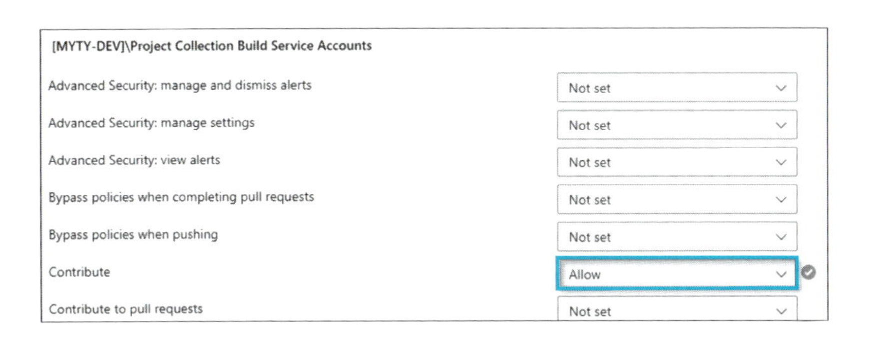

3. 同じく、ユーザーのアカウントでも「Contribute」を「Allow」にします。

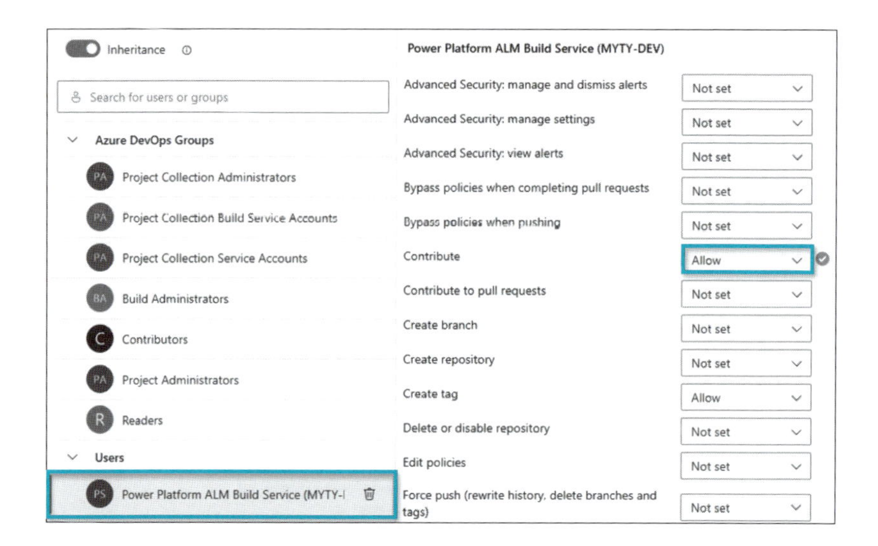

Git リポジトリの作成

Power Platform 上の構成内容はコードで管理でき、管理するにはGitリポジトリを作成します。Git リポジトリとは、ソースコードや設定ファイルなどの変更履歴を管理し、複数人で同時に開発するための貯蔵庫のようなものです。

変更内容は「コミット」としてひとまとまり（スナップショット）として記録する操作し、いつでもその時点の状態に戻ったり、作業内容を他の開発者と共有したりできます。また、別の「ブランチ」で新機能を実装する際に役立ちます。「ブランチ」とは、メインのコードとは別の作業用の「枝」を作るイメージで、そこで新機能の追加や修正を試すことができます。他の作業に影響を与えずに並行作業ができ、テストが終わったら安全にメインのコードへ取り込む（マージする）ことが可能です。

1. Azure DevOps をアクセスし、Repos を開きます。
2. Files から「Initialize」をクリックします。

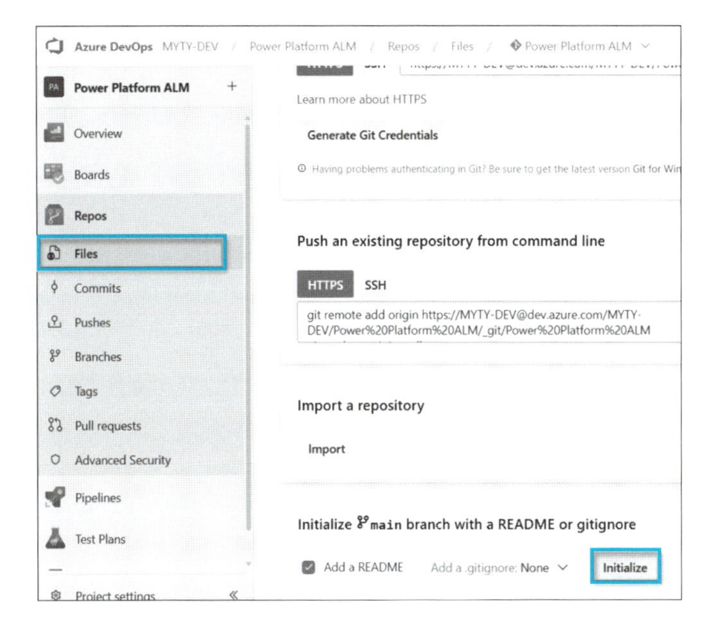

3. Pipelines へ移動し、「Create Pipeline 」をクリックします。

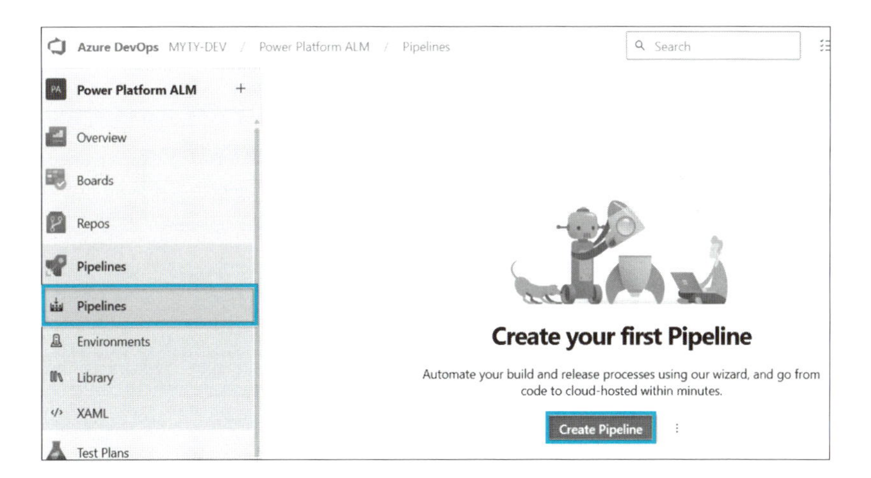

4.「Azure Repos Git 」をクリックし、作成したリポジトリ(先ほど作成したGit)を選択します。

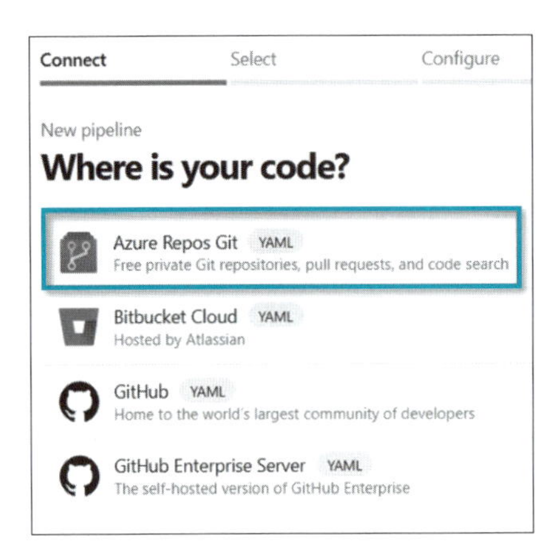

5. Starter pipeline を選択します。

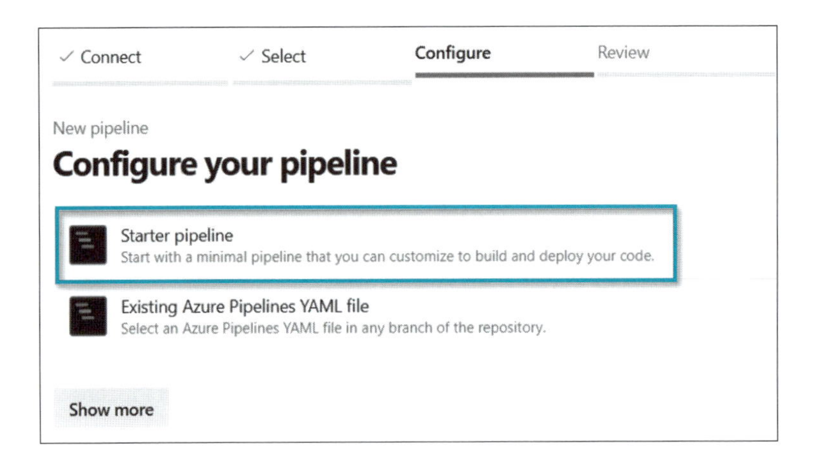

6. 内容はそのままにし、「Save and run」をクリックします。再度確認画面が出た際も「Save and run」をクリックします。

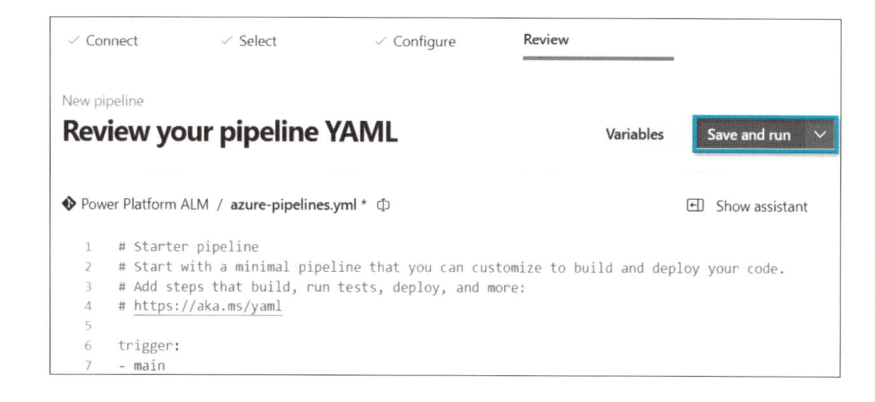

7. 以下のようなエラーが出た場合には、https://aka.ms/azpipelines-parallelism-request からフォームを記入し、リクエストします。

No hosted parallelism has been purchased or granted. To request a free parallelism grant, please fill o...
20250226.1

8. 正しく実行されると、以下のようにPipelines で表示されます。

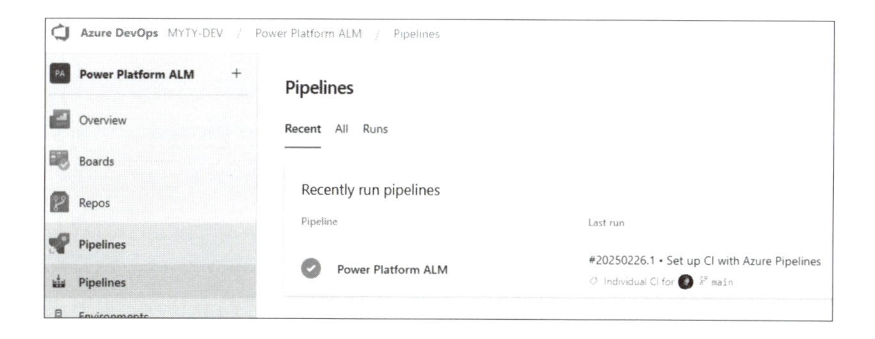

パイプラインの構築について

パイプラインは、Git リポジトリにあるファイルやソースコードを基にして、ビルドやテスト、デプロイなどの工程を自動で実行する仕組みです。例えばブランチで作業してコミットを行うと、Azure DevOps に設定しておいたパイプラインが起動して、最新の変更が正しく動作するかテストし、問題なければリリース準備まで進められます。こうした一連の流れを自動化することで、複数のブランチで同時に作業していても開発や運用の手間を減らし、品質を保ちながら素早くリリースできる利点があります。

Power Platform におけるパイプラインは、ソリューションやアプリ、関連リソースなどを開発環境からテスト環境、本番環境へと移行する一連の手順を自動化する仕組みとして非常に重要です。通常、Git リポジトリで管理されているブランチやコミットの内容が更新されると、Azure DevOps や GitHub Actions 上のパイプラインが起動して、Power Platform 上のソリューションをエクスポート・インポートしたり、品質をチェックするテスト工程を挟んだり、必要に応じて本番環境へデプロイしたりします。これによって、手動で環境を切り替えたりファイルをコピーしたりする手間が大幅に減り、ソリューションのバージョン管理や変更履歴が一貫して追跡しやすくなります。

また、パイプラインを活用すると、複数の開発者がそれぞれブランチで並行作業をしていても、コミットのたびに自動的にテストを実行して不具合がないかを確認し、問題がなければ次の工程へ進むといった流れをコントロールできます。ALM の視点では、このようにブランチやコミットを基点にした継続的な管理と自動化が、アプリの品質向上とリリース作業の効率化につながります。

パイプラインの構築には、YAML というコードを記述する方法と、クラシックエディタと呼ばれるビジュアルな方法で設定する方法がありますが、パイプラインの定義をGit などのリポジトリでバージョン管理しやすく、変更履歴を追いやすい点にあります。クラシックエディタは 画面操作のみで直感的ではありますが、構成が追いにくいデメリットもあります。そのため現在はYAML が推奨されており、本書でもYAML での記述を紹介します。また、これから解説する手順では、環境構成は開発、テストと本番環境の3環境構成を前提とします。

3環境構成の場合、パイプラインは3つで構成されています。

- **パイプライン1**

開発環境からアンマネージドソリューション、マネージドソリュー

ションをエクスポートします。それぞれのソリューションをGit でコード管理します

- **パイプライン2**

  Git でコード管理したものをパックし、マネージドソリューションとしてテスト環境へインポートします

- **パイプライン3**

  Git でコード管理したものをパックし、マネージドソリューションとして本番環境へインポートします

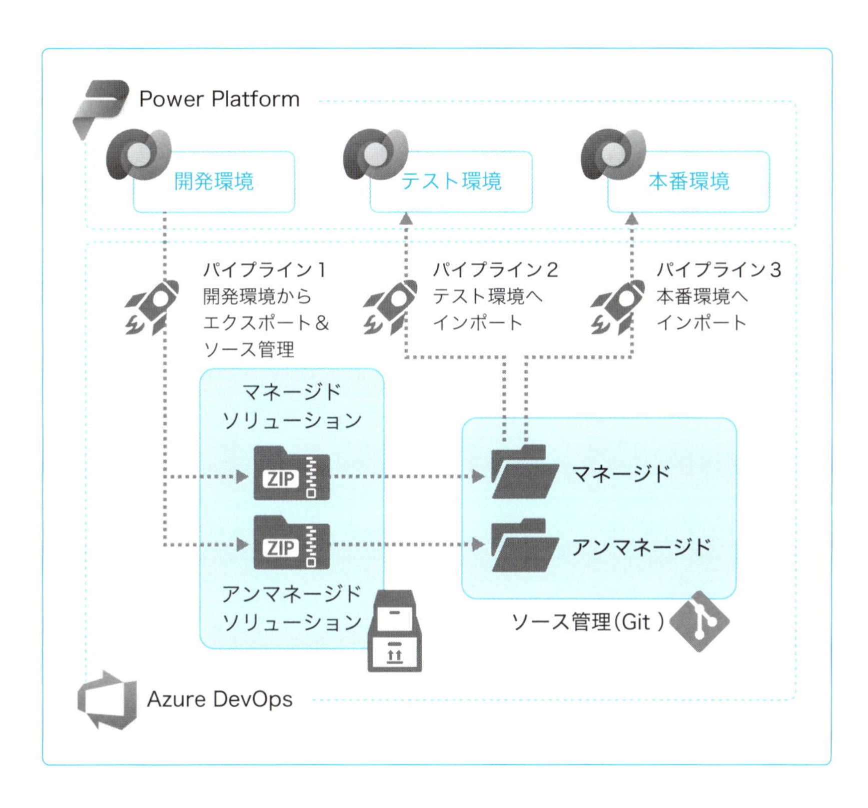

各ステップには「Power Platform Tools 」というツールを活用します。Power Platform Tools とは、ソリューションを Azure DevOps や GitHub Actions 上で継続的にビルド・テスト・リリースするための拡張機能です。具体的には、Power Platform のソリューションをエクスポー

トしてバージョン管理したり、パイプラインを通じて自動的に環境間の移行を行ったりといったタスクをまとめて提供します。これにより、開発者や管理者はアプリケーションやソリューションのライフサイクル管理をより効率的かつ安全に進めることが可能になります。Azure DevOps 上で Power Platform Tools を使うことで、手動作業だったソリューションのインポート・エクスポート等の作業をパイプラインに組み込み、自動化できるのです。

パイプライン１：開発環境からソリューションのエクスポート

パイプライン１では、以下8つのタスクを構成します。

1. Power Platform Tools のインストール
2. 開発環境への接続確認
3. Power Platform ソリューションの発行
4. アンマネージドソリューションのエクスポート
5. アンマネージドソリューションのアンパック
6. マネージドソリューションのエクスポート
7. マネージドソリューションのアンパック
8. 変更内容のGit へのコミット

本書で用意したYAML をそのまま貼り付けると、ゼロから構築することなく一部を編集することができます。YAML はこちらからダウンロードできます。https://go.myty.cloud/book/adoyaml1

前提条件

- ALM で管理したいソリューションをアンマネージドソリューションとして開発環境に作成しておく
- ソリューションがない場合は、「サンプルソリューションのセットアップ（任意）」をご覧ください

設定手順

1. Pipelines から「Create Pipeline 」を選択します。

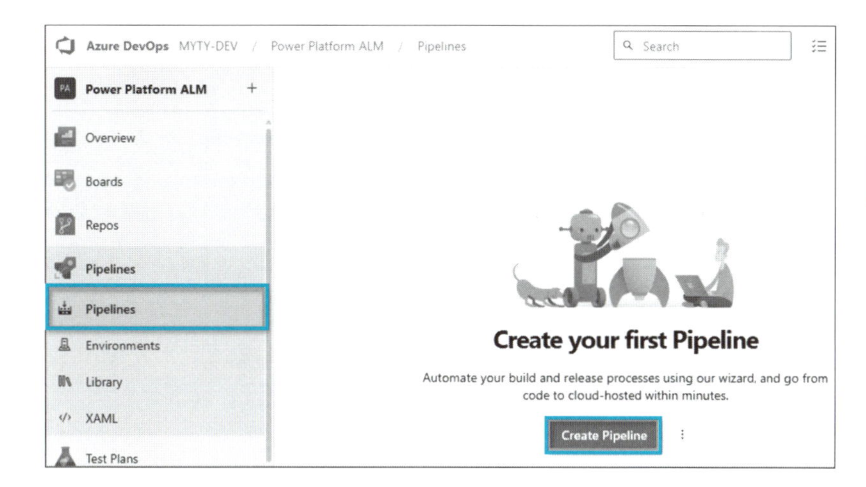

2. Connect のステップでは「Azure Repos Git 」を選択します。

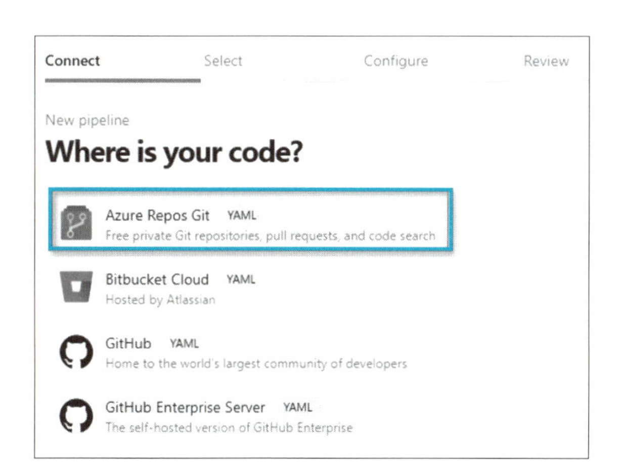

3. Select のステップでは先ほど作成した、リポジトリを選択します。

4. Configure のステップでは「Starter pipeline 」を選択します。

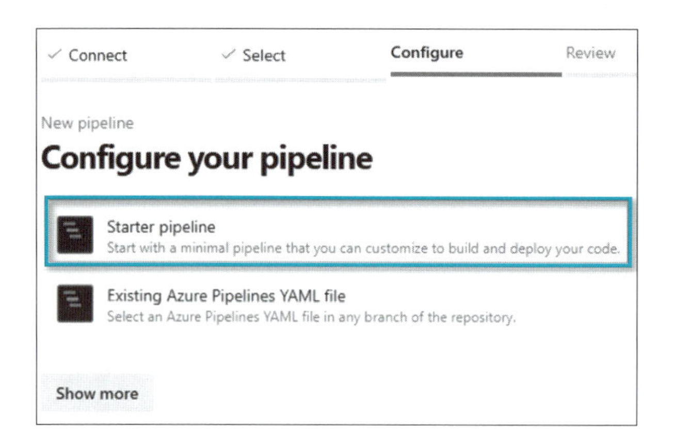

5.「azure-pipelines.yml」を「export-from-dev.yml」など、わかりやすい名前に変更し、次に「Variables 」をクリックします。

6.「New variable 」をクリックします。
7. Name を「SolutionName」、Valueを今回ALMで管理されたいソリューション名を指定します。（ソリューションをお持ちでない場合は、先に「サンプルソリューションのセットアップ（任意）」でサンプルソリューションをご準備ください。サンプルソリューションを利用する場合、ソリューション名は「ContosoCoffee」です）

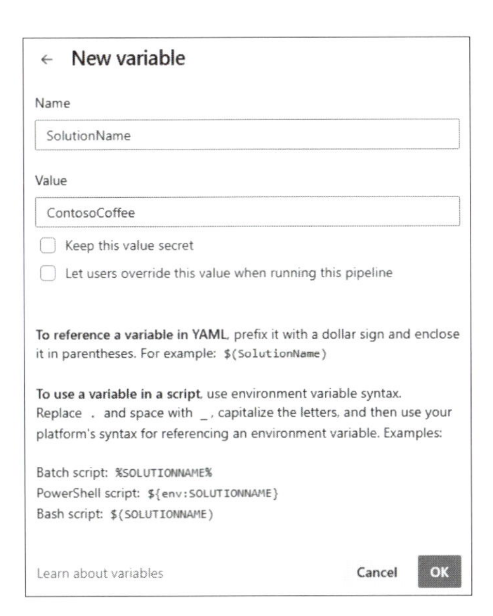

8.「OK」をクリックし、「Save」をクリックします。

9. 次にYAML を構成していきます。一つひとつを構成するのが手間な方はhttps://go.myty.cloud/book/adoyaml1 をダウンロードし、そのまま内容をコピーペーストします。以降、手動での構成方法を解説します。

10.「steps:」より下のスクリプトをすべて削除します。

Power Platform ALM / export-from-dev.yml *

```
1  # Starter pipeline
2  # Start with a minimal pipeline that you can customize to build and deploy your code.
3  # Add steps that build, run tests, deploy, and more:
4  # https://aka.ms/yaml
5
6  trigger:
7  - main
8
9  pool:
10   vmImage: ubuntu-latest
11
12 steps:
13 - script: echo Hello, world!
14   displayName: 'Run a one-line script'
15
16 - script: |
17     echo Add other tasks to build, test, and deploy your project.
18     echo See https://aka.ms/yaml
19   displayName: 'Run a multi-line script'
20
```

削除する

11. 次に、以下の2行を追加します。この2行を行わないと、後に実行するスクリプトにて認証エラーが発生します。

```
checkout: self
persistCredentials: true
```

12. 画面右側にある「Show assistant」をクリックします。アシスタント機能により、YAML の細かな形式がわからなくても簡単に様々なサービスと連携したALM を構成できるようになっています。

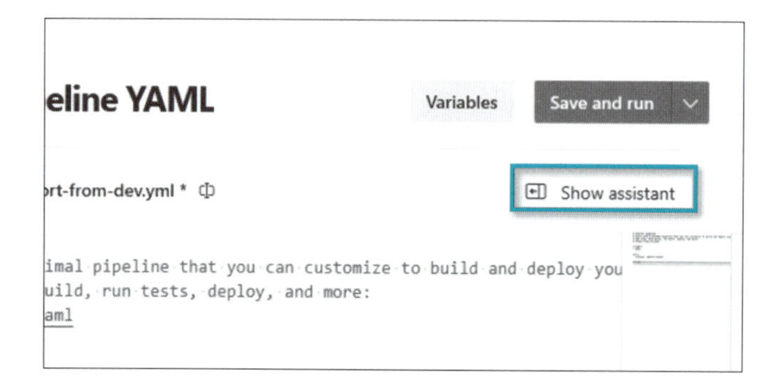

13. 「Power Platform」を検索すると、Power Platform Build Tools のあらゆるタスクが用意されています。「Power Platform Tool Installer」を選択します。

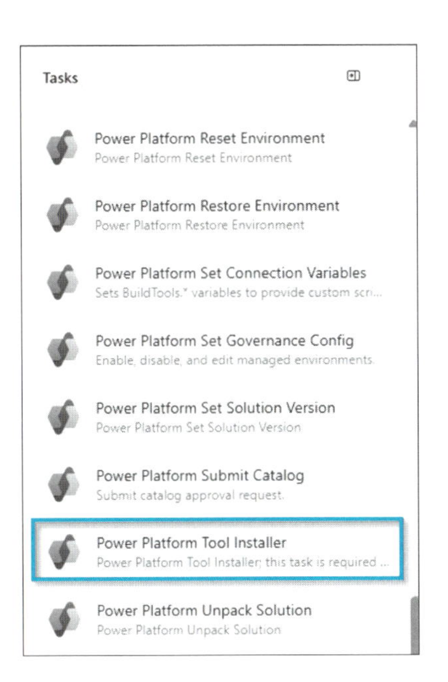

14.「Add」をクリックすると、YAML コードが追加されていることがわかります。

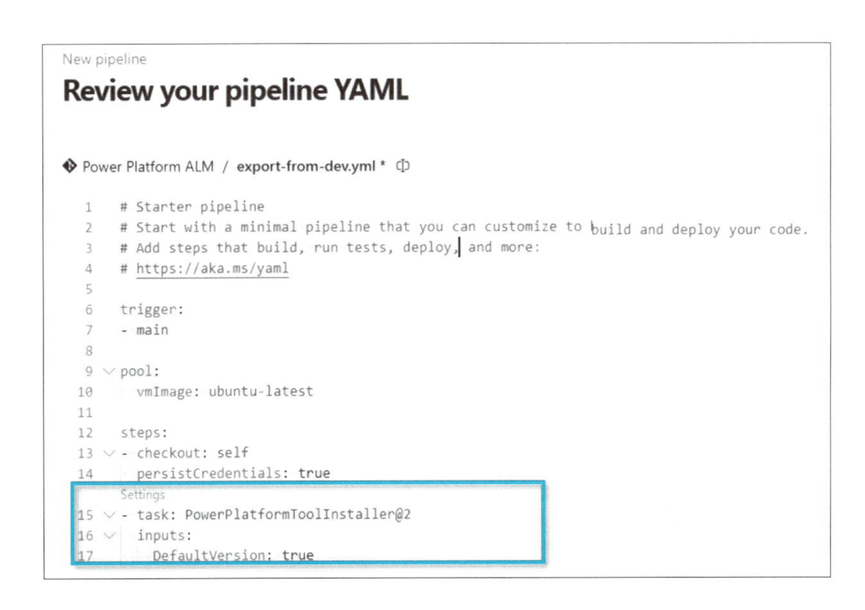

15. (任意)この要領で、これからコードを追加していきますが、後に実行時に何が実行されているかをわかりやすくするために、説明を追記することをお勧めします。このステップでは、以下のコードを追記しました。

```
displayName: 'Power Platform ツールのインストール '
```

追加すると以下のようになります。

```
12  steps:
13  - checkout: self
14    persistCredentials: true
    Settings
15  - task: PowerPlatformToolInstaller@2
16    inputs:
17      DefaultVersion: true
18    displayName: 'Power Platform ツールのインストール '
```

16. 次に、開発環境への接続確認を行うステップを追加します。アシスタントから「Power Platform Who Am I 」を選択します。

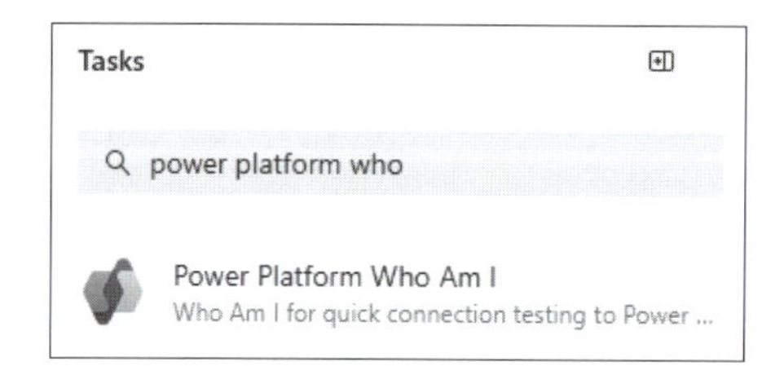

17. Authentication type は「Service Principal/client secret 」を選択し、Service connectionの一覧から、「Power Platform とAzure DevOps の連携」で設定した、開発環境(この例ではPower Platform ALM Dev)を選択し、「Add」をクリックします。

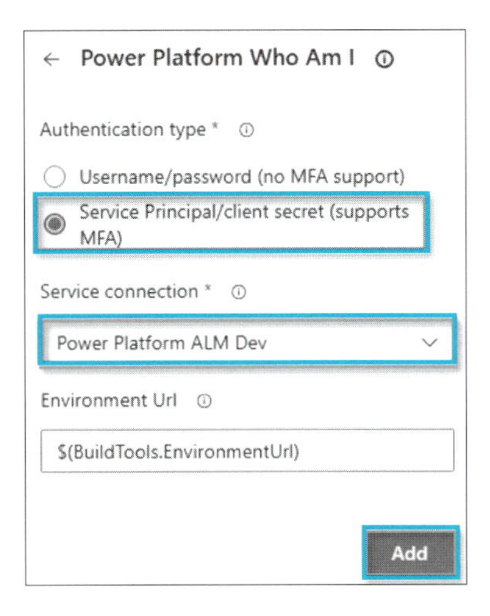

18. 説明も含めると、以下のような構成になります。

```
Settings
19 - task: PowerPlatformWhoAmi@2
20     inputs:
21       authenticationType: 'PowerPlatformSPN'
22       PowerPlatformSPN: 'Power Platform ALM Dev'
23     displayName: '接続確認（開発環境）'
```

19. 開発環境内のすべてのソリューションを発行するステップを追加します。ソリューションを発行することで、各Power Platform 製品で設定した変更内容が確実にソリューションに反映されるようにするためです。Tasks の一覧からPower Platform Publish Customizations を選択します。

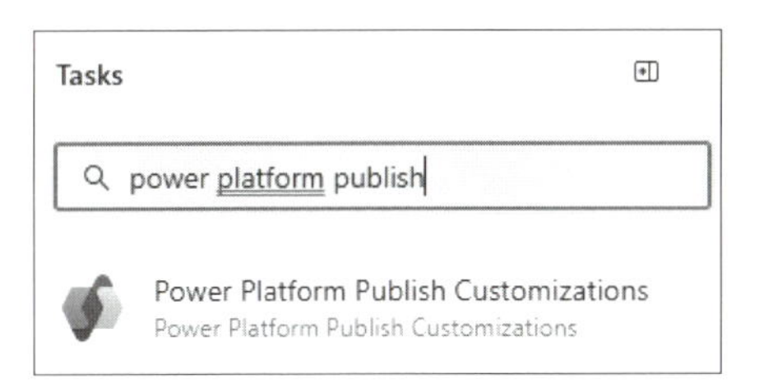

20. Authentication type では「Service Principal/client secret」を選択し、Service connection の一覧から開発環境を選択し、「Add」をクリックします。

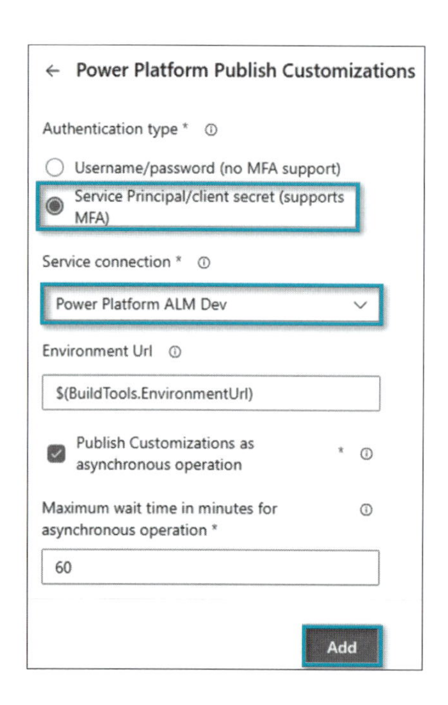

21. 説明を含めると、このタスクは以下の構成になります。

```
   Settings
24 - task: PowerPlatformPublishCustomizations@2
25   inputs:
26     authenticationType: 'PowerPlatformSPN'
27     PowerPlatformSPN: 'Power Platform ALM Dev'
28     AsyncOperation: true
29     MaxAsyncWaitTime: '60'
30   displayName: 'ソリューション発行'
```

22. 次に、ソリューションを開発環境からエクスポートします。Tasks 一覧から、「Power Platform Export Solution」を選択します。

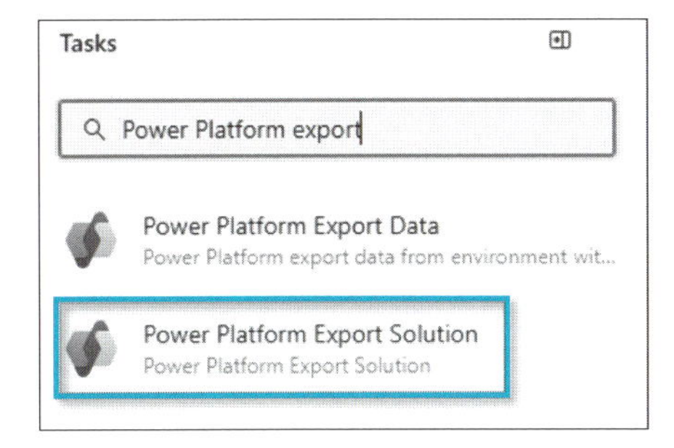

23. 各構成を以下の通り記入・選択します。

- **Authentication type**：Service Principal/client secret
- **Service connection**：開発環境
- **Solution Name**：$（SolutionName）
- **Solution Output File**：$（Build.ArtifactStagingDirectory）/$（SolutionName）-Unmanaged.zip

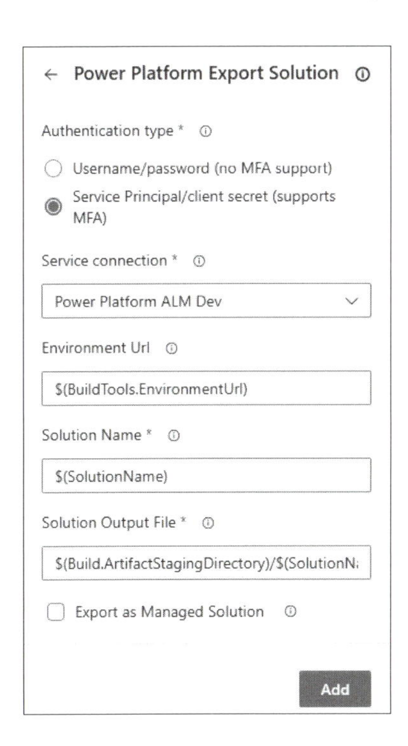

24.「Add」をクリックします。説明を含めると、ソリューションエクスポートのタスクは以下の構成になります。

```
Settings
31 - task: PowerPlatformExportSolution@2
32   inputs:
33     authenticationType: 'PowerPlatformSPN'
34     PowerPlatformSPN: 'Power Platform ALM Dev'
35     SolutionName: '$(SolutionName)'
36     SolutionOutputFile: '$(Build.ArtifactStagingDirectory)/$(SolutionName)-Unmanaged.zip'
37     AsyncOperation: true
38     MaxAsyncWaitTime: '60'
39   displayName: 'ソリューションエクスポート（アンマネージド）'
```

25. エクスポートしたアンマネージドソリューションをソース管理可能な形式に変換するために、アンパックします。Tasks の一覧から、「Power Platform Unpack Solution 」を選択します。

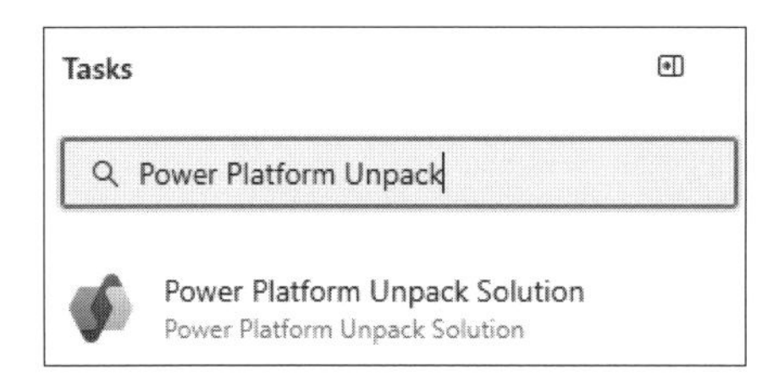

26. 各構成を以下の通り記入・選択します。

- **Solution Input File**：$（Build.ArtifactStagingDirectory）/$（SolutionName）-Unmanaged.zip
- **Target Folder to Unpack Solution**：$（Build.SourcesDirectory）/$（SolutionName）/Unmanaged
- **Type of Solution**：Unmanaged

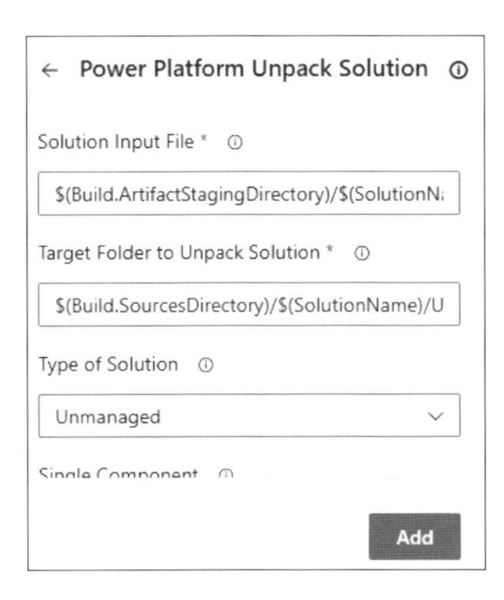

27.「Add」をクリックします。説明を含めると、アンパックのタスクは以下の構成になります。

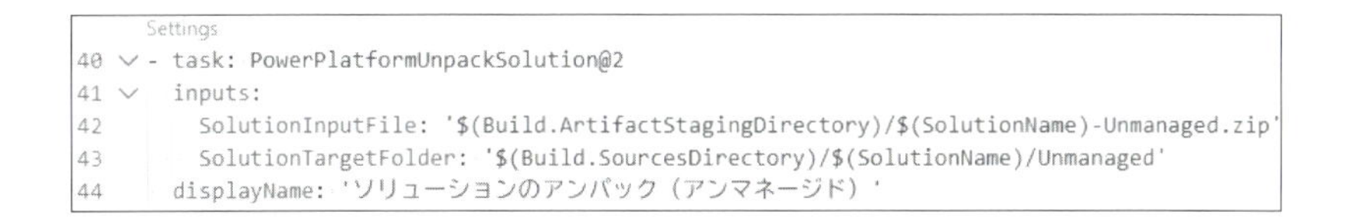

```
Settings
40 - task: PowerPlatformUnpackSolution@2
41     inputs:
42       SolutionInputFile: '$(Build.ArtifactStagingDirectory)/$(SolutionName)-Unmanaged.zip'
43       SolutionTargetFolder: '$(Build.SourcesDirectory)/$(SolutionName)/Unmanaged'
44     displayName: 'ソリューションのアンパック（アンマネージド）'
```

28. 次に、マネージドソリューションでも同様のタスクを行っていきます。まず、開発環境からソリューションをマネージドソリューションとしてエクスポートします。Tasks一覧から、「Power Platform Export Solution」を選択します。

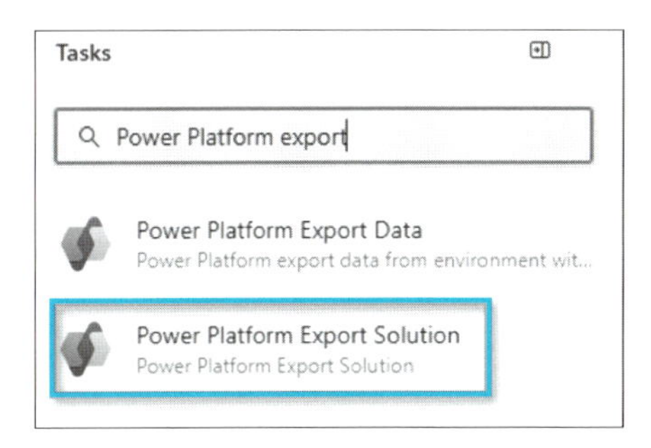

29. 各構成を以下の通り記入・選択します。
    - **Authentication type**：Service Principal/client secret
    - **Service connection**：開発環境
    - **Solution Name**：$（SolutionName）
    - **Solution Output File**：$（Build.ArtifactStagingDirectory）/$（SolutionName）-Managed.zip
    - **Export as Managed Solution**：✓チェックを入れます

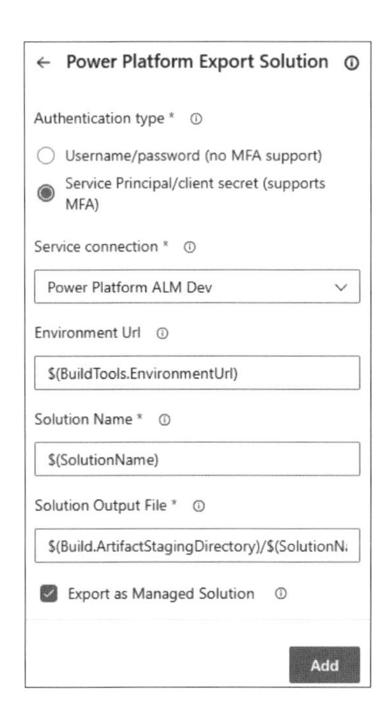

30. 「Add」をクリックします。説明を含めると、ソリューションエクスポートしのタスクは以下の構成になります。先ほどと違い、マネージドソリューションとしてエクスポートするため、「Managed: true 」となっています。

```
   Settings
45   - task: PowerPlatformExportSolution@2
46     inputs:
47       authenticationType: 'PowerPlatformSPN'
48       PowerPlatformSPN: 'Power Platform ALM Dev'
49       SolutionName: '$(SolutionName)'
50       SolutionOutputFile: '$(Build.ArtifactStagingDirectory)/$(SolutionName)-Managed.zip'
51       Managed: true
52       AsyncOperation: true
53       MaxAsyncWaitTime: '60'
54     displayName: 'ソリューションエクスポート (マネージド) '
```

31. エクスポートしたアンマネージドソリューションをソース管理可能な形式に変換するために、アンパックします。Tasks の一覧から、「Power Platform Unpack Solution 」を選択します。

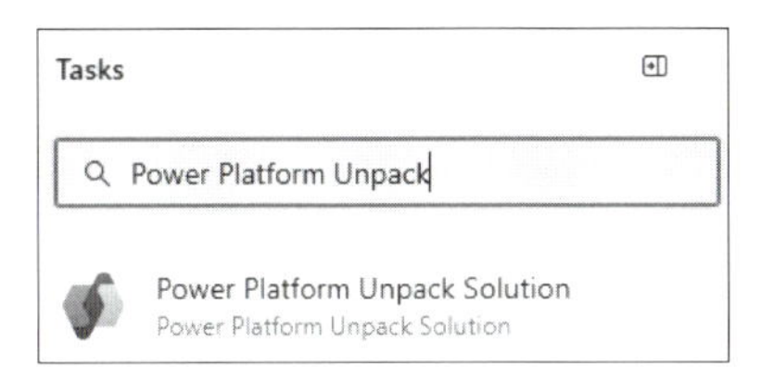

32. 各構成を以下の通り記入・選択します。
    - **Solution Input File**：$ (Build.ArtifactStagingDirectory) /$ (SolutionName) -Managed.zip
    - **Target Folder to Unpack Solution**：$ (Build.SourcesDirectory) /$ (SolutionName) /Managed
    - **Type of Solution**：Managed

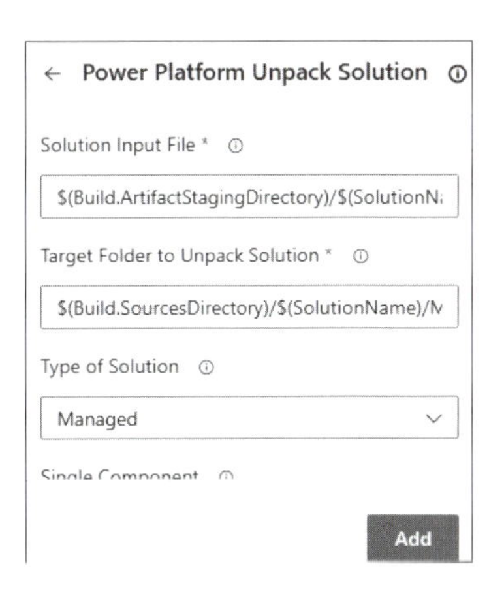

33.「Add」をクリックします。説明を含めると、アンパックのタスクは以下の構成になります。こちらでも、「SolutionType: 'Managed'」になっていることが確認できます。

```
Settings
55  - task: PowerPlatformUnpackSolution@2
56    inputs:
57      SolutionInputFile: '$(Build.ArtifactStagingDirectory)/$(SolutionName)-Managed.zip'
58      SolutionTargetFolder: '$(Build.SourcesDirectory)/$(SolutionName)/Managed'
59      SolutionType: 'Managed'
60    displayName: 'ソリューションのアンパック（マネージド）'
```

34. Tasks の一覧から、「Command line」を選択します。このアクションでは、変更内容をコミットし、main にプッシュ処理を行います。

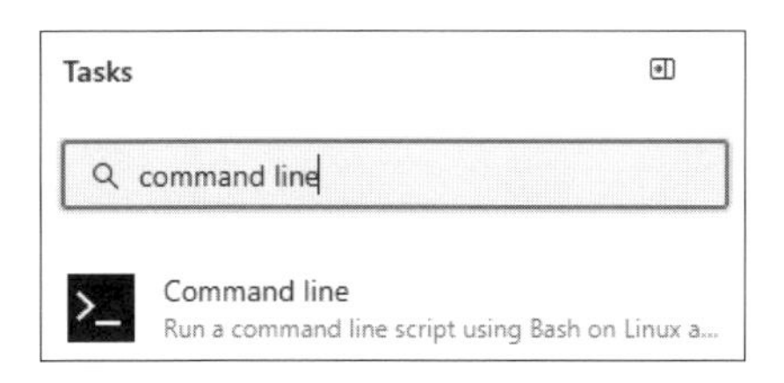

35. 以下のスクリプトを入力します。

```
echo commit all changes
git config user.email "メールアドレスを変更してください"
git config user.name "お名前を変更してください"
git checkout -B main
git add --all
git commit -m "adds source code files from DEV"
git push --set-upstream origin main
```

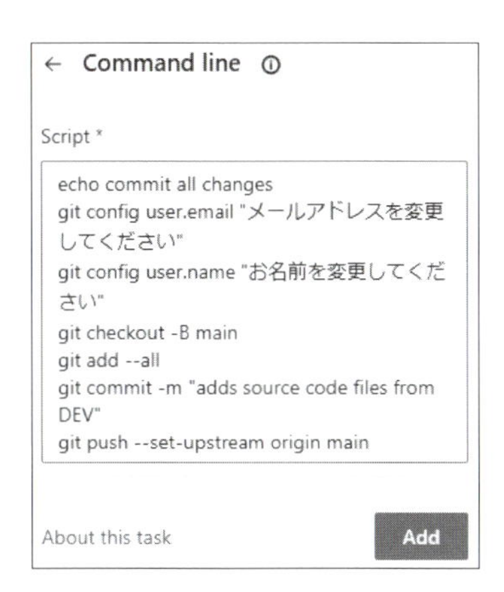

はじめてGit やDevOps を触れる人向けの解説：

これらのコマンドは、「変更したファイルを、Git という仕組みで履歴管理し、リモートの場所へ送る」という流れをまとめたものです。Git では「コミット（履歴に登録）」と「プッシュ（リモートに送る）」という2段階で作業を行います。

git config で「誰がコミットするのか」を教えてあげる必要があります。メールアドレスや名前を設定することで、「この変更を記録したのは○○さん」という形でユーザーの情報が履歴に残るようになります。次に git checkout -B main では、main というブランチ（作業の流れ）を切り替えたり、新しく作り直したりします。

git add --all で、変更したファイルを「コミットの候補」に一括登録し、git commit -m "adds source code files from DEV" で「コミット（履歴登録）」を実行します。これによって、「いつ、誰が、どんな内容を変更したのか」が Git の履歴に刻まれます。最後に git push --set-upstream origin main で、ローカル上のコミットをリモートの Git リポジトリ（例えば GitHub や Azure DevOps ）にアップロードします。こうすることで、他の人と変更を共有できるようになり、チームで共同作業を進める土台ができあがります。

36.「Add」をクリックします。説明を含めると、スクリプト実行のタスクは以下の構成になります。

```
    Settings
61  - task: CmdLine@2
62    inputs:
63      script: |
64        echo commit all changes
65        git config user.email "メールアドレスを変更してください"
66        git config user.name "お名前を変更してください"
67        git checkout -B main
68        git add --all
69        git commit -m "adds source code files from DEV"
70        git push --set-upstream origin main
71    displayName: 'コマンドラインスクリプトの実行（変更内容のコミット）'
```

37. 画面右上の「Save and run」の隣の▽から「Save」を選択します。

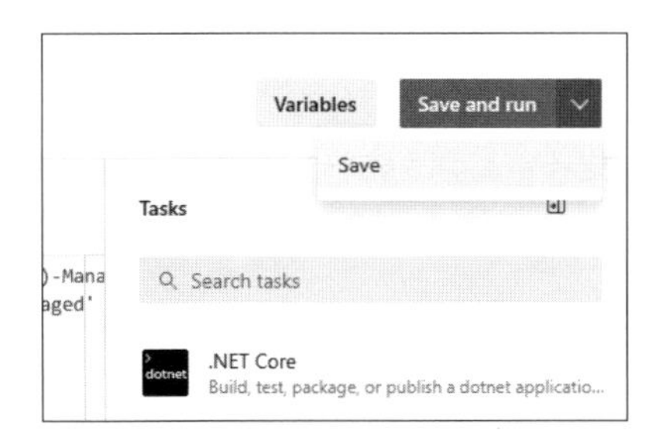

38. 再度「Save」をクリックします。

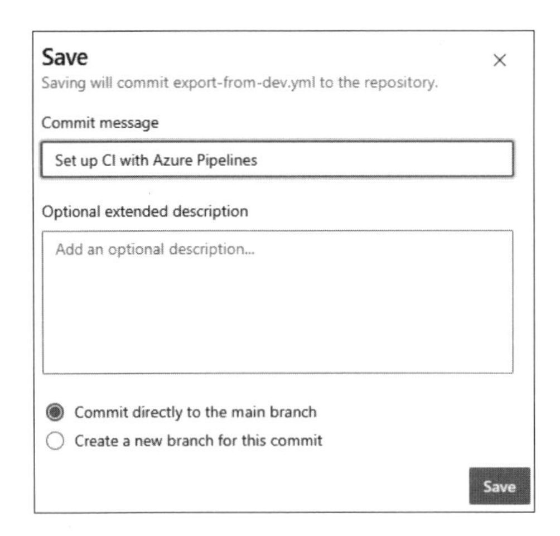

39.「Edit」をクリックし、開き直します。

40. 縦型の三点リーダー「：」から「Triggers 」をクリックします。

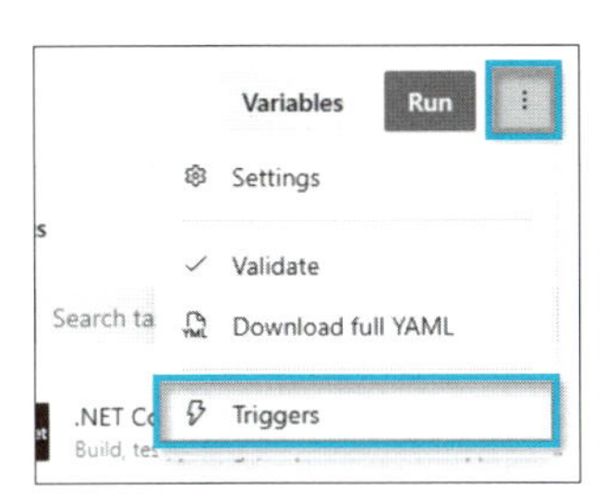

41.「Override the YAML continuous integration trigger from here 」にチェックを入れ、「Disable continuous integration 」を選択します。

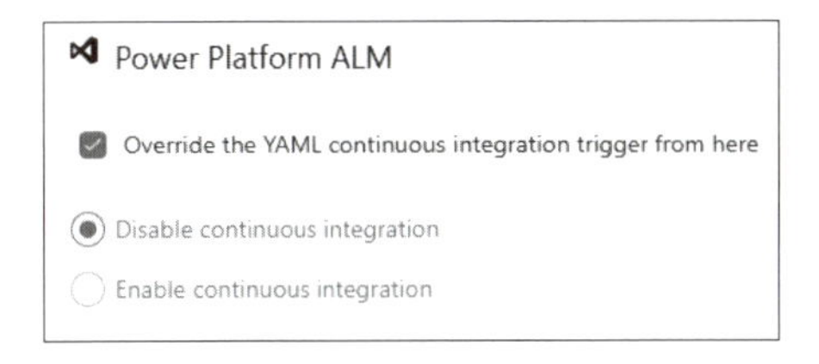

42.「Save & queue」をクリックし、以下の画面が表示されたら、「Save and run」をクリックします。

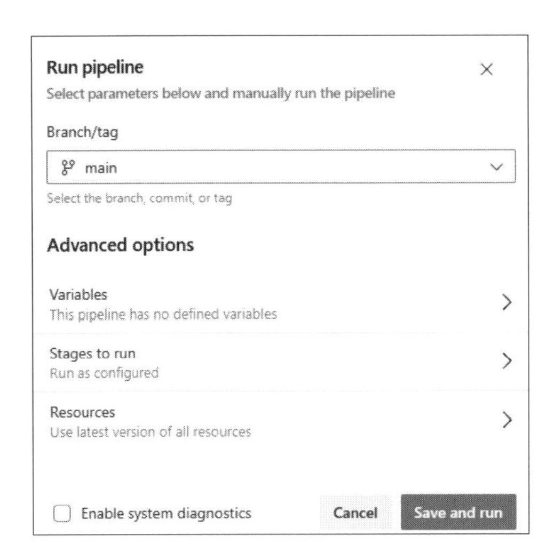

43. ジョブの実行が始まります。「Jobs」の配下にある、「Job」のステータスが実行中（Running）になります。それぞれクリックすることで、詳細な進捗が確認できます。

44. 実行が完了すると、以下のような表示になります。

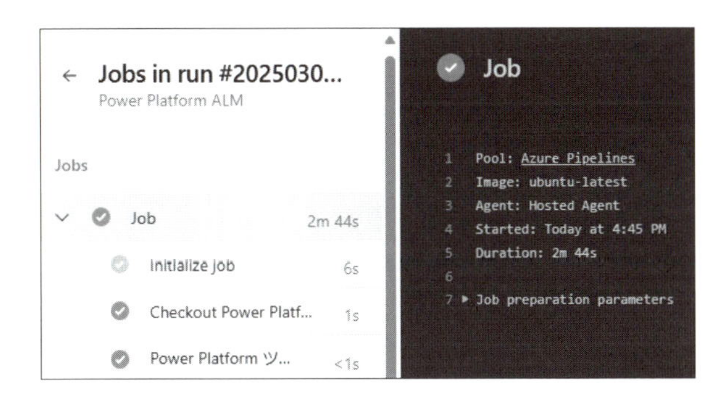

45. Pipelines をクリックし、パイプラインの名前を変更するため、縦型の三点リーダーから「Rename/move」をクリックします。

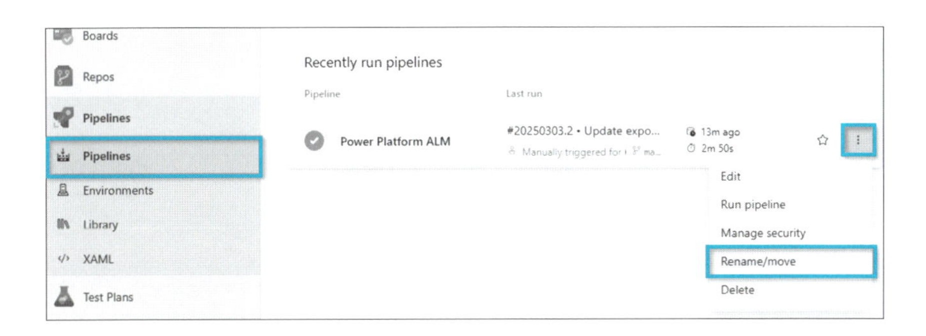

46. 名前をわかりやすいものへ変更し、「Save」をクリックします。

Rename/move pipeline
Name
Export solution to git
Select folder
\
Cancel Save

以上で、エクスポート処理のパイプラインが完成しました。

パイプライン2：テスト環境へインポート

パイプライン2では、以下4つのタスクを構成します。

1. Power Platform Tools のインストール
2. テスト環境への接続確認
3. マネージドソリューションのGit からのパック
4. マネージドソリューションのインポート

パイプライン1と同様、一から構築したくない方は、本書で用意したYAML をそのまま貼り付けてから一部を編集することができます。YAML はこちらからダウンロードできます。

https://go.myty.cloud/book/adoyaml2

設定手順

1. Pipelines から「New Pipeline」を選択します。

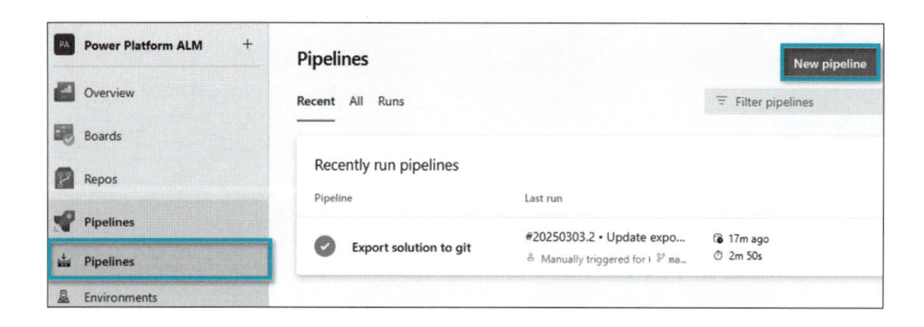

2. Connect のステップでは「Azure Repos Git」を選択します。

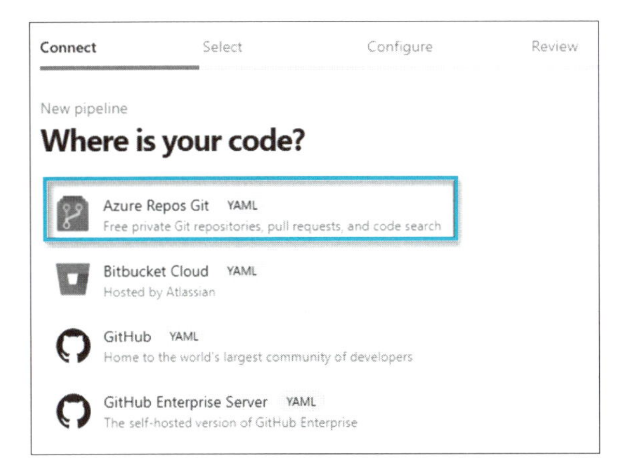

3. Select のステップでは同じリポジトリを選択します。
4. Configure のステップでは「Starter pipeline」を選択します。

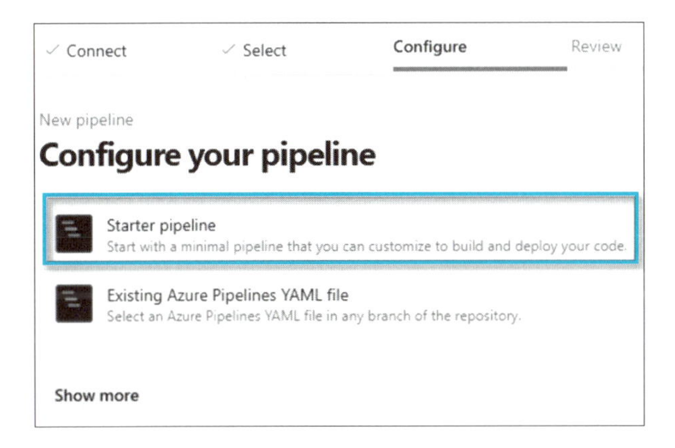

5. 「azure-pipelines.yml」を「import-to-test.yml」など、わかりやすい名前に変更し、次に「Variables」をクリックします。

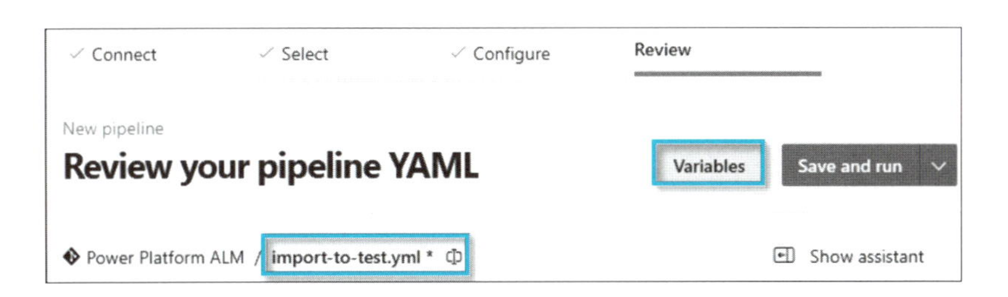

6.「New variable」をクリックします。

7. Name を「SolutionName 」、Value を今回ALMで管理されたいソリューション名を指定します。（サンプルソリューションを利用する場合、ソリューション名は「ContosoCoffee」です）

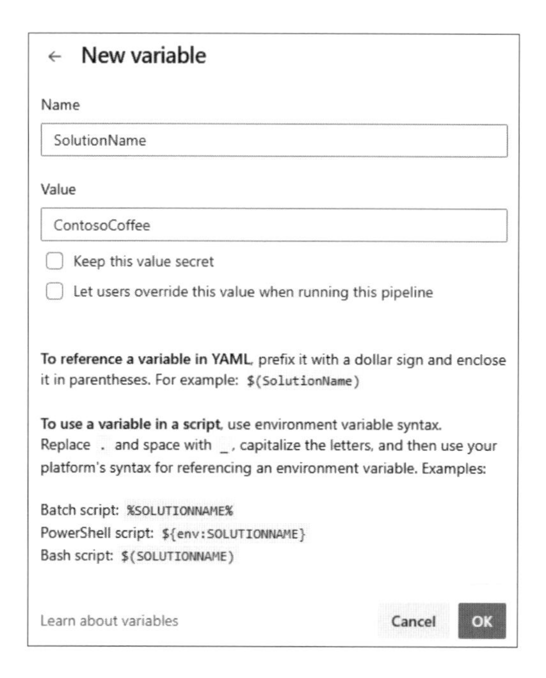

8.「OK」をクリックし、「Save」をクリックします。

9. 次にYAML を構成していきます。一つひとつを構成するのが手間な方はhttps://go.myty.cloud/book/adoyaml2 をダウンロードし、そのまま内容をコピー&ペーストします。以降、手動での構成方法を解説します。

10.「steps:」より下のスクリプトをすべて削除します。

Power Platform ALM / import-to-test.yml * Show assistant

```
1  # Starter pipeline
2  # Start with a minimal pipeline that you can customize to build and deploy your code.
3  # Add steps that build, run tests, deploy, and more:
4  # https://aka.ms/yaml
5
6  trigger:
7  - main
8
9  pool:
10   vmImage: ubuntu-latest
11
12 steps:
13 - script: echo Hello, world!
14   displayName: 'Run a one-line script'
15
16 - script: |
17     echo Add other tasks to build, test, and deploy your project.
18     echo See https://aka.ms/yaml
19   displayName: 'Run a multi-line script'
20
```

削除する

11. 次に、以下の2行を追加します。この2行がないと、後に実行するスクリプトにて認証エラーが発生します。

```
checkout: self
persistCredentials: true
```

12. 画面右側にある「Show assistant」をクリックします。
13. Tasksの一覧から「Power Platform Tool Installer」を選択します。

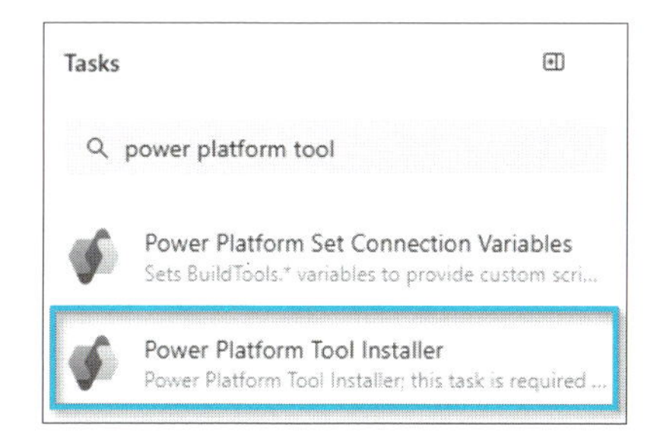

14. 「Add」をクリックし、説明を追記すると、以下のようになります。

```
12  steps:
13  - checkout: self
14    persistCredentials: true
    Settings
15  - task: PowerPlatformToolInstaller@2
16    inputs:
17      DefaultVersion: true
18    displayName: 'Power Platform ツールのインストール '
```

15. 次に、テスト環境への接続確認を行うステップを追加します。アシスタントから「Power Platform Who Am I 」を選択します。

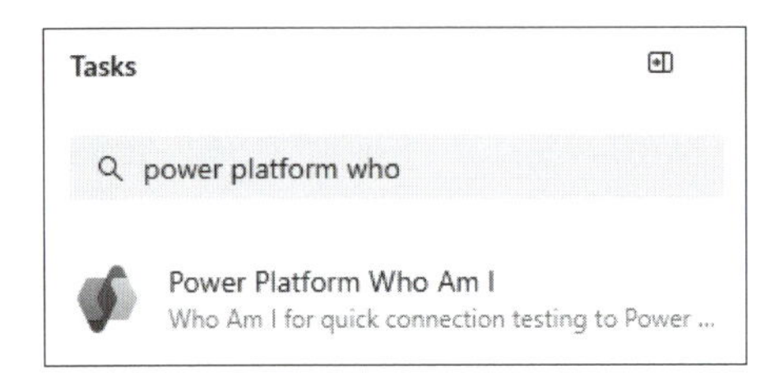

16. Authentication type は「Service Principal/client secret」を選択し、Service connection の一覧から、「Power Platform とAzure DevOpsの連携」で設定した、テスト環境(この例ではPower Platform ALM Test)を選択し、「Add」をクリックします。

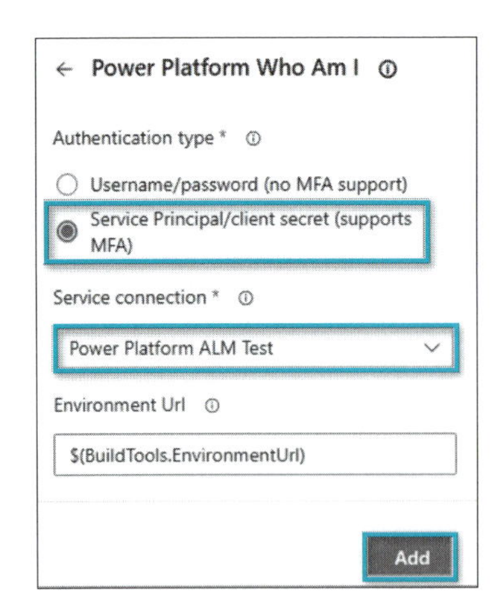

17. 説明も含めると、以下のような構成になります。

```
    Settings
19  - task: PowerPlatformWhoAmi@2
20    inputs:
21      authenticationType: 'PowerPlatformSPN'
22      PowerPlatformSPN: 'Power Platform ALM Test'
23    displayName: '接続確認（テスト環境）'
```

18. 次に、ソリューションをGit から生成するため、パックタスクを利用します。Tasks 一覧から、「Power Platform Pack Solution 」を選択します。

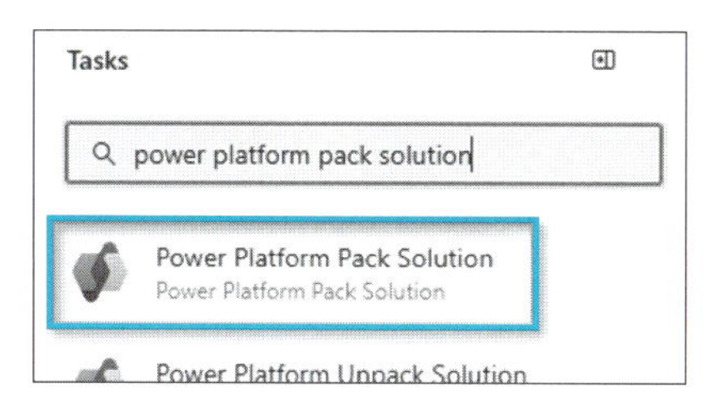

19. 各構成を以下の通り記入・選択します。

- **Authentication type**：Service Principal/client secret
- **Service connection**：テスト環境
- **Solution Folder of Solution to Pack**：$(Build.SourcesDirectory)/$(SolutionName)/Managed
- **Solution Output File**：$(Build.ArtifactStagingDirectory)/$(SolutionName)-Managed.zip
- **Type of Solution**：Managed

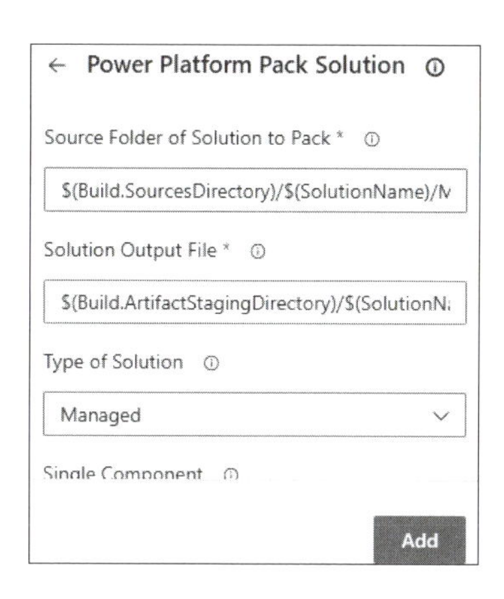

20.「Add」をクリックします。説明を含めると、ソリューションエクスポートのタスクは以下の構成になります。

```
    Settings
24  - task: PowerPlatformPackSolution@2
25    inputs:
26      SolutionSourceFolder: '$(Build.SourcesDirectory)/$(SolutionName)/Managed'
27      SolutionOutputFile: '$(Build.ArtifactStagingDirectory)/$(SolutionName)-Managed.zip'
28      SolutionType: 'Managed'
29    displayName: 'ソリューションのパック（マネージド）'
```

21. パックしたソリューションをテスト環境へインポートします。Tasksの一覧から、「Power Platform Import Solution 」を選択します。

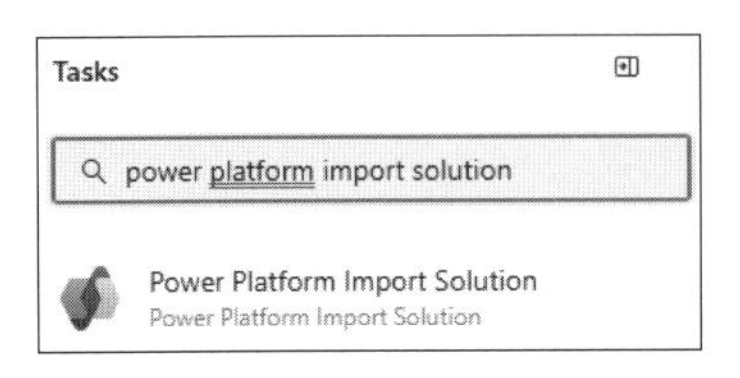

22. 各構成を以下の通り記入・選択します。

- **Service connection**：テスト環境
- **Solution Input File**：$ (Build.ArtifactStagingDirectory) /$ (SolutionName) -Managed.zip

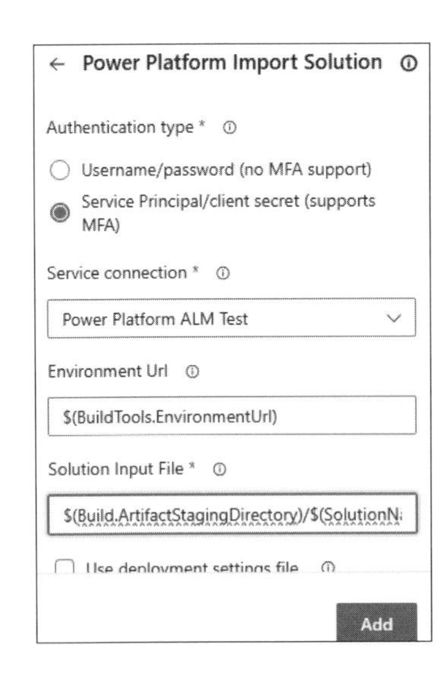

23.「Add」をクリックします。説明を含めると、アンパックのタスクは以下の構成になります。

```
    Settings
30 - task: PowerPlatformImportSolution@2
31   inputs:
32     authenticationType: 'PowerPlatformSPN'
33     PowerPlatformSPN: 'Power Platform ALM Test'
34     SolutionInputFile: '$(Build.ArtifactStagingDirectory)/$(SolutionName)-Managed.zip'
35     AsyncOperation: true
36     MaxAsyncWaitTime: '60'
37   displayName: 'ソリューションのインポート（マネージド）'
```

24. 画面右上の「Save and run」の隣の▽から「Save」を選択します。

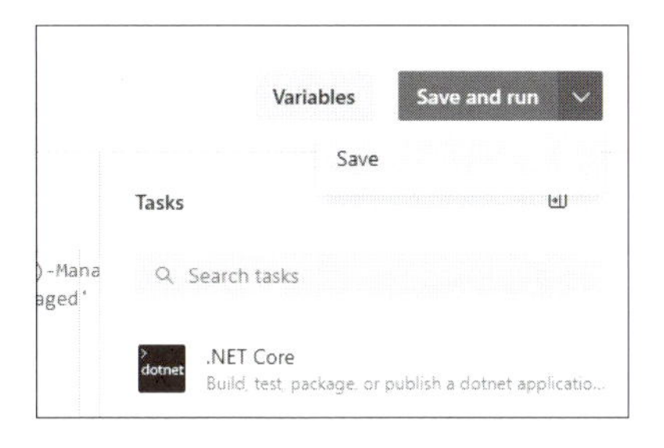

25. 再度「Save」をクリックします。

Save
Saving will commit export-from-dev.yml to the repository.
Commit message
Set up CI with Azure Pipelines
Optional extended description
Add an optional description...
Commit directly to the main branch
Create a new branch for this commit
Save

26.「Edit」をクリックし、開きなおします。

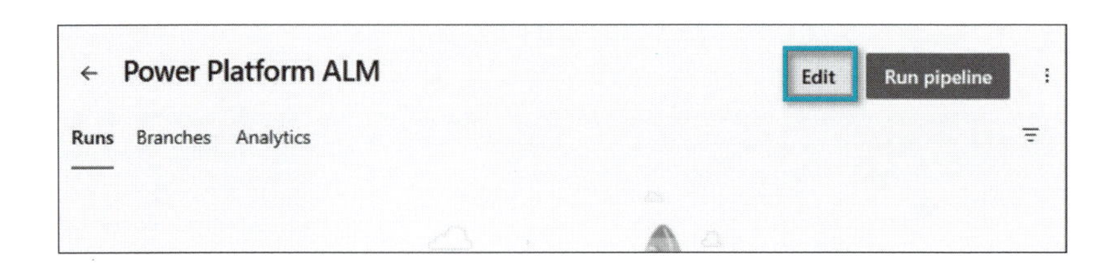

27. 縦型の三点リーダーから「Triggers」をクリックします。

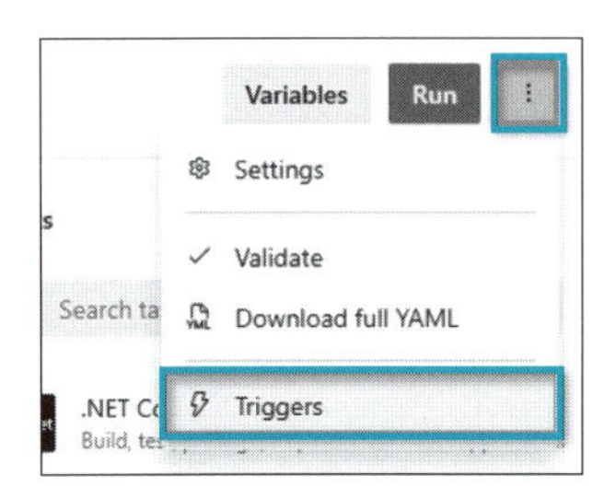

28.「Override the YAML continuous integration trigger from here」にチェックを入れ、「Disable continuous integration」を選択します。

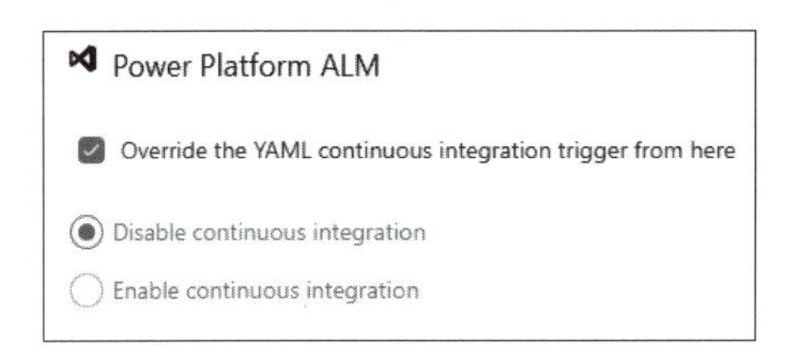

29.「Save & queue」をクリックし、以下の画面が表示されたら、「Save and run」をクリックします。

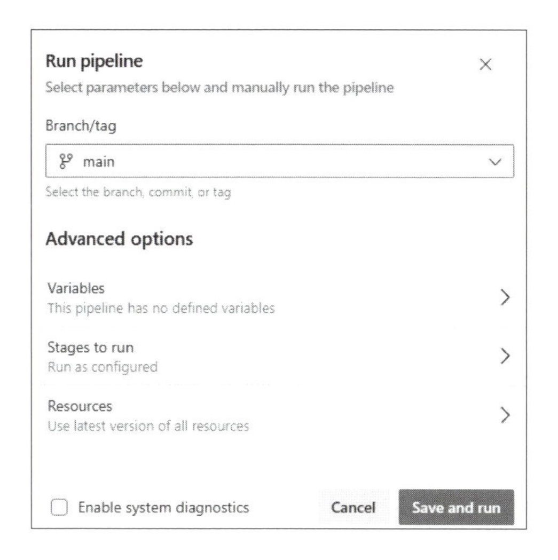

30. ジョブが始まります。「Jobs」の配下にある、「Job」のステータスが実行中（Running）になります。クリックすることで、詳細な進捗が確認できます。

31. 実行が完了すると、以下のような表示となります。

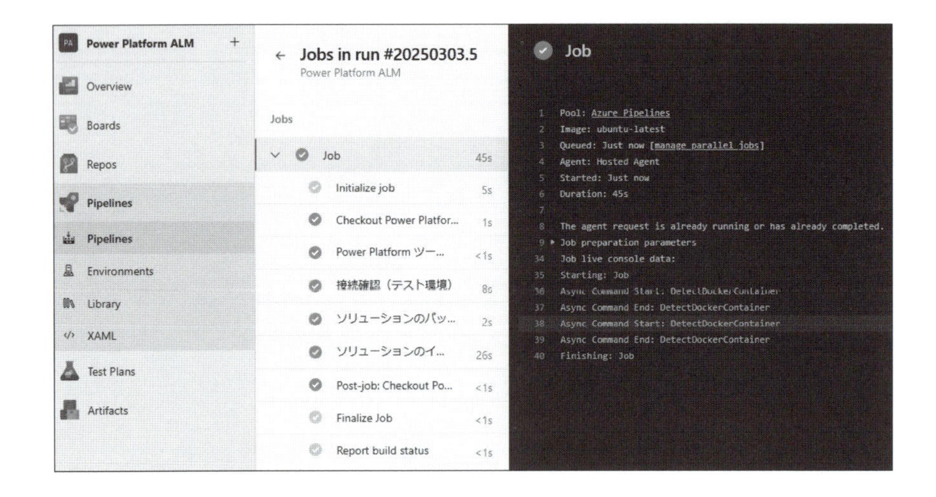

32. Pipelines をクリックし、パイプラインの名前を変更するため、縦型の三点リーダーから「Rename/move」をクリックします。

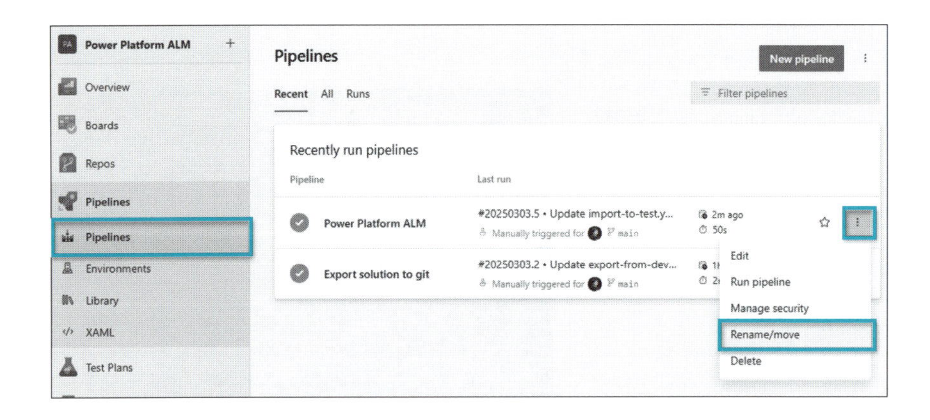

33. 名前をわかりやすいものへ変更し、「Save」をクリックします。

Rename/move pipeline

Name

Import to Test

Select folder

\

Cancel Save

以上で、インポート処理のパイプラインが完成しました。

パイプライン３：本番環境へインポート

パイプライン3では、以下4つのタスクを構成します。

1. Power Platform Tools のインストール
2. 本番環境への接続確認
3. マネージドソリューションのGit からのパック
4. マネージドソリューションの本番環境へのインポート

一から構築したくない方は、本書で用意したYAML をそのまま貼り付けてから一部を編集することができます。YAML はこちらからダウンロードできます。https://go.myty.cloud/book/adoyaml3

設定手順

1. 本番環境ではパイプライン２とほぼ同じ手順を行うため、あらかじめパイプライン２を開き、YAML の全行をコピーします（本書で提供するYAML を利用する場合はこのステップは省いて構いません）。
2. Pipelines から「New Pipeline 」を選択します。

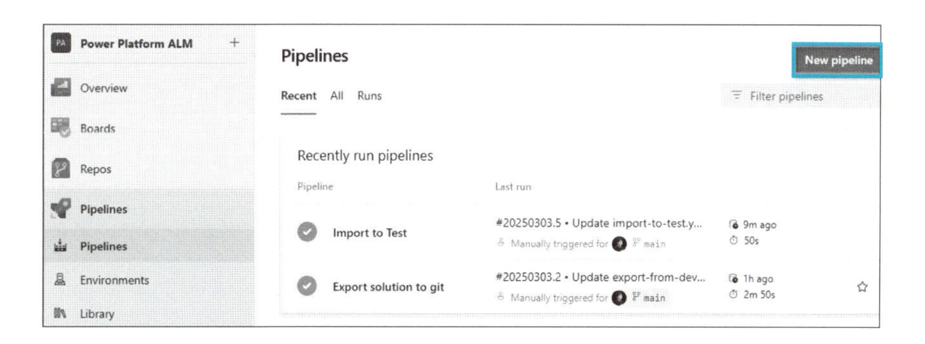

3. Connect のステップでは「Azure Repos Git 」を選択します。

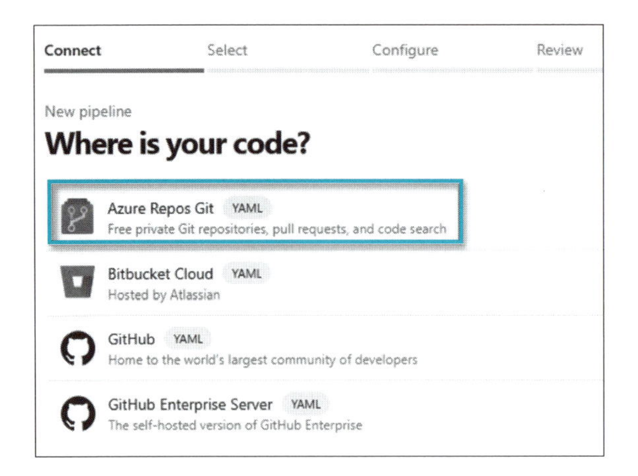

4. Select のステップでは同じリポジトリを選択します。
5. Configure のステップでは「Starter pipeline」を選択します。

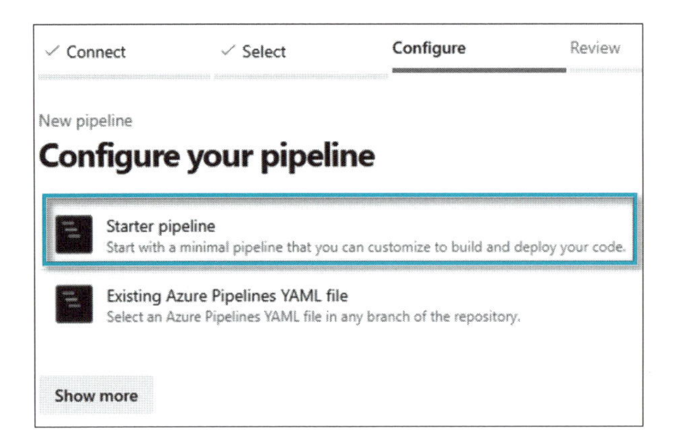

6. 「azure-pipelines.yml」を「import-to-prod.yml」など、わかりやすい名前に変更し、次に「Variables」をクリックします。

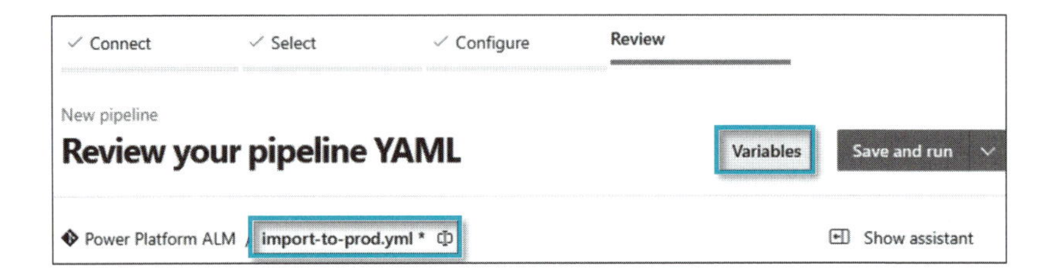

7.「New variable 」をクリックします。

8. Name を「SolutionName」、Valueを今回ALMで管理したいソリューション名を指定します。(サンプルソリューションを利用する場合、ソリューション名は「ContosoCoffee」です)

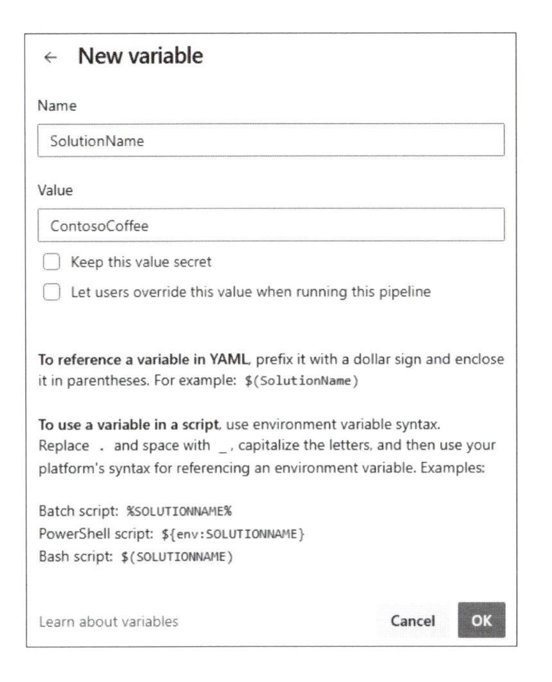

9.「OK」をクリックし、「Save」をクリックします。

10. 次にYAML を構成していきます。一つひとつを構成するのが手間なら https://go.myty.cloud/book/adoyaml3 をダウンロードし、そのまま内容をコピーペーストします。以降、手動での構成方法を解説します。

11. 自動で生成されたスクリプトをすべて削除します。

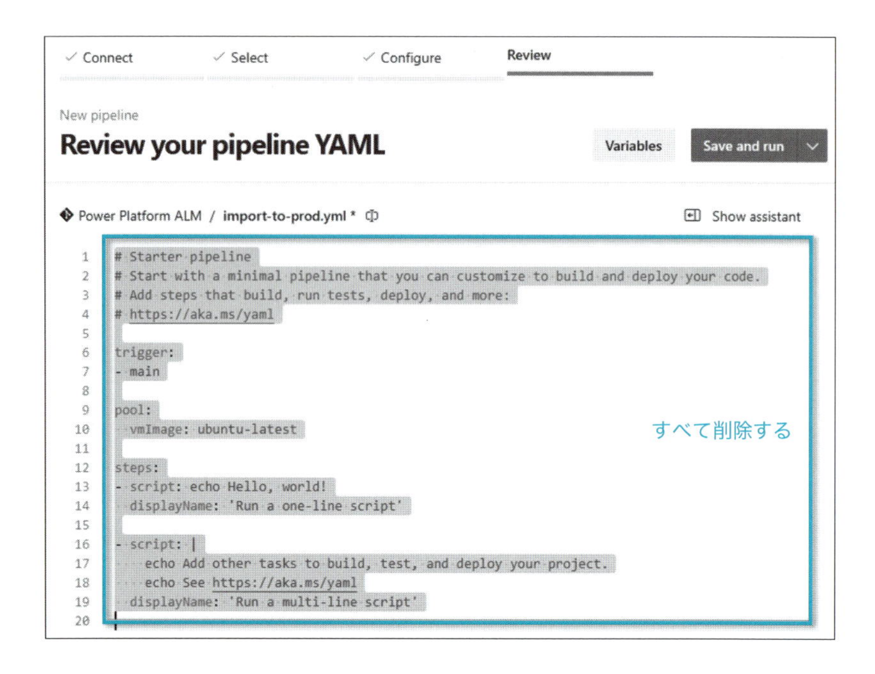

12. あらかじめコピーしていたパイプライン2のYAMLの内容をすべて貼り付けます。

13. PowerPlatformSPNの項目を本番環境用に変更します。必要に応じてdisplaynameも変更します。

```
   Settings
19 - task: PowerPlatformWhoAmi@2
20   inputs:
21     authenticationType: 'PowerPlatformSPN'
22     PowerPlatformSPN: 'Power Platform ALM Test'
23   displayName: '接続確認（テスト環境）'
   Settings
24 - task: PowerPlatformPackSolution@2
25   inputs:
26     SolutionSourceFolder: '$(Build.SourcesDirectory)/$(SolutionName)/Managed'
27     SolutionOutputFile: '$(Build.ArtifactStagingDirectory)/$(SolutionName)-Managed.zip'
28     SolutionType: 'Managed'
29   displayName: 'ソリューションのパック（マネージド）'
   Settings
30 - task: PowerPlatformImportSolution@2
31   inputs:
32     authenticationType: 'PowerPlatformSPN'
33     PowerPlatformSPN: 'Power Platform ALM Test'
34     SolutionInputFile: '$(Build.ArtifactStagingDirectory)/$(SolutionName)-Managed.zip'
35     AsyncOperation: true
36     MaxAsyncWaitTime: '60'
37   displayName: 'ソリューションのインポート（マネージド）'
```

14. 画面右上の「Save and run」の隣の▽から「Save」を選択します。

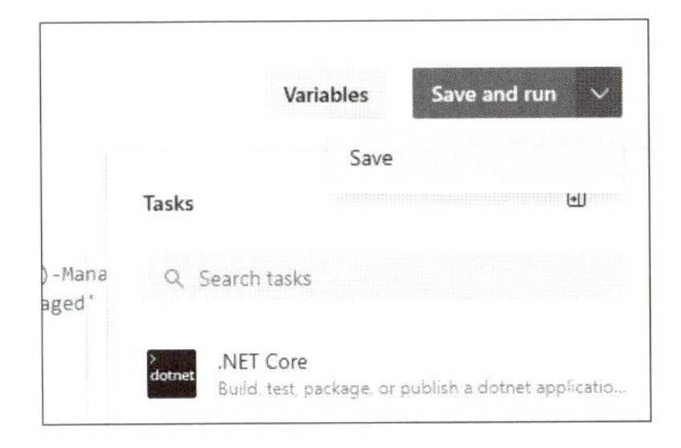

15. 再度「Save」をクリックします。

Save
Saving will commit export-from-dev.yml to the repository.
Commit message
Set up CI with Azure Pipelines
Optional extended description
Add an optional description...
Commit directly to the main branch
Create a new branch for this commit
Save

16.「Edit」をクリックし、開き直します。

17. 縦型の三点リーダーから「Triggers」をクリックします。

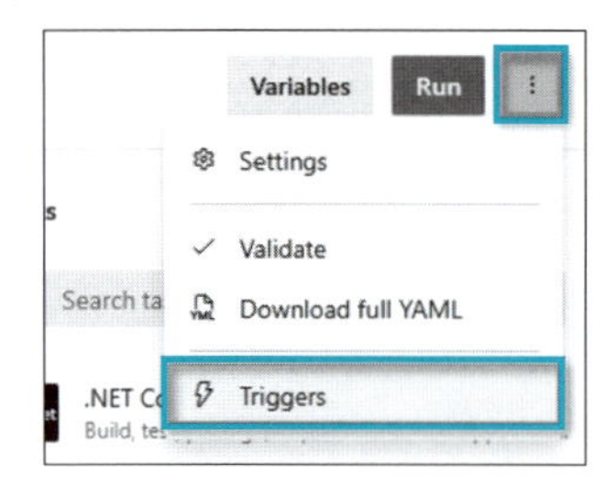

18.「Override the YAML continuous integration trigger from here」にチェックを入れ、「Disable continuous integration」を選択します。

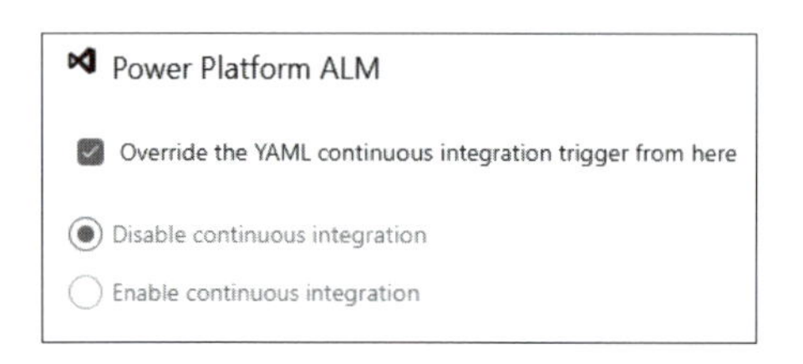

19.「Save & queue」をクリックし、以下の画面が表示されたら、「Save and run」をクリックします。

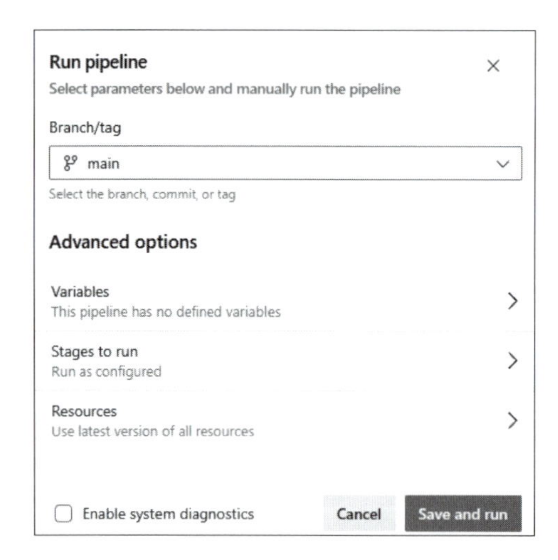

20. ジョブが始まります。「Jobs」の配下にある、「Job」のステータスが実行中（Running）になります。クリックすることで、詳細な進捗が確認できます。
21. Pipelines をクリックし、パイプラインの名前を変更するため、縦型の三点リーダーから「Rename/move」をクリックします。

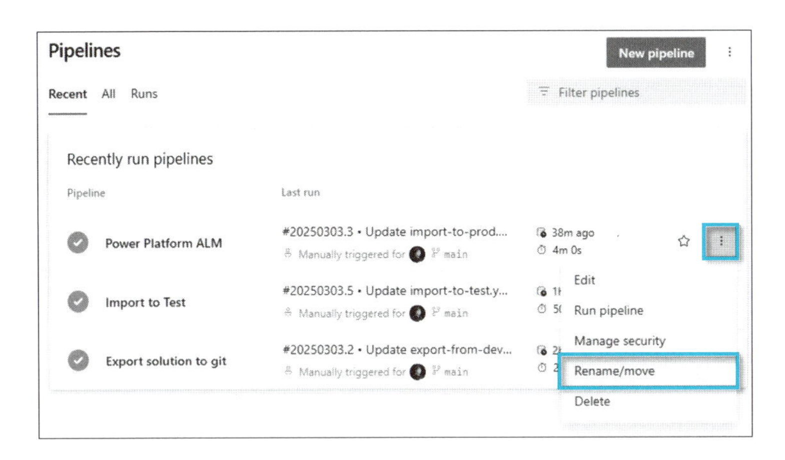

22. 名前をわかりやすいものへ変更し、「Save」をクリックします。

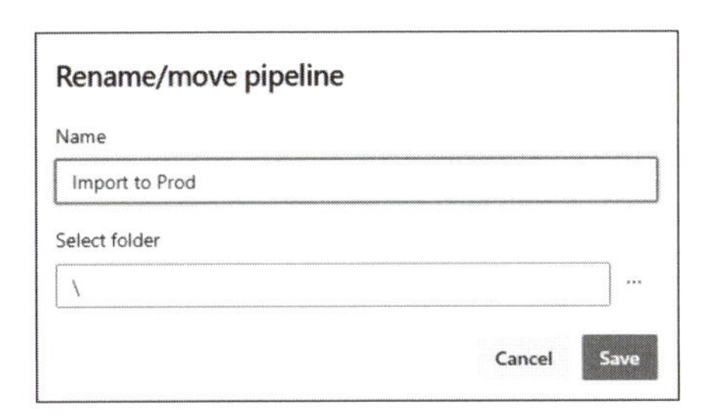

以上で、すべてのパイプラインの構築が完了しました。

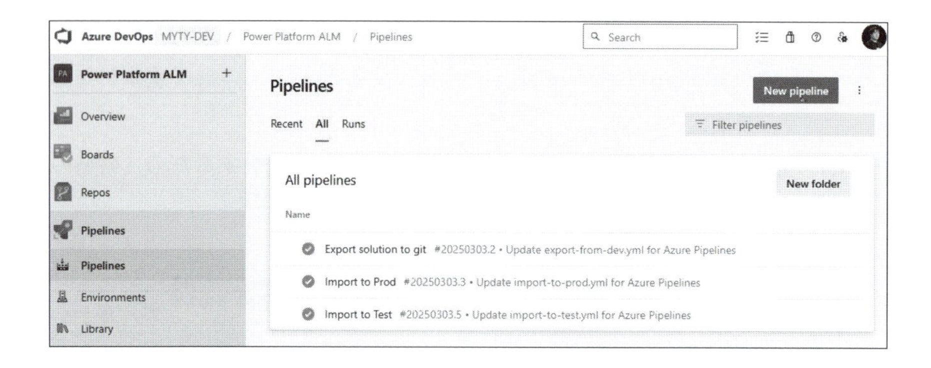

» サンプルソリューションのセットアップ（任意）

1. https://go.myty.cloud/book/appinadayfilesでZIPファイルをダウンロードします。
2. 任意の場所へAppinADayStudentFiles.zipを展開します。
3. Power Apps ポータル（https://make.powerapps.com）を開き、開発環境へ切り替えます。
4. ソリューション＞「ソリューションをインポート」をクリックします。

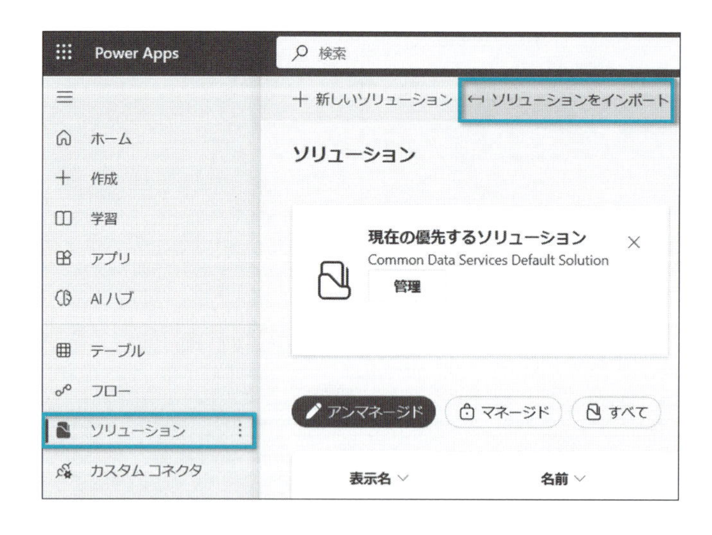

5.「参照」をクリックし、先ほど展開したZIPファイルの「Completed for

students」フォルダにある「Module 4」を開きます。

6. ContosoCoffee_XXXXXX.zipは展開せずに選択し、インポート元を「このデバイス」を選択したうえで「次へ」をクリックします。

7. 確認画面が表示されるので、再度「次へ」をクリックします。

8. 接続の確認が求められます。すべてに緑色のチェックが入っていることを確認し、「インポート」をクリックします。

9. インポートが完了すると、アンマネージドソリューションの一覧にContoso Coffeeが表示されます。

8-3 Security Development Lifecycle（SDL）とは

アプリケーションやボットのライフサイクルを設計・運用していくにあたっては、Security Development Lifecycle（以下、SDL）を取り入れることで、より安全性の高いソリューションを実現できます。SDL は マイクロソフトが自社のソフトウェア開発において培ってきた安全性確保のためのプロセスで、要件定義からリリース後の運用フェーズに至るまで、各段階でセキュリティの観点を組み込みながら進める方法論です。ここでは、マイクロソフトが提唱している SDL のベストプラクティスを紹介しながら、Power Platform 上でアプリケーションやボットを開発・運用する際にどのように生かせるかを考えてみましょう。

SDL では、まず開発に携わるすべての関係者がセキュリティに関する基礎知識を学び、ツールや最新の脅威動向を把握するところから始めていきます。開発者や管理者がしっかりとセキュリティリスクを理解しておくことで、初期段階から安全性を重視した設計が可能になるからです。次に、要件定義や設計フェーズでは、アプリケーションやボットの利用シナリオ、データの流れ、外部との連携などを見直しながら、潜在的な脆弱性やリスクを洗い出します。特に Power Platform は業務部門主導での素早いアプリ作成が魅力ですが、同時に多様なユーザーが開発や利用に関わるため、アプリのデータ取り扱いやアクセス権限については詳細な検討が欠かせません。

実際の実装段階でも、コードの静的解析や脆弱性スキャンを行うなど、セキュリティテストを組み込みながら開発を進めることが推奨されます。Power Fx やカスタムコネクタを用いる場合、コードレビューやツールによる検証で安全性を確認する体制を整備しておくことをお勧めします。実装後には、さらなる検証やペネトレーションテストで、アプリやボットが想定外の入力や操作によって誤動作しないか、認可されていないユーザーにアクセスされるリスクがないかなどを再確認します。特に、Copilot Studio を用いて構築するエージェントは、ユーザーとの対話型エクスペリエンスのため、想定外の入力や不正な入力に対してどのような挙動をするかを綿密にテストする必要があります。

リリース段階では、脆弱性の修正やアップデートの手順が十分に整理され、必要な場合には速やかにリリースできる状態を整えておきます。Power Platform 環境では、ソリューションやアプリをステージングしながらライフサイクル管理を行うケースが多いですが、セキュリティ面で問題が見つかった場合に対処が遅れないように、変更管理のプロセスと連動してセキュリティパッチの適用手順を明確に設計しておくことが大切です。

運用開始後も、監視やログのレビューによって新たな脆弱性やインシデントを早期に検知し、迅速に対応する仕組みを整えます。Power Platform の監査ログや Microsoft 365 管理センター、Microsoft Purview などを活用して活動状況を見守り、異常があれば速やかにアラートを発し、必要に応じた修正リリースを行うことが求められます。こうした継続的な監視やインシデント管理を含めて SDL のプラクティス（後述）における「9. セキュリティ監視と対応の実装」の段階に相当し、ガバナンスチームや運用管理者がリスクを最小化するための最後の砦となります。

このように、SDL では「トレーニング」「要件定義（セキュリティ要件の確立）」「設計（脅威モデル化）」「実装（安全なコーディングとテスト）」「検証（セキュリティレビューと脆弱性スキャン）」「リリース（修正や対応策の組み込み）」「運用・対応（脆弱性情報の収集と継続的な修正）」といった段階を踏みながらセキュリティレベルを高めていきます。Power Platform における開発でも、この一連のステップを意識して運用フローを組み立てることが、結果的に高品質なアプリケーションやボットなどを実現できる鍵になります。とりわけ、ローコードの利点として素早い開発や継続的な改善が挙げられますが、同時に機能追加や変更の頻度が高くなる点を考慮し、運用フェーズの監視とアップデート管理をより入念に行う必要があります。

SDL は、Power Platform 上でのアプリケーション、ボット、エージェント等をセキュアに開発・運用するうえで強力な指針となります。特に、本章で解説した、開発から運用・廃止に至る一連のALM の流れにおいて、セキュリティを前提として組み込むための具体的な手順として参考になります。以下では、SDL で定義される 1 から 10 のプラクティスを順番に説明しながら、ALM 設計とどのように関連しているのかを詳しく見ていきます。

1. セキュリティ標準、指標、ガバナンスの確立

まず、「セキュリティ標準、指標、ガバナンスの確立」は、組織全体として統一したセキュリティ方針や目標値を設定し、それに基づいた運用基準を定める段階です。本章では、アプリケーションやボットのライフサイクルを管理するうえで、まず「計画立案」を通じて統制を行うことを紹介しました。SDL のこのプラクティスは、そうしたガバナンスをよりセキュリティ面から明確化するための指針になります。具体的には、アプリやボットに関するリスク評価の基準やアクセス権限の付与ルールを策定し、どの段階で誰が承認を行うかといったプロセスを標準化するといった取り組みが該当します。

2. 実績あるセキュリティ機能、プログラミング言語、フレームワークの使用を義務付ける

次は「実績あるセキュリティ機能、プログラミング言語、フレームワークの使用を義務付ける」です。Power Platform ではローコードでの開発が基本となり、データ保護やアクセス制御などのコアな部分には Azure Active Directory や Microsoft 365 、Azure のテクノロジーが採用されており、これらはマイクロソフトが長年にわたって実績を積み上げてきたセキュリティフレームワークや暗号化技術に基づいて構築されています。製品そのものがフレームワークに近しいものの、カスタムコネクタや Power Fx 、場合によっては TypeScript やC# プラグインなどのコードを組み合わせる場面などもあります。このとき、信頼性の高いマイクロソ

フトが提供する「Dataverse SDK for .NET 」や「Microsoft 365 Agents SDK 」、「Power Automate Desktop Actions SDK 」などを活用することが重要です。開発から本番リリースまでのプロセスでコードを検証・レビューするフローや、アプリ間連携のコネクタ選定の際のポリシー設定とも密接に関連します。検証済みのツールや API を優先利用することで、ライフサイクルの各フェーズにおいてセキュリティリスクを低減できます。

3. セキュリティ設計レビューと脅威モデリングの実施

「セキュリティ設計レビューと脅威モデリングの実施」は、アプリやボットの要件定義・設計段階で潜在的な脆弱性を洗い出すプロセスです。ローコードで素早く開発できる反面、セキュリティ設計が不十分だと組織のデータ保護やコンプライアンスに重大なリスクを及ぼす可能性があります。

本章では、開発～テスト～本番といったステージングを通じてリリースプロセスを管理することを推奨しましたが、特に設計段階では、DLP ポリシーや環境の分離が適切に設定されているか、管理者ロールやアプリ作成者ロールに過剰な権限を付与していないかといった部分を重点的に確認します。

例えば、すべての業務アプリを同じ環境に集約していると、アクセス制御や監査ログの粒度が不十分になり、侵害が起きた際の影響範囲が広くなる恐れがあります。このため、高度なセキュリティ要件を持つ人事や顧客情報を扱うアプリや エージェントを扱う場合は、専用の環境を作り、顧客管理キーを使って暗号化レベルを上げたり、条件付きアクセスを組み合わせたりして対策を強化する方法が考えられます。こうした設計上のポイントを脅威モデリングで抽出し、修正案や最適化案を挙げることで、開発の初期段階でリスクを最小化することができます。脅威モデリングでは、具体的な分析手法として STRIDE（Spoofing, Tampering, Repudiation, Information disclosure, Denial of service, Elevation of privilege）などを活用し、Power Platform 特有の脅威を体系的に洗い出すことが有効です。

例えば、コネクタ経由で外部サービスとデータをやり取りする場合、その認証情報が盗まれたり改ざんされたりするリスク（Tampering）や、本来想定していない環境からコネクタを利用されるリスク（Spoofing）を考慮しなければなりません。エージェントを作成する際には、ユーザーとの対話内容が想定外の経路で漏洩する可能性（Information disclosure）や、悪意ある入力を通じてバックエンドシステムに不正アクセスされる可能性（Elevation of privilege）があるかもしれません。こうした脅威候補をリストアップし、想定されるインパクトや実現可能性（Likelihood）などを評価することで、対策の優先順位を定めます。

4. 暗号化標準の定義と活用

「暗号化標準の定義と活用」は、データの機密性を確保するうえで重要な要素です。Power Platform では、環境やコネクタを通じて扱うデータのやり取りに暗号化が用いられますが、組織として推奨する暗号化アルゴリズムやキー管理の手順を事前に決めておくことで、ライフサイクル全体を通して一貫したセキュリティを担保できます。運用時のサポートや変更管理の部分でも、暗号化方式の更新や新たなセキュリティ要件が発生した場合に、どのように変更しリリースしていくかをルール化することが望ましいです。

Power Platform には「顧客管理キー」や「カスタマーロックボックス」など、より厳格なキー管理やデータアクセス制御を行うための仕組みがあります。これらを運用する場合、SDL におけるクリプトグラフィ実装プロセスで必要となる「鍵の取り扱いルールの明確化」「定期的な鍵ローテーション」「鍵へのアクセス権限の最小化」などを徹底することで、暗号化周りのリスクを大幅に低減できます。たとえば、顧客管理キーを導入する際には、鍵管理用の Azure Key Vault を適切に保護し、そこでの鍵操作履歴を監査ログとして取得・レビューできるように設定します。暗号化が関連する各種イベントを追跡できるようにしておくと、SDL の「設計時・開発時・運用中にわたる継続的なセキュリティ評価」の一環として、必要に応じた改善を速やかに適用できます。

5. ソフトウェアサプライチェーンの保護

「ソフトウェアサプライチェーンの保護」は、外部ライブラリやツール、プラットフォーム側のアップデートなど、開発に取り込まれるあらゆる要素をセキュアに管理することを意味します。Power Platform の場合、マイクロソフトが随時アップデートを行うため、常に最新の情報を入手して脆弱性情報をキャッチアップし、必要に応じて自社のコネクタやカスタムコードへの影響を評価する仕組みが必要です。本章で述べたソリューション移行やバージョン管理の項目とも関連しますが、外部アプリケーションや拡張機能を導入するときは、その信頼性やセキュリティリスクを評価・管理しながらライフサイクルを進めます。

6. エンジニアリング環境のセキュリティ確保

「エンジニアリング環境のセキュリティ確保」では、実際に開発を行う開発者の端末やネットワーク、CI/CD パイプラインなどの開発環境自体を保護することが求められます。開発フェーズやテストフェーズにおける環境設計と大きく関係し、例えば特定の環境でしか開発を行わないように制限したり、多要素認証(MFA)や、Entra ID条件付きアクセスポリシーを利用して開発環境へのアクセスを厳格化したりするなどの施策が該当します。ローコード開発とはいえ、PowerShell や CLI (Command Line Interface) を用いた管理スクリプトの作成時に、きちんと安全な開発環境を整えなければ機密情報が漏洩するリスクがあるためです。また、特定の環境におけるアクセス権の一時的な昇格などは、第4章で触れたMicrosoft Entra Privileged Identity Management などと組み合わせることで更なるセキュリティ確保が可能となります。

7. セキュリティテストの実施

Power Platform のようなローコードプラットフォームを採用する場合、脆弱性スキャンやペネトレーションテストなどの、Web開発では一般的な多くのセキュリティテストは既にマイクロソフトが行っており、「Microsoft Trust Center」にてその結果なども共有されています。導入する組織側におけるテストとしては、ユーザー独自のカスタマイズやコネクタなどを用いた外部システムとの連携部分から想定外の脆弱性が発生するリスクがあるため、組織として定期的かつ体系的にセキュリティテストを行うことが欠かせません。

セキュリティテストはソリューションが設計・開発される初期段階から運用開始後のフォローアップに至るまで、段階的かつ継続的に実施することが求められます。まず、アプリケーションやエージェント、フローを開発する最初のフェーズで「脅威モデル」を考え、どのような経路で攻撃が行われる可能性があるのかを洗い出します。Power Platform の場合、Dataverse や SharePoint をデータソースとして扱うケースが多いため、データアクセスの権限設定や、コネクタ経由で送受信されるデータをどのように保護するかを検討する必要があります。その結果、リスクが見つかれば、DLP（Data Loss Prevention）ポリシーの強化や環境の切り分け、キー管理や暗号化方式の見直しなどの対策をあらかじめ組み込みます。

具体的なテスト手法としては、ユニットテストや機能テストと同様に、セキュリティを意識したテストケースを用意して実行するのが有効です。例えば、環境ごとに設定された権限の境界を厳密に検証することで「意図しないユーザーが機密データを参照・操作できていないか」をチェックします。また、エージェントについても、マイクロソフト側でグラウンディングなどの保護が含まれているとはいえ、やり取りされるメッセージの入力バリデーションが行われているか、人に見せてはいけない内部情報を返していないか、といったポイントを重点的に確認する必要があります。

8. 運用プラットフォームのセキュリティを確保する

「運用プラットフォームのセキュリティを確保する」は、本番稼働後の環境が継続的に安全であるために必要な施策です。本章では本番環境での運用サポートやアプリケーションが役目を終えるまでのプロセスを取り上げましたが、運用段階でも環境設定やネットワーク構成が定期的に見直され、セキュリティ ポリシーが遵守されているか確認する必要があります。Power Platform の場合、DLPポリシーや環境ごとのセキュリティ設定が適切に機能しているかを監視し、違反する事象があれば即座に修正できる体制を整えることが、この SDL プラクティスの実現につながります。

9. セキュリティ監視と対応の実装

「セキュリティ監視と対応の実装」は、稼働中のアプリやボットを常時監視し、異常があれば適切な対応を行うことを指します。本章で説明した、ライフサイクルの運用フェーズにおける監視やインシデント管理と直結する内容です。具体的には、Power Platform 管理センターや Microsoft 365 管理センターの監査ログを活用したアラート設計、さらにインシデント管理から修正リリースまでの一連のフローが含まれます。ログを定期的に分析して潜在的な脅威を把握し、異常な挙動が検出された際にスムーズにアプリ停止やアクセス制御が行えるようにしておくことが重要です。

具体的にはAzure Monitor や Power Automate と連携させて監査イベントをトリガーにアラートを発行し、セキュリティチームや管理者にメール通知を送ることで、異常やリスクを早期に把握する体制を整備します。運用規模が大きい企業では、Microsoft Sentinel と組み合わせ、複数のクラウドサービスやオンプレミスシステムからのログを包括的に管理・分析するケースもあります。

さらに、運用チームの負荷の軽減や効率化を図るうえでは、第5章でも一部触れていますが、監視結果から自動的に修正アクションを実行する仕組みを導入することも考えられます。CoE スターターキットに含まれる Power Automate のテンプレートを使ってポリシー違反が検出された際にフローを停止したり、指定の管理者に承認を求めるプロセスを起動したりすることで、人手によるチェックを減らしながらもリスクへの対応を素早く行えます。SDL が求める「継続的な評価と改善」を実現するためにも、検出・通知・対応のプロセスをすべて手動で行うのではなく、可能な限り自動化を取り入れた方が効果的です。

10. セキュリティトレーニングの提供

最後に「セキュリティトレーニングの提供」です。開発者やIT管理者、さらにはアプリ作成に関わる業務ユーザーも含めた幅広い受講者に対し、セキュリティ意識を高める研修を行うことが求められます。ライフサイクルを円滑に回すためには、関係者全員がセキュリティリスクを正しく認識し、日常的に守るべきルールやガイドラインを理解していることが不可欠です。特にCopilot Studioを活用してエージェントを構築するユーザーが増えるほど、対話型エクスペリエンスにまつわるセキュリティリスクも多様化します。そうした新たなリスクやプラットフォームの進化に対応するためには、継続的な学習機会を提供し、SDLの考え方や組織のガバナンスポリシーを改めて浸透させることが大切になります。

以上のように、SDLの10個のプラクティスは、本章で紹介した開発・テスト・運用・廃止の各フェーズに自然に組み込める形で設計されています。最初のプラクティス「ガバナンスの確立」から最後の「セキュリティトレーニングの提供」に至るまで、常にセキュリティを主眼に置くことで、組織の重要なデータや業務プロセスを守りながら、Power Platformが持つ素早い開発とイノベーションの利点を最大限に生かすことができるようになります。こうした取り組みを続けることで、安全性と利便性を両立したライフサイクル管理が実現し、ビジネスの成長とリスク低減の両方に寄与すると考えられます。

8-4 まとめ

これまで紹介してきたPower Platform に関する最適なガバナンス設計についてまとめると、以下で示す通り多段階のアプローチが有効です。これらすべての段階、すなわちアプリケーションがその役目を終えるまでのライフサイクル全体を管理するためのプロセスがALM なのです。

1. 管理

- 環境戦略およびそれを支えるDLP 戦略の確立と維持
- ALM の定義と保守
- ガバナンスポリシーの定期的な見直し

2. 保護

- テナント間の環境分離の構成および有効化
- DLP の設定と保守
- DLP に追加するコネクタの定期的確認および承認
- すべてのユーザーへの共有を無効にし、指定された環境に共有制限を適用

3. モニタリング

- プラットフォームの全体的な使用と導入について、すぐに使用できる分析とCoE 分析を定期的に確認
- アプリやフローの使用状況と障害のメトリックを確認し、信頼性を確保
- 過剰に共有されたリソース、未使用リソース、または独立したリソース

を監視し、それらに対処して衛生状態を維持

4. 育成とサポート

- 社内のチャンピオンコミュニティの設立
- アプリやフローの設計と開発者をオンボードするためのトレーニングと学習プログラムを提供
- サンプルアプリやフロー、テーマ、UI コンポーネントのカタログを作成して、再利用を促進

おわりに

私たち夫婦がこの書籍の執筆を思い立ったのは、マイクロソフトおよびマイクロソフトのパートナー企業に所属する中で、実際のビジネスの現場で一番多く寄せられた「Power Platform をもっと安心して使いこなせたら、組織に大きな力を与えられるのに」という顧客からの声がきっかけでした。企業のIT部門に所属している人、業務部門から新しいテクノロジーの導入を推進している人、もしくは今後その業務を担うことになる人が、Power Platform のガバナンス運用設計をしっかり押さえながら、組織全体の生産性向上とイノベーションを同時に実現できるようにしたい。そういった希望を、私たち夫婦は共に支えていきたいと強く願ったのです。私たちが掲げてきた「Empower Together」という合言葉は、まさにこの想いを言い表しています。人と人、部門と部門、社内外のコミュニティ、そしてビジネスとテクノロジーが力を合わせることで、組織としてより強く、よりしなやかに変化に対応していけると確信しているのです。

本書で取り上げたガバナンス運用設計は、決して「クリエイティビティを抑制するための規則集」などではありません。むしろ、誰もがアプリやフローを作成できるPower Platform の魅力を最大限に引き出すための土台となるものです。AI Builder や Copilot Studio といったAIの技術を含め、ローコードで次々と新しいアイデアを形にしていくうえで、データの扱いやセキュリティの方針を明確にし、組織全体で共通のルールを持つことは欠かせません。なぜなら、ビジネスがスピードを求める一方で、コンプライアンスやリスク管理も求められるのが今の時代のリアルだからです。適切なガバナンスがあることで、組織全体が「やってみよう」という前向きな姿勢を保ちつつ、不安なく挑戦できるようになります。それこそがイノベーションを続ける鍵だと私たちは考えています。

私たちは、これまでマイクロソフトが主催する海外のカンファレンスや、日本国内外のコミュニティイベントで、企業の担当者が抱える数多くの悩みに耳を傾けてきました。新たな技術や機能が登場するたびに、導入の手間やリスクが気になり、なかなか組織内での利用に踏み切れない、そんな場面を数多く目にしてきたのです。一方で、実際に導入してみた企業が劇的に業務プロセスを最適化し、生産性を向上することによる大きなメリットを享受する事例や、現場社員のモチベーションや達成感を高めている事例も数多くありました。それらを見て私たちは、「しっかりとした運用設計とガードレールさえあれば、企業はもっとPower Platform や AIの力を活用できるはず」と強く感じました。

本書は、そんな私たちの課題意識に対する1つの解答です。

企業で求められるガバナンス運用の観点を体系的に整理した本書は、実務にすぐ役立つ現場目線での知識をまとめています。テンプレート通りの形式的な解説だけではなく、どう運用チームや現場ユーザーの理解を深めるか、教育・トレーニングのプログラムをどう設計するか、DLP ポリシーや環境管理、監査ログの活用など、実際のプロジェクトの流れに沿って生かせる情報を詰め込みました。ぜひ、あなたの企業内でガバナンス設計プロジェクトを進める際の指針や手引きとして、メンバーみんなで共有し合える共通言語となる教科書として使ってみてください。章ごとに段階的に課題を整理し、必要に応じて参照していただくことで、無理なく運用の仕組みを構築できるはずです。

そして何よりも、私たちが大切にしている「Empower Together」の精神を、本書を通じて読者の皆さんにも感じていただければ幸いです。ガバナンスをしっかりと整えた環境こそ、様々な立場の人たちが安心して手を取り合い、新しい価値を生み出せる場所になります。技術そのものが組織を変えるわけではなく、それを扱う人々の思いと連携があってこそ、真の変革が実現するのだと私たちは信じています。

本書を最後まで手に取ってくださったことに、改めて心から感謝します。皆さんの企業やプロジェクトがPower Platform を活用して成功をつかみ取り、より豊かなイノベーションを生み出せるよう、前進していただければ幸いです。

私たちもまた、企業で奮闘される皆さんが安心して挑戦し続けられる環境を広げていくために、これからも学び、情報を発信し続けていきたいと思います。

Index

英字

AI Builder…………40,64,204,207,223,322
AI Builder クレジット…………207
AIプロンプト…………302,322
AI用データセキュリティポスチャーマネージメント…………302
ALM……30,236,331,335,350,372,417,424
Application Lifecycle Management…331
Azure Active Directory…………301,417
Azure CLI…………144
Azure DevOps…………335,350,371,380
Azure Key Vault…………80,96,155,174,179,185,419
Azure Monitor…………422
Azure VNET…………89,95
Azure 仮想ネットワーク…………95
Azure サブスクリプション……98,186,219
Azure ポータル……99,167,175,222,269,272,312,355,363
Basic User…………120,123
Bing…………292,322
Build Tools…………350,378
CI/CD…………335,420
CMK…………80
CoE Admin Command Center…181,213
CoE Starter Kit Environment URL…188
CoE スターターキット……149,151,171,181,197,211,231,249,254
CoE スターターキットV2…………169
CoE スターターキットとPower Platform管理センターの違い…………153
Cookie バインド…………93
Copilot…………10,281,283,297,317,323
Copilot Studio……11,37,197,218,282,291,293,307,331
Copilot Studio エージェント…………197,200,282,328
Creators Kit…………156,159
Data Export V2…………169
Data Loss Prevention…………293
Dataverse…………36,40,89,107,117,144,156,204,259,317,331
Dataverse for Teams…………44,204,259
Dataverse SDK for .NET…………418
Dataverse プラグイン…………96
Developer Compliance…………250,258
DLP…………38,50,58,63,74,83,136,150,187,244,272,293,318,418
DLP 既定グループ…………65
DSPM…………301
Dynamics 365……55,96,128,136,160,211,250,267,300,328
Elevation of privilege…………419
Email Exfiltration…………83
Entra ID Workload Identity Federation…………354
Entra ID セキュリティグループ…………110,112,115
Exchange…………84
Exchange Online…………84,171
Exchange 管理センター…………86
GitHub…………150,335,350,372,389
Iaas…………27
Information disclosure…………419
IPアドレス範囲を取得…………144
IPファイアウォール…………74,91
JSON…………101,145,317
KQLスクリプト…………312
Likelihood…………419
MFA…………73,91,130,136,308,420

Microsoft 365 ……27,37,42,62,76,112,152,417
Microsoft 365 Agents SDK ……418
Microsoft 365 管理センター ……55,154,225,416,422
Microsoft Entra ID ……37,97,107,130,157,171,301,355
Microsoft Entra PIM ……129,135,137
Microsoft Purview ……146,227,267,300,416,148,229,269,302,416
Microsoft Purview ポータル ……225,305
Microsoft Sentinel ……269,310,313,422
Organization ID ……363,365
Paas ……27
PIM ……128,135,137,143
Power Addicts ……13
Power Apps Developer Plan ……44
Power Apps Premium ライセンス ……152
Power Apps ポータル ……185,323,412
Power Automate Desktop Actions SDK ……418
Power Automate for desktop ……42
Power BI Pro ……152,189,193
Power BI ダッシュボード ……152,170,187,201,236
Power BI レポート ……149,156,187,224
Power Fx ……245,415,417
Power Platform Pipelines ……336,350
Power Platform Tools ……373,394,405
Power Platform 管理センター ……48,148,153,196,207
Power Platform 製品提供状況レポート ……328
PowerShell ……84,98,102,154,171,420
Privileged Identity Management ……135,137,420
Purview Information Protection ……303
RPA ……68,199
Running ……392,403,411
Saas ……26
SDL ……415
Security Development Lifecycle ……415
SharePoint ……27,42,57,62,76,112,202,300,303,421
SMTPヘッダー ……85
Spoofing ……419
SQL Server ……57,96
System Administrator ……120,128
System Customizer ……120
Tampering ……419
Technology Adoption Curve ……234
Unified Audit Log ……171
VPN ……90
Workload Identity federation ……361,363
YAML ……350,372,374,394,405

あ行

アーカイブ ……195,201,254,259
アクション ……57,69,158,203,280,294,317,388
アクセス レベル ……118
アダプションカーブ ……234,236,240
アドオンライセンス ……43,223
アペンド ……119
暗号鍵 ……80
アンパック ……374,384,401
アンマネージドソリューション ……333,372,414
インベントリ ……152,158,249
インポート ……63,128,156,252,372,394,405
運用設計 ……12,15,75,207,332
エージェント ……11,20,37,40,46,50,72,77,97,195,280,291,307
エージェントアクティビティ ……310,312
エクスポート ……128,145,166,333,345,372,382
エンドポイント ……96,144,176
オーケストレーション ……280,283

オートメーションルール……274,315

か行

開発者環境……44,46,204
カスタマーロックボックス……81,419
カスタム コネクタへのDLP……63
カスタムコネクタ
……61,63,97,204,236,332,415
仮想ネットワーク……95
仮想ネットワークのポリシー……95
仮想プライベートネットワーク……90
ガバナンス
……14,18,23,37,73,225,237,249,417
ガバナンスコンポーネント……249
環境……36,39,73
環境 グループ……36,46,51,78,91
環境URL……188,357
環境の機能の差……45
環境の種類……41,45,245,337,343,351
環境変数……156,165,185,253
環境ルーティング……53
監視体制……148
既定環境ポリシー……59,62
行……108
共有の管理……77
共有を制限……77,328
クエリハブ……312
クライアントシークレット……174,354
グラウンディング……292,317,421
グローバル管理者権限……39,131,225,319
警告通知メール……212,214
ゲストアクセスの無効化……104
顧客管理キー……80,418
コネクタ……15,46,57,76,83,96,149,157,
201,236,244,270,293,418
個別環境ポリシー……66
コミット……368,371,388
コンテンツハブ……269,272
コンプライアンスアプリ……250

さ行

サービスアカウント……152,159
サブネット……90,96,99
サンドボックス環境……43,45,219
自己昇格……128
システム管理者ロール……128
市民開発……11,13,22,31,234,336
従量課金……207,211,219
条件付きアクセスポリシー……130,420
承認フロー……121,136,149,157,246,250,252
所有者
……109,116,119,149,195,205,249,264,343
所有者不明資産……264
自律型エージェントのDLP……294
スクリプト……145,154,312,377,388,407,420
ステークホルダー……19,28,31,286
ストレージ容量の管理……208
スパム判定情報……84
請求プラン……211,219
生成型回答……291
責任あるAI……285,319
セキュリティ ロール……36,89,108,331
セキュリティ ロールの構成例……120
セキュリティ ロールのベストプラクティス
……123
セキュリティグループの設定……47
セルフサービスサインアップ……225
ゼロトラスト……73,144
全社ポリシー……59,65
組織アカウント……304,308
ソフトウェアサプライチェーンの保護
……420
ソリューション
……79,97,148,204,332,372,415

た行

大規模言語モデル……282,291
ダイジェストメール……266

武田薬品工業 …… 30
多要素認証 …… 73,91,130,136,308,354,420
探検家 …… 238
チーム …… 110
チャンピオン …… 236,425
チャンピオンプログラム …… 240
データ損失防止ポリシー …… 46,57,68,83,157,293
データベース容量 …… 43,205,208
デスクトップ フロー …… 40,68,199,202,332
デスクトップフロー …… 40,68,199,202,208,332
テナント …… 37,73,148,293
テナント分離 …… 74,76
デプロイ …… 176,241,331,335,350,371
統合監査ログ …… 171,229
導入成熟度モデル …… 21
トヨタ自動車 …… 13,97
トリガー …… 57,154,274,278,294

な行

認証情報 …… 84,91,419
認証モード …… 307

は行

バイアス …… 285
パイプラインの構築 …… 371
ハッカソン …… 25,97,238,243
バックタスク …… 399
バリデーション …… 292,421
パワーユーザー向けポリシー …… 64
秘密度ラベル …… 303
ビルド …… 350,371,373
ファイル容量 …… 205,208
フィルター …… 61
部署 …… 39,109,118,153,187,201
プッシュ …… 366,389
プラットフォーム …… 10,13,28,40,282,420
ブランチ …… 368,371,389
プロ開発ポリシー …… 59,62
分析ルールウィザード …… 272,313
ペルソナ …… 121,167,235
変革者 …… 237
ボット …… 311,327,415
ポリシーの組み合わせ例 …… 59,66

ま行

マネージド環境 …… 50,68,77,91,93,328
マネージドソリューション …… 206,333,350,372,385,394
未使用資産 …… 261
メールの不正流出 …… 83
メールフロールール …… 84
メールヘッダー …… 84
メール流出制御 …… 83,86
目標の明確化 …… 21

や行

容量アドオン …… 209,224
容量警告 …… 211

ら行

ライセンス自動割り当て …… 227
ライセンスの管理 …… 216
リージョン …… 41,96,145,175
リポジトリ …… 366,368,389,395,406
リリース …… 72,246,336,371,415,418
レイヤー …… 36,50,333
レギュレーション対応 …… 81
レコード …… 108,117,208
列 …… 108,128,208
ローコード …… 10,13,18,238,243,278,416
ロールバック …… 333
ログ容量 …… 205,208

わ行

ワークスペース …… 190
ワイルドカード …… 64

●本書のサポートサイトについて
　本書に掲載するソースコードなどは下記のサポートサイトで提供します。訂正・補足情報も掲載しています。

URL：https://go.myty.cloud/book/ppgov2025/disclaimer

Power Platform 運用の教科書

2025年 4月28日 第1版第1刷発行

著　　者　吉田 大貴、吉田 まみな
発 行 者　浅野 祐一
編　　集　露木 久修
発　　行　株式会社日経BP
発　　売　株式会社日経BP マーケティング
　　　　　〒105-8308　東京都港区虎ノ門4-3-12
装　　丁　株式会社tobufune
制　　作　クニメディア株式会社
印刷・製本　TOPPANクロレ株式会社

ISBN　978-4-296-20575-2